"十二五"普通高等教育本科国家级规划教材

数 学 实 验

第 3 版

主 编 李秀珍 张晓平
副主编 葛 倩 丁友征

机 械 工 业 出 版 社

本书根据高等工科院校数学教学内容编写,共 9 章. 第 1 章结合高等数学、线性代数等相关内容,介绍了 MATLAB 软件的基本用法. 第 2 章至第 8 章分别介绍了方程及方程组的解、最优化方法、数值分析、数据的统计与分析、方差分析、回归分析、模糊综合评判等内容及其 MATLAB 实现. 第 9 章介绍了建立数学模型和应用数学软件求解模型的基本方法. 书中给出的实验将大学数学的基本理论、具有实际背景的应用实例与 MATLAB 软件有机地进行了整合,简单易懂,实用性强. 各章内容相对独立,除第 1 章外无先后次序之分,使用者可根据需要进行选择.

本书可作为工科院校本、专科数学实验课的教材,也可作为大学生参加数学建模竞赛的辅导用书.

图书在版编目(CIP)数据

数学实验/李秀珍,张晓平主编. —3 版. —北京:机械工业出版社,2021.8(2023.6 重印)

"十二五"普通高等教育本科国家级规划教材

ISBN 978-7-111-68463-3

Ⅰ.①数… Ⅱ.①李… ②张… Ⅲ.①高等数学-实验-高等学校-教材 Ⅳ.①O13-33

中国版本图书馆 CIP 数据核字(2021)第 114159 号

机械工业出版社(北京市百万庄大街 22 号 邮政编码 100037)
策划编辑:郑 玫 责任编辑:郑 玫
责任校对:梁 静 封面设计:王 旭
责任印制:常天培
北京机工印刷厂有限公司印刷
2023 年 6 月第 3 版第 4 次印刷
184mm×260mm・18.75 印张・460 千字
标准书号:ISBN 978-7-111-68463-3
定价:54.80 元

电话服务   网络服务
客服电话:010-88361066   机 工 官 网:www.cmpbook.com
        010-88379833   机 工 官 博:weibo.com/cmp1952
        010-68326294   金 书 网:www.golden-book.com
封底无防伪标均为盗版   机工教育服务网:www.cmpedu.com

第3版前言

本书第1版是"21世纪普通高等教育基础课规划教材",并获得"山东省高等学校优秀教材一等奖",第2版是"十二五"普通高等教育本科国家级规划教材. 第3版是在第2版的基础上修订而成的,修订中编者结合课堂教学、在线课程等教学实践心得,加入了近五年的教学改革成果,对本书进行了以下几个方面的修订:

1. 为适应数学实验课程教学形式的先进性和互动性,增加了数学文化、演示视频、知识拓展等课程资源.

2. 增加综合实验一章,介绍建立数学模型和应用数学软件求解模型的基本方法,强化学生解决复杂问题的综合能力.

3. 结合了教材使用学校课堂教学及在线课程教学的反馈,听取了部分专家、一线教师和其他读者的意见,对教材内容进行了优化,相对于第2版更贴近学生学习实际,更便于教学.

4. 对课后实验任务进行了修改,使实验任务由易到难具有层次性,便于学生巩固所学内容,强化知识应用能力的训练.

参加本次书稿修订的有:李秀珍、张晓平、葛倩、丁友征;参加课程资源制作的有:葛倩、丁友征、田洁、吕秀敏、谷振涛、于艳红、郑宗剑,书稿和课程资源由李秀珍教授统稿. 限于编者水平,书中难免还有不当和错误,恳请广大读者批评指正.

编 者

第2版前言

本书是"十二五"普通高等教育本科国家级规划教材，第1版是"21世纪普通高等教育基础课规划教材"，并获得"山东省高等学校优秀教材一等奖"。第2版是在第1版的基础上修订而成的，修订中编者结合使用心得，加入了近几年的教学改革成果，对本书进行了以下几个方面的修订：

1. 全书中的MATLAB命令全部更新至MATLAB R2012b版本，所有命令、程序均在此版本下运行通过。

2. 本次修订听取了部分专家、一线教师和其他读者的意见，删除了不必要的理论推导，对内容进行了优化组合，相对于第1版的内容更加丰富，更适合于学生，更便于教学。

3. 对部分例题进行了修改，删除了一些过时、繁冗的例题，并增加了部分适合时代要求的应用实例。

参加本次修订的主要有李秀珍、庞常词、张晓平、丁友征。另外，葛倩修改了第1章，对第5、8章及实验4.1、实验4.2的程序进行了调试。机械工业出版社的领导和郑玫编辑对本次再版也给予了大力支持，在此一并表示衷心的感谢。限于编者水平，书中难免还有不当和错误，恳请广大读者批评指正。

编　者

第1版前言

数学教育在整个人才培养过程中的重要性是人所共知的,特别是进入21世纪以来,随着科学技术的迅速发展和计算机的日益普及,人们对各种问题的解的要求越来越精确,使得数学的应用越来越广泛和深入.传统的数学课程一般偏重于介绍数学的概念、理论和方法,而对数学模型的建立则讨论较少,致使不少学生虽然学了不少数学知识,但是不会应用它分析、解决实际问题.在这样的背景下,许多学校相继开展数学建模课程,大学生数学建模竞赛也在全国蓬勃开展,这是培养学生应用数学能力的有益尝试.开展数学实验课是在总结开展数学建模教学和竞赛活动的基础上,为进一步提高学生应用数学能力而进行的又一数学教改试验.数学实验是计算机技术和数学软件引入教学后出现的新事物,是数学教学体系、内容和方法改革的一项尝试,是高等数学、线性代数、概率论与数理统计等大学数学课程实践教学的重要组成部分.它将数学的基础理论、数学建模与计算机应用三者融为一体.通过"数学实验",学生能够深入理解数学的基本概念和基本理论,熟悉常用的数学软件,提高进行数值计算与数据处理的能力,强化运用所学知识建立数学模型、使用计算机解决实际问题的能力.

数学实验强调以学生动手为主,在教师指导下用学到的数学知识和计算机技术,选择合适的数学软件,分析、解决一些经过简化的实际问题,因此数学实验课程和本书的指导思想是:在教学过程中,以学生为中心,充分发挥学生的主动性.在学习过程中,教师是组织者、指导者、启发者、帮助者.借助计算机软件通过学生自己发现、探索、研究总结及学生之间的相互讨论交流,提高学生运用所学数学知识解决实际问题的能力.

考虑到本书的教学对象是工科学生,我们选择了合适的数学软件MATLAB,基本上能够方便地实现书中内容的主要算法.本书第1章结合高等数学、线性代数的相关内容,介绍了数学软件MATLAB的用法.第2章至第8章分别介绍了方程及方程组的解、最优化方法、数值计算、数理统计基本原理、模糊综合评判及其MATLAB实现.各章所用方法简单实用,注重说明数学问题的实际含义,以及建立实际问题的数学模型,直接用MATLAB求其解,对于所用算法不做证明,也不再详细介绍其解法.

本书由李秀珍教授组织编写和统稿,具体编写情况如下:

李秀珍:第2章实验2.2,第4章实验4.1、实验4.2,第5章;

庞常词：第1章，第2章实验2.1，第3章，第4章实验4.3、实验4.4，第6章；

丁友征：第7章；

张晓平：第8章.

山东大学博士生导师 韦忠礼 教授不辞辛劳地完成了本书的审稿工作，并提出了许多建设性的建议，在此编者向他表示衷心的感谢！

本书的编写参阅了许多专家、学者的论著文献，并参考了部分论著中的例子，恕不一一指明出处，在此一并向有关作者致谢！

数学实验作为一门新课程，其内容和方法在国内外均不很成熟，教材内容取舍不易把握，加之编者水平有限，编写时间紧张，书中难免存在疏漏和谬误，恳请读者给予批评指正.

编 者

目　　录

一、拉格朗日插值法 ··· 110

　　　二、分段线性插值 ··· 113

　　　三、三次样条插值 ··· 114

　　　四、应用举例 ··· 115

　　　实验任务 ··· 117

　　实验 4.2　离散数据的曲线拟合 ··· 118

　　　一、离散数据的多项式拟合 ··· 118

　　　二、曲线拟合的线性最小二乘法 ··· 120

　　　三、应用举例 ··· 121

　　　实验任务 ··· 123

　　实验 4.3　MATLAB 数值积分与微分 ··· 125

　　　一、数值积分 ··· 125

　　　二、数值微分 ··· 129

　　　实验任务 ··· 134

　　实验 4.4　常微分方程的数值解 ··· 136

　　　一、几种求常微分方程数值解的方法 ··· 136

　　　二、应用举例 ··· 141

　　　实验任务 ··· 144

第 5 章　数据的统计与分析 ··· 146

　　实验 5.1　统计作图 ··· 146

　　　一、频数直方图 ··· 146

　　　二、统计量 ··· 149

　　　三、常用概率分布的 MATLAB 实现 ··· 151

　　　四、应用举例 ··· 153

　　　实验任务 ··· 156

　　实验 5.2　参数估计 ··· 158

　　　一、参数的估计 ··· 158

　　　二、参数估计的 MATLAB 实现 ··· 158

　　　三、应用举例 ··· 160

　　　实验任务 ··· 165

　　实验 5.3　假设检验 ··· 166

　　　一、参数的假设检验 ··· 166

　　　二、参数假设检验的 MATLAB 实现 ··· 167

　　　三、应用举例 ··· 170

　　　实验任务 ··· 175

第 6 章　方差分析 ··· 176

　　实验 6.1　单因素方差分析 ··· 176

　　　一、方差分析概述 ··· 176

第 1 章　准　备　实　验

MATLAB 是由美国 MATHWORKS 公司发布的主要面对科学计算、可视化以及交互式程序设计的数学软件，和 Mathematica、Maple、MathCAD 并称为四大数学软件. MATLAB 的基本数据单位是矩阵，因此，本章从矩阵出发，介绍 MATLAB 的基本命令及其用法.

实验 1.1　MATLAB 的基本用法

实验目的

通过本实验掌握 MATLAB 的基本操作，会进行矩阵和数组的输入及数组的运算，了解 MATLAB 中的各种函数以及数据显示格式和帮助系统等.

一、MATLAB 简介

MATLAB 是英文 Matrix Laboratory（矩阵实验室）的缩写，是一款由美国 MATHWORKS 公司出品的数学软件，每年都会推出新的版本. MATLAB 最早是 C. Moler 为了减轻学生编程的负担，用 Fortran 语言编写的，后来他与另外两人合作创立了 MATHWORKS 公司，正式把 MATLAB 推向市场. 1977 年 C. Moler 因其对 MATLAB 的贡献当选为美国工程科学院院士.

MATLAB 将计算、可视化和编程功能集成在非常便于使用的环境中，是一个交互式的、以矩阵计算为基础的科学和工程计算软件. 在欧美高等院校，MATLAB 已经成为线性代数、自动控制系统、数理统计、数字信号处理、时间序列分析和动态系统仿真等高级课程的基本教学工具；也是攻读学位的大学生、硕士生和博士生必须掌握的工具. MATLAB 的特点可以简要地归纳如下：

- **编程效率高**　与 Fortran、C 语言等相比，它更接近人们通常进行计算时的思维方式. 用它编程犹如在纸上书写公式，编程时间和程序量大大减少.
- **计算功能强**　它以不必指定维数的矩阵和数组为主要数据对象，矩阵和向量计算功能特别强，库函数也很丰富，非常适用于做科学和工程计算.
- **使用简便**　其语言灵活、方便，将编译、连接、执行融为一体，可在同一画面上排除书写、语法等错误，加快了用户编写、修改、调试程序的速度，计算结果也用人们十分熟悉的数学符号表示出来，具有初步计算机知识的人几个小时就可以基本掌握它.

• **易于扩充**　用户根据需要建立的文件可以与库函数一样被调用，从而提高了使用效率，扩充了计算功能，还可以与 Fortran、C 语言子程序混合编程.

此外，MATLAB 还有绘图功能及各种实用工具箱. 如通信工具箱（Communication Toolbox）、控制系统工具箱（Control System Toolbox）、财政金融工具箱（Financial Toolbox）、图像处理工具箱（Image Processing Toolbox）、模型预测控制工具箱（Model Predictive Control Toolbox）、信号处理工具箱（Signal Processing Toolbox）、系统辨识工具箱（System Identification Toolbox）、优化工具箱（Optimization Toolbox）、统计工具箱（Statistics Toolbox）、符号工具箱（Symbolic Toolbox）等，本实验我们只介绍一些基本的用法，在以后的实验中，我们还会介绍其他一些功能.

以 MATLAB R2013a（版本 8.1）为例，启动 MATLAB 后，就出现 MATLAB 的工作界面，中心位置为命令窗口（Command Window），如图 1.1 所示，在这里首先可以像计算器一样使用了.

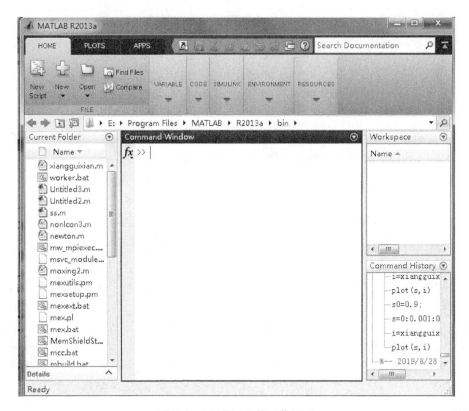

图 1.1　MATLAB 的工作界面

如计算 $\dfrac{2\cos(0.3\pi)}{1+\sqrt{7}}$，在 MATLAB 的命令窗口中输入：

```
≫2 * cos(0.3 * pi)/(1+sqrt(7))↙
ans=
    0.3224
```

MATLAB 启动
与工作区介绍

（✓表示回车，回车后在屏幕上可显示计算结果，以下同）

ans 是系统自动给出的默认运行结果变量，如果我们自己指定变量，则系统将使用指定变量作为计算结果变量．

按〈↑〉键或〈Ctrl＋p〉键，可调出上次的输入，而按〈↓〉键或〈Ctrl＋n〉键可调出下一行．用〈←〉或〈→〉键移动光标，可对输入的内容进行修改．

二、矩阵的输入

矩阵是 MATLAB 的基本数据形式，数和向量都可视为它的特殊形式，输入矩阵时不必对矩阵的行、列数做专门的说明．

矩阵的输入方法是，将矩阵元素以行序为先在方括号内逐行输入矩阵各元素，同一行各元素之间用逗号或空格分开，两行元素之间用分号或回车分开，如输入：

≫A＝[1,2,3;4,5,6;7,8,9]✓

A＝

    1   2   3

    4   5   6

    7   8   9

矩阵中的元素可以用它的行、列数表示，如：

≫a＝A(2,3)％第 2 行第 3 列的元素✓

a＝

  6

≫A(3,2)％第 3 行第 2 列的元素✓

ans＝

    8

％后边的是注释语句，不会被执行，也不会报错．

矩阵 A 输入后一直保存在工作空间中，可随时调用，除非被清除或替代．我们还可以直接修改矩阵的元素，如：

≫A(2,1)＝7✓

A＝

    1   2   3

    7   5   6

    7   8   9

≫A(3,4)＝1✓

A＝

    1   2   3   0

    7   5   6   0

    7   8   9   1

MATLAB 还提供了一些函数来构造特殊矩阵，如：

zeros(m,n)　　　生成 m×n 阶零矩阵

ones(m,n)　　　生成 m×n 阶元素全为 1 的矩阵

eye(m,n)　　　　生成 m×n 阶对角线元素为 1 的矩阵

randn(m,n)　　　生成 m×n 阶随机数矩阵

从一个矩阵中取出若干行（列）构成新矩阵称为**矩阵的裁剪**，如：

≫A(3,:) %A 的第 3 行↙

ans＝

　　　7　　　8　　　9　　　1

≫B＝A(:,2:4) %A 的第 2～4 列↙

B＝

　　　2　　　3　　　0

　　　5　　　6　　　0

　　　8　　　9　　　1

≫A(1:2:3,4:−1:2) %A 的第 1、3 行,4、3、2 列↙

ans＝

　　　0　　　3　　　2

　　　1　　　9　　　8

≫A(:,1)＝[] %[]表示空集,结果为删除 A 的第 1 列↙

A＝

　　　2　　　3　　　0

　　　5　　　6　　　0

　　　8　　　9　　　1

将几个矩阵接在一起称为**矩阵的拼接**，左右拼接时行数要相同，上下拼接时列数要相同，如：

≫C＝[A,zeros(3,1)]↙

C＝

　　　2　　　3　　　0　　　0

　　　5　　　6　　　0　　　0

　　　8　　　9　　　1　　　0

当输入的矩阵很大，不适合用手工直接输入时，MATLAB 提供了**矩阵编辑器**来方便用户创建和修改比较大的矩阵. 在调用矩阵编辑器之前，需要预先定义一个变量，无论是数值还是矩阵均可. 如：

≫w＝[2 1;3 4]; %定义一个名为 w 的变量

以下是具体的操作步骤：从 HOME 菜单中找到 Open Variable 就可以打开如图 1.2 所示的矩阵编辑器，在这里就可以修改矩阵 w 的维数和元素了.

三、数组的输入及运算

在 MATLAB 中数组是一种比矩阵更基本的数据形式，它是元素为一维连续存储的数据的集合. 数组运算的最重要的特征是按对应元素进行运算. 在 MATLAB5.0 以上版本中还增加了高维数组. 数组可以像矩阵一样逐元素输入，也可以采用"a：c：b"的输入方式，其中 a，b 表示数组的第一个和最后一个元素，c 表示步长，步长为 1 时可省略，如：

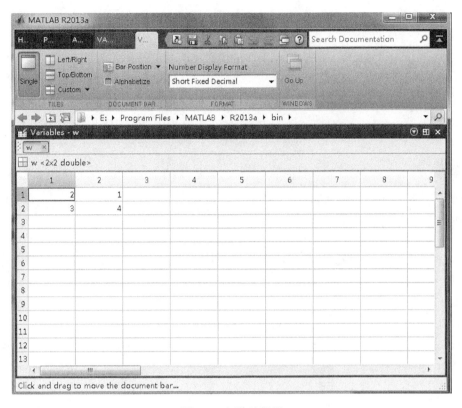

图 1.2　矩阵编辑器

```
≫a=[1,2,3,4,5,6,7]↙
a=
    1    2    3    4    5    6    7
≫b=3:10↙
b=
    3    4    5    6    7    8    9    10
≫c=0:0.5:2↙
c=
    0    0.5000    1.0000    1.5000    2.0000
```

MATLAB 中还有两个命令（表 1.1）可以创建特殊的数组：

表　1.1

linspace(a,b,m)	生成从 a 到 b，m 个数的等差数列
logspace(a,b,n)	生成从 10^a 到 10^b，n 个数的等比数列

数组的运算符有"＋""－"".＊""./"".\"和".∧"，数组的运算是数组的每一个元素进行相应的运算（注意"./"和".\"的区别），如：

```
≫a1=[1,2,3,4]↙
a1=
```

```
          1      2      3      4
≫a2＝[3,2,1,4]↙
a2＝
          3      2      1      4
≫b1＝a1+a2↙
b1＝
          4      4      4      8
≫b2＝a1.＊a2↙
b2＝
          3      4      3      16
≫b3＝a1./a2↙
b3＝
      0.3333    1.0000    3.0000    1.0000
≫b4＝a1.\a2↙
b4＝
      3.0000    1.0000    0.3333    1.0000
≫b5＝a1.^a2↙
b5＝
          1      4      3    256
```

四、常量、变量与表达式

MATLAB 提供了一些特殊的常量，如：pi(π)；i 或 j（虚数单位）；eps（机器无穷小，约为 $2.2204×10^{-16}$）；Inf（无穷大）；nan（不确定值，0/0，∞/∞ 所得）等.

要表达一个（字符）数列或矩阵，必须以变量的形式来表示. 变量名称以字母开头，由字母、数字等构成，最多 31 个字符，区分大小写字母. 在 MATLAB 中不必对变量做任何的类型说明，当输入一个新变量时 MATLAB 自动建立变量并为其分配内存空间.

变量、常量和函数由运算符连接得到算术表达式. 当运算对象是矩阵时应用矩阵运算符；当运算对象为数组时则用数组运算符. 通常表达式的值赋给某个变量称为赋值命令语句，其形式为：变量＝表达式，当略去"变量"时表达式的值自动赋给系统默认的变量 ans. 用 who 或 whos 命令可以显示当前工作空间中各变量的名称及分配给这些变量的空间等信息，who 仅给出变量名，whos 则给出变量的详细信息. disp(x) 可以显示变量 x 的内容. 可以用 clear 命令从工作空间中清除现存的变量，但 clc 命令只清屏不清除变量（注：当命令后加";"时，MATLAB 只执行命令不输出）. 如：

```
≫a＝1;
b＝[1 2 3 4];
c＝zeros(2);
who↙
Your variables are:
a          b          c
```

```
≫whos↙
   Name        Size              Bytes   Class       Attributes
   a           1x1                   8   double
   b           1x4                  32   double
   c           2x2                  32   double
≫disp(c)↙
      0      0
      0      0
≫clear
a↙
Undefined function or variable'a'.
```

五、函数

MATLAB 提供了大量的函数，分为标量函数、向量函数和矩阵函数. 常用的函数如表 1.2 所示.

表　1.2

函 数 名 称	函 数 功 能	函 数 名 称	函 数 功 能
sin(x)	正弦函数	conj(z)	复数的共轭
cos(x)	余弦函数	round(x)	四舍五入至最近整数
tan(x)	正切函数	fix(x)	向 0 方向取整
asin(x)	反正弦函数	floor(x)	向 $-\infty$ 方向取整
acos(x)	反余弦函数	ceil(x)	向 $+\infty$ 方向取整
atan(x)	反正切函数	rat(x)	将实数 x 化为分数表示
sinh(x)	双曲正弦函数	rats(x)	将实数 x 化为多项分数展开
cosh(x)	双曲余弦函数	sign(x)	符号函数
tanh(x)	双曲正切函数	rem(x,y)	求 x 除以 y 的余数
asinh(x)	反双曲正弦函数	gcd(x,y)	整数 x 和 y 的最大公因数
acosh(x)	反双曲余弦函数	lcm(x,y)	整数 x 和 y 的最小公倍数
atanh(x)	反双曲正切函数	exp(x)	自然指数
abs(x)	绝对值或向量的长度	pow2(x)	2 的指数
angle(z)	复数的辐角	log(x)	自然对数
sqrt(x)	开平方	log2(x)	以 2 为底的对数
real(z)	复数的实部	log10(x)	常用对数
imag(z)	复数的虚部		

这些函数本质上是作用于标量的，当它们作用于矩阵或数组时，是作用于矩阵或数组的每一个元素，如：

```
≫x=(0:0.2:1)*pi;
```

```
y＝sin(x)↙
y＝
        0    0.5878    0.9511    0.9511    0.5878    0.0000
≫a=[−3.5,4.6];
b＝round(a),c＝floor(a),d＝ceil(a),e＝fix(a),f＝rats(a)↙
b＝
    −4    5
c＝
    −4    4
d＝
    −3    5
e＝
    −3    4
f＝
    −7/2    23/5
```

另一个计算函数值的命令是 feval(F,x),F 是表示函数名的字符串,如:

```
≫x＝(0:0.2:1)*pi; y＝feval('sin',x)↙
y＝
        0  0.5878    0.9511    0.9511    0.5878    0.0000
```

有些函数只有当它们作用于（行或列）向量时才有意义,称为向量函数. 这些函数也作用于矩阵,此时它产生一个行向量,行向量的每一个元素是函数作用于矩阵相应列向量的结果,常用的向量函数如表1.3所示.

表 1.3

函 数 名 称	函 数 功 能	函 数 名 称	函 数 功 能
max	最大值	mean	平均值
min	最小值	median	中值
sum	和	prod	乘积
length	长度	sort	从小到大排列

例如:

```
≫a=[4,3.1,−1.2,0,6];
b＝min(a),c＝sum(a),d＝median(a)↙
b＝
    −1.2000
c＝
    11.9000
d＝
    3.1000
```

```
≫f＝sort(a)  %升序排列↙
f＝
  －1.2000    0    3.1000    4.0000    6.0000
≫g＝sort(a,'descend')  %降序排列↙
g＝
  6.0000    4.0000    3.1000      0    －1.2000
≫[h,index]＝sort(a)  % h 是排序好的向量,index 是向量 h 中元素在向量 a 中的
                    %索引↙
sorted＝
  －1.2000    0    3.1000    4.0000    6.0000
index＝
    3    4    2    1    5
```

MATLAB 还有大量的处理矩阵的函数,从其作用来看可分为两类:构造矩阵的函数(前面已介绍一些),进行矩阵计算的函数,我们将在以后的实验中具体介绍.

六、帮助系统

MATLAB 提供了非常方便的帮助系统,如果知道某个程序(或主题)的名字,就可用命令:help 程序(或主题)的名,得到帮助,当然也可以使用窗口中的 help 菜单. 如:
```
≫help sin↙
sin    Sine of argument in radians.
    sin(X) is the sine of the elements of X.
     See also asin, sind.
    Overloaded methods:
       sym/sin
       codistributed/sin
       gpuArray/sin
    Reference page in Help browser
       doc sin
```
MATLAB 还提供了一个命令 lookfor,它可以搜索包含某个关键词的帮助主题,这个关键词并不一定是 MATLAB 的命令或函数,如:
```
≫lookfor equation↙
```
窗口中会显示出所有与 equation 有关的命令.

七、数据显示格式

MATLAB 显示数据结果时,一般遵循下列原则:如果数据是整数,则显示整数;如果数据是实数,在默认情况下显示小数点后 4 位数字.

可以打开 HOME 菜单中的 Preferences 来选择、改变数据的显示格式. 具体命令的意义如表 1.4 所示.

表　1.4

命　　令	显 示 格 式	命　　令	显 示 格 式
format short	小数点后 4 位数字	format short e	5 位科学记数法
format long	小数点后 15 位数字	format long e	15 位科学记数法
format bank	小数点后 2 位数字	format rat	用分数表示最接近的有理数
format ＋	显示＋，－或 0		

也可以在要输出的数据前加上这些命令，如：

≫format short,pi↙

ans＝

　　3.1416

≫format long,pi↙

ans＝

　3.141592653589793

≫format bank,pi↙

ans＝

　　3.14

≫format ＋,pi↙

ans＝

＋

≫format short e,pi↙

ans＝

　3.1416e＋00

≫format long e,pi↙

ans＝

　3.141592653589793e＋00

≫format rat,pi↙

ans＝

　355/113

实验任务

1. 熟悉 MATLAB 的窗口操作，并思考以下问题：

(1) MATLAB 的工作界面主要由哪几种窗口构成？

(2) 存储在工作空间中的数组能编辑吗？如何操作？

(3) 命令历史窗口除了可以观察前面键入的命令外，还有什么用途？

(4) 在 MATLAB 中有几种获得帮助的途径？

2. 对于自然对数 e 分别用各种不同的格式显示.

3. 随机生成一个 10 行 8 列的随机矩阵 A，并完成下列任务：

(1) 求出矩阵 A 中每一列的和与平均值；

（2）选取 A 的前两列和后两列构成矩阵 B；

（3）去掉 A 的后两行构成方阵 C；

（4）取 A 的右下角 3×2 子矩阵构成矩阵 D.

4. 某公司有 8 种产品，其单件的成本、售价及某段时间的销售量如表 1.5 所示：

表 1.5

产品序号	1	2	3	4	5	6	7	8
成本/元	8.25	10.30	6.68	12.03	16.85	17.51	9.30	10.65
售价/元	15.00	16.25	9.90	18.25	20.80	24.15	15.50	18.25
销量/元	1205	580	395	2104	1538	810	694	1032

计算这段时间的收入和利润；求出哪种产品利润最大；哪种产品利润最小；将各种产品的利润进行自小到大排序.

5. 通过帮助系统掌握 roots，poly，polyval 的用法，并用这些命令解决以下问题：

（1）已知一多项式的零点为 $\{2, -3, 1+2i, 1-2i, 0, -6\}$，求这个多项式的系数（从高到低排列），并且计算多项式在点 $x = 0.8$ 的值.

（2）半径为 r，密度为 $\rho(\rho < 1)$ 的球浮在水面上，求球底在水下部分的深度 x，其中 $r = 100\text{cm}$，$\rho = 0.6\text{g/cm}^3$.

实验1.2 矩阵的运算

实验目的

通过本实验复习矩阵的运算及方阵的特征值、特征向量的相关知识，掌握用 MATLAB 进行矩阵各种运算的方法，理解矩阵运算与数组运算的区别.

一、矩阵的四则运算

矩阵的四则运算符有：＋加法、－减法、^幂、＊乘法、/右除、\左除，在使用时应该注意两点：

（1）左除和右除的区别：设 A 是可逆矩阵，AX＝B 的解是 A 左除 B，即X＝A\B; XA＝B 的解是 B 右除 A，即 X＝B/A.

（2）幂、乘、除三种运算和线性代数中的定义一致，但.^, .＊, ./, .\则指数组之间的运算，即对应元素进行相应的运算. 如：

```
≫M＝[1,.5,2;2,3,3;4.5,1,6]
M＝
   1      1/2     2
   2       3      3
   9/2     1      6
≫N＝[2,2,3;3,1,4;1,1,2]
N＝
   2      2      3
   3      1      4
   1      1      2
≫R1＝M＊N
R1＝
   11/2      9/2      9
   16        10       24
   18        16       59/2
≫R2＝M.＊N
R2＝
    2        1       6
    6        3       12
    9/2      1       12
```

二、矩阵的转置、行列式、秩和逆

设 A 是一个矩阵，则 A'是求 A 的转置，det(A) 是求 A 的行列式（A 是方阵），rank(A) 是求 A 的秩，inv(A) 是求 A 的逆矩阵（若不可逆，则给出警告信息），如：

```
≫A=[1,2,3;2,2,1;3,4,3]↵
A=
        1        2        3
        2        2        1
        3        4        3
≫A'↵
ans=
        1        2        3
        2        2        4
        3        1        3
≫det(A)↵
ans=
        2
≫rank(A)↵
ans=
        3
≫B=inv(A)↵
B=
        1        3       -2
     -3/2       -3      5/2
        1        1       -1
```

三、对角阵、上（下）三角阵和稀疏矩阵

1. 提取（产生）对角阵

v=diag(x)：若输入向量 x，则输出以 x 为对角元素的对角阵 v；

若输入矩阵 x，则输出由 x 的对角元素构成的向量 v.

如：

```
≫x=[1 2 3]↵
x=
        1        2        3
≫v=diag(x)↵
v=
        1        0        0
        0        2        0
        0        0        3
≫diag(v)↵
ans=
        1
        2
        3
```

2. 提取（产生）上（下）三角阵

v＝triu(x)：输入矩阵 x，输出 x 的上三角阵 v；

v＝tril(x)：输入矩阵 x，输出 x 的下三角阵 v.

如：

≫a＝[1 2 3;4 5 6;7 8 9]↙

a＝

1	2	3
4	5	6
7	8	9

≫b＝triu(a)↙

b＝

1	2	3
0	5	6
0	0	9

≫c＝tril(a)↙

c＝

1	0	0
4	5	0
7	8	9

3. 稀疏矩阵的处理

在许多实际问题中，经常会遇到大规模矩阵中含有大量零元素，这样的矩阵称为稀疏矩阵. MATLAB 对稀疏矩阵的存储和运算进行特殊处理，只存储矩阵的非零元素，从而节省存储空间和计算时间，这是 MATLAB 进行大规模科学计算时的特点和优势之一. 用以下语句输入稀疏矩阵的非零元素（零元素不必输入），即可进行计算.

a＝sparse(r,c,v,m,n)：创建 m 行 n 列的稀疏矩阵 a；其第 r 行、c 列的元素为 v；

aa＝full(a)：将稀疏矩阵 a 转换为满矩阵 aa（包括零元素）.

如：

≫a＝sparse(2,2:3,8,2,4),aa＝full(a)↙

a＝

  (2,2)   8

  (2,3)   8

aa＝

0	0	0	0
0	8	8	0

用 whos 命令查看矩阵的信息：

≫whos↙

Name	Size	Bytes	Class	Attributes
a	2x4	44	double	sparse
aa	2x4	64	double	

由此可以看到稀疏矩阵 a 占用的存储空间要比满矩阵 aa 小.

四、特征值与特征向量

方阵 A 的特征值 λ 与特征向量 x 由下式定义：$Ax = \lambda x$，λ 满足 $|A - \lambda E| = 0$，$f(\lambda) = |A - \lambda E|$ 叫作 A 的特征多项式，将特征值作为对角矩阵 Λ 的对角元素，用对应的特征向量作为相应列构成矩阵 X，应有：$AX = X\Lambda$，若 X 可逆，则 $A = X\Lambda X^{-1}$，称为 A 的特征分解，即 A 相似于对角矩阵 Λ. 我们知道实对称矩阵一定相似于对角阵. 关于特征值与特征向量，MATLAB 的命令如表 1.6 所示.

表 1.6

命 令	作 用
poly(A)	输出 A 的特征多项式的系数（按降幂排列）
d=eig(A)	返回方阵 A 的全部特征值所构成的向量
[V,D]=eig(A)	返回矩阵 V 和 D. 其中，对角阵 D 的对角元素为 A 的特征值，V 的列向量是相应的特征向量，使得 $A*V = V*D$
d=eig(A,B)	返回方阵 A 和 B 的广义特征值所构成的向量 X，使得 $A*X = \lambda*B*X$
[V,D]=eig(A,B)	求广义的特征值 D 和特征向量 V，使得 $A*V = B*V*D$

例如：

```
≫A=[4 0 0;0 3 1;0 1 3]
A=
     4     0     0
     0     3     1
     0     1     3
≫poly(A)
ans=
     1    -10    32    -32
```

即矩阵 A 的特征多项式为 $f(\lambda) = \lambda^3 - 10\lambda^2 + 32\lambda - 32$.

```
≫eig(A)
ans=
     2
     4
     4
```

即矩阵 A 的三个特征值为 2，4，4.

```
≫[V,D]=eig(A)
V=
          0             0         1
    -985/1393      985/1393       0
     985/1393      985/1393       0
```

D=

2	0	0
0	4	0
0	0	4

即矩阵 A 的特征向量为 $\boldsymbol{\eta}_1 = \begin{pmatrix} 0 \\ -\dfrac{985}{1393} \\ \dfrac{985}{1393} \end{pmatrix}$，$\boldsymbol{\eta}_2 = \begin{pmatrix} 0 \\ \dfrac{985}{1393} \\ \dfrac{985}{1393} \end{pmatrix}$，$\boldsymbol{\eta}_1 = \begin{pmatrix} 1 \\ 0 \\ 0 \end{pmatrix}$

≫V＊D＊inv(V) ％验证 V＊D＊inv(V)＝A

ans＝

4	0	0
0	3	1
0	1	3

≫inv(V)＊D＊V

ans＝

4	0	0
0	4	0
0	0	2

再如：

≫A＝[2 1;−1 5], B＝[3 1;1 4]

A＝

2	1
−1	5

B＝

3	1
1	4

≫d＝eig(A,B)

d＝

939/1268

1268/939

≫[V,D]＝eig(A,B)

V＝

−1	−329/1926
−1926/2255	1

D＝

939/1268	0
0	1268/939

≫A＊V　％验证 A＊V＝B＊V＊D

ans＝

　　　－939/329　　　　　634/963

　　　－1475/451　　　　　1453/281

≫B＊V＊D↙

ans＝

　　　－939/329　　　　　634/963

　　　－1475/451　　　　　1453/281

实验任务

1. 自己输入一些简单的矩阵，并对矩阵进行四则运算，体验左除和右除的区别，以及矩阵的乘法、除法、乘方与数组相应运算的区别.

2. 用命令 magic(n) 生成一个 5 阶魔术方阵 A，并完成以下操作：

(1) 计算 $|A|$，A'，A^{-1}；

(2) 求 A 的特征值；

(3) 计算 A 的各列的和与平均值；

(4) 计算 A 的各行的和与平均值；

(5) 设 $b=(1,2,3,4,5)'$，求方程组 $AX=b$ 的解.

3. 设有分块矩阵 $A=\begin{pmatrix} E_{3\times3} & R_{3\times2} \\ O_{2\times3} & S_{2\times2} \end{pmatrix}$，其中 E，R，O，S 分别为单位阵、随机阵、零阵

和对角阵，试通过计算验证 $A^2=\begin{pmatrix} E & R+RS \\ O & S^2 \end{pmatrix}$.

4. 求矩阵 $\begin{bmatrix} 3 & -1 & 3 & 2 \\ 5 & -3 & 2 & 3 \\ 1 & -3 & -5 & 0 \\ 7 & -5 & 1 & 4 \end{bmatrix}$ 的秩.

5. 求矩阵 $M_1=\begin{pmatrix} 0.2 & 0.3 \\ 0.4 & 0.2 \end{pmatrix}$，$M_2=\begin{pmatrix} 1 & -1 \\ 1 & 1 \end{pmatrix}$，$M_3=\begin{pmatrix} 0 & 0.5 \\ -0.5 & 1 \end{pmatrix}$ 的特征值，并判断它

们是否相似于对角阵.

6. 已知 $A=\begin{bmatrix} 2 & -1 & 0 & 0 \\ -1 & 2 & -1 & 0 \\ 0 & -1 & 2 & -1 \\ 0 & 0 & -1 & 2 \end{bmatrix}$，$B=\begin{bmatrix} 2 & 1 & 0 & 0 \\ 1 & 3 & 1 & 0 \\ 0 & 1 & 1 & 1 \\ 0 & 0 & 2 & 1 \end{bmatrix}$，求解：$Ax=\lambda Bx$.

7. 设 $A=\begin{bmatrix} 10 & 7 & 8 & 7 \\ 7 & 5 & 6 & 5 \\ 8 & 6 & 10 & 9 \\ 7 & 5 & 9 & 10 \end{bmatrix}$，$b=(32,23,33,31)'$，至少用三种方法解方程组 $AX=b$

（克莱姆法则、矩阵的除法、逆矩阵等），并估计当 b 有微小误差 $\delta b=(0.1,-0.1,0.1,-0.1)'$ 时，方程组解的变化.

8. 已知两个线性变换

$$\begin{cases} x_1 = 2y_1 + y_3, \\ x_2 = -2y_1 + 3y_2 + 2y_3, \\ x_3 = 4y_1 + y_2 + 5y_3, \end{cases} \qquad \begin{cases} y_1 = -3z_1 + z_2, \\ y_2 = 2z_1 + z_3, \\ y_3 = -z_2 + 3z_3, \end{cases}$$

求从 z_1，z_2，z_3 到 x_1，x_2，x_3 的线性变换和从 x_1，x_2，x_3 到 z_1，z_2，z_3 的线性变换.

9. 化二次型

$$f = x_1^2 + 3x_2^2 + 9x_3^2 + 19x_4^2 - 2x_1x_2 + 4x_1x_3 + 2x_1x_4 - 6x_2x_4 - 12x_3x_4$$

为标准型.

实验 1.3　M 文件与程序设计

实验目的

通过本实验了解 MATLAB 中两种形式的 M 文件，掌握利用 MATLAB 的三种程序结构编写简单程序、处理实际问题的基本方法。

一、M 文件

MATLAB 作为一种应用广泛的科学计算软件，不仅可以通过直接交互的指令和操作方式进行强大的数值计算、绘图等，还可以像 C 语言、C++ 等高级程序语言一样，根据自己的语法规则来进行程序设计. 编写的程序文件以 .m 作为扩展名，称为 M 文件.

M 文件是一个文本文件，它可以用任何编辑程序来建立和编辑，而一般常用且最为方便的是使用 MATLAB 提供的文本编辑器.

1. 建立新的 M 文件

为建立新的 M 文件，启动 MATLAB 文本编辑器有两种方法：

（1）菜单操作. 单击 MATLAB 主窗口 HOME 菜单中的 New Script 命令按钮，屏幕上将出现 MATLAB 文本编辑器窗口.

（2）命令操作. 在 MATLAB 命令窗口输入命令 edit，启动 MATLAB 文本编辑器后，输入 M 文件的内容并存盘.

2. 打开已有的 M 文件

打开已有的 M 文件，也有两种方法：

（1）菜单操作. 单击 MATLAB 主窗口 HOME 菜单中的 Open 命令按钮，选择所需打开的 M 文件. 在文档窗口可以对打开的 M 文件进行编辑修改，编辑完成后，将 M 文件存盘.

（2）命令操作. 在 MATLAB 命令窗口输入命令：edit 文件名，则打开指定的 M 文件.

M 文件根据调用方式的不同分为两类：命令文件（Script File）和函数文件（Function File）. 可通过下面的例子来体会两种文件的区别.

例 1　分别建立命令文件和函数文件，将华氏温度 f 转换为摄氏温度 c.

解　程序 1：首先建立命令文件并以文件名 f2c. m 存盘.

```
clear;                  %清除工作空间中的变量
f＝input('Input Fahrenheit temperature:');
c＝5 * (f－32)/9
```

然后在 MATLAB 的命令窗口中输入 f2c，将会执行该命令文件，执行情况为：

```
≫f2c↙
Input Fahrenheit temperature:73↙
c＝
   22.7778
```

程序 2：首先建立函数文件 f2c. m.

```
function c=f2c(f)
c=5*(f-32)/9;
```

　　然后在 MATLAB 的命令窗口调用该函数文件.

```
≫clear;
y=input('Input Fahrenheit temperature:');
x=f2c(y)↙
```

　　输出情况为：

```
Input Fahrenheit temperature:70↙
x=
    21.111
```

二、关系运算与逻辑运算

　　MATLAB 中的运算符可以分为三大类：算术运算符（加减乘除、乘方、开方等）、关系运算符和逻辑运算符。

1. 关系运算符

　　关系运算符主要用以比较数、字符串、矩阵之间的大小或不等关系，其返回值为 0 或 1，当返回值为 1 时，表示比较的两个对象关系为真；当返回值为 0 时，表示比较的两个对象关系为假，关系运算符如表 1.7 所示.

表　1.7

关系运算符	功　　能
<	判断小于关系
<=	判断小于等于关系
>	判断大于关系
>=	判断大于等于关系
==	判断等于关系
~=	判断不等于关系

　　需要注意的是关系运算符"=="和赋值运算符"="是不同的，"=="用来判断两个数字或者变量是否有相等关系，"="用来给变量赋值.

　　例如：

```
≫A=1:2:10;
B=10-A;
big=A>4   %判断 A 中元素是否大于 4,结果是 1 表明为真,结果是 0 表明为假↙
big=
    0    0    1    1    1
≫ab=(A==B)  %判断 A、B 中对应元素是否相等↙
ab=
    0    0    1    0    0
```

2. 逻辑运算符

MATLAB 中有三种基本的逻辑运算，其运算符如表 1.8 所示.

表 1.8

逻辑运算符	说 明
&	与（Element-wise Logical AND）
|	或（Element-wise Logical OR）
~	非（优先级最高）

例如：

```
≫A＝1:2:10;
a1＝(A>2)&(A<6)    ％当 A 中的元素大于 2 并且小于 6 时,返回 1↙
a1＝
    0    1    1    0    0
≫a2＝(A>7)|(A<6)    ％当 A 中的元素大于 7 或者小于 6 时,返回 1↙
a2＝
    1    1    1    0    1
```

三种运算符的优先顺序按从高到低排列为：算术运算符、关系运算符、逻辑运算符，如果要改变运算的优先级，可以在表达式中加入括号.

三、程序控制结构

1. 顺序结构

（1）数据的输入

从键盘输入数据，则可以使用 input 函数来进行，该函数的调用格式为

A＝input(提示信息,选项)

其中提示信息为一个字符串，用于提示用户输入什么样的数据.

如果在 input 函数调用时采用's'选项，则允许用户输入一个字符串. 例如，想输入一个人的姓名，可采用命令：

xm＝input('What's your name?','s');

（2）数据的输出

MATLAB 提供的命令窗口输出函数为 disp 函数，其调用格式为

disp(输出项)

其中输出项既可以为字符串，也可以为矩阵.

例 2 输入 x，y 的值，并将它们的值互换后输出.

解 程序如下：

```
x＝input('Input x please:');
y＝input('Input y please:');
z＝x;
x＝y;
```

```
y=z;
disp(x)
disp(y)
```

例 3 求一元二次方程 $ax^2+bx+c=0$ 的根.

解 程序如下：

```
a=input('a=?');
b=input('b=?');
c=input('c=?');
d=b*b-4*a*c;
x=[(-b+sqrt(d))/(2*a),(-b-sqrt(d))/(2*a)];
disp(['x1=',num2str(x(1)),',x2=',num2str(x(2))])
```

其中 num2str 函数的作用是把数值转换成字符串，以便用 disp 进行输出.

（3）程序的暂停

暂停程序的执行可以使用 pause 函数，其调用格式为

pause(延迟秒数)

如果省略延迟时间，直接使用 pause，则将暂停程序，直到用户按任一键后程序继续执行.

若要强行中止程序的运行可使用 Ctrl+C 命令.

2. 选择结构

（1）if 语句

在 MATLAB 中，if 语句有 3 种格式.

① 单分支 if 语句：

if 条件

　　语句组

end

当条件成立时，则执行语句组，执行完之后继续执行本结构的后继语句，若条件不成立，则直接执行本结构的后继语句.

② 双分支 if 语句：

if 条件

　　语句组 1

else

　　语句组 2

end

当条件成立时，执行语句组 1，否则执行语句组 2，语句组 1 或语句组 2 执行后，再执行本结构的后继语句.

例 4 计算分段函数 $\begin{cases} \dfrac{x+\sqrt{\pi}}{e^2}, & x\leqslant 0 \\ \dfrac{\ln(x+\sqrt{1+x^2})}{2}, & x>0 \end{cases}$ 的值.

解 程序如下：
```
x=input('请输入 x 的值:');
if x<=0
    y=(x+sqrt(pi))/exp(2);
else
    y=log(x+sqrt(1+x*x))/2;
end
```
③ 多分支 if 语句：
```
if   条件 1
    语句组 1
elseif   条件 2
    语句组 2
    ⋮
elseif   条件 n−1
    语句组 n−1
else
    语句组 n
end
```
该语句用于实现多分支选择结构.

例 5 输入一个字符，若为大写字母，则输出其对应的小写字母；若为小写字母，则输出其对应的大写字母；若为数字字符则输出其对应的数值，若为其他字符则原样输出.

解 程序如下：
```
c=input('请输入一个字符','s');
if c>='A' & c<='Z'
    disp(setstr(abs(c)+abs('a')−abs('A')));
elseif c>='a'& c<='z'
    disp(setstr(abs(c)− abs('a')+abs('A')));
elseif c>='0'& c<='9'
    disp(abs(c)−abs('0'));
else
    disp(c);
end
```
（2）switch 语句

switch 语句根据表达式的取值不同，分别执行不同的语句，其语句格式为
```
switch   表达式
case   表达式 1
    语句组 1
case   表达式 2
    语句组 2
```

$\vdots$

```
  case   表达式 n－1
         语句组 n－1
otherwise
         语句组 n
end
```

当表达式的值等于表达式 1 的值时，执行语句组 1，当表达式的值等于表达式 2 的值时，执行语句组 2，…，当表达式的值等于表达式 n－1 的值时，执行语句组 n－1，当表达式的值不等于 case 所列的表达式的任何值时，执行语句组 n. 当任意一个分支的语句执行完后，直接执行 switch 语句结构的后继语句.

例 6　某商场对顾客所购买的商品实行打折销售，标准如下（商品价格用 price 来表示）：

price＜200	没有折扣
200≤price＜500	3%折扣
500≤price＜1000	5%折扣
1000≤price＜2500	8%折扣
2500≤price＜5000	10%折扣
5000≤price	14%折扣

输入所售商品的价格，求其实际销售价格.

解　程序如下：

```
price＝input('请输入商品价格');
switch fix(price/100)
    case {0,1}              %价格小于 200
      rate＝0;
    case {2,3,4}            %价格大于等于 200 但小于 500
      rate＝3/100;
    case num2cell(5:9)      %价格大于等于 500 但小于 1000
      rate＝5/100;
    case num2cell(10:24)    %价格大于等于 1000 但小于 2500
      rate＝8/100;
    case num2cell(25:49)    %价格大于等于 2500 但小于 5000
      rate＝10/100;
    otherwise               %价格大于等于 5000
      rate＝14/100;
end
price＝price * (1－rate)     %输出商品实际销售价格
```

(3) try 语句

语句格式为：

```
try
    语句组 1
```

```
catch
    语句组 2
end
```

try 语句先试探性执行语句组 1，如果语句组 1 在执行过程中出现错误，则将错误信息赋给保留的 lasterr 变量，并转去执行语句组 2.

例 7 矩阵乘法运算要求两矩阵的维数相容，否则会出错. 先求两矩阵的乘积，若出错，则自动转去求两矩阵的点乘.

解 程序如下：

```
A＝[1,2,3;4,5,6]; B＝[7,8,9;10,11,12];
try
    C＝A＊B;
catch
    C＝A.＊B;
end
C
lasterr          %显示出错原因
```

3. 循环结构

(1) for 语句

for 语句的格式为：

for 循环变量＝表达式 1:表达式 2:表达式 3
    循环体语句
end

其中表达式 1 的值为循环变量的初值，表达式 2 的值为步长，表达式 3 的值为循环变量的终值. 步长为 1 时，表达式 2 可以省略.

例 8 若一个三位整数各位数字的立方和等于该数本身，则称该数为水仙花数，编写程序输出全部水仙花数.

解 程序如下：

```
for m＝100:999
m1＝fix(m/100);            %求 m 的百位数字
m2＝rem(fix(m/10),10);     %求 m 的十位数字
m3＝rem(m,10);            %求 m 的个位数字
if m==m1＊m1＊m1＋m2＊m2＊m2＋m3＊m3＊m3
   disp(m)
end
end
```

例 9 已知 $y = \sum\limits_{i=1}^{n} \dfrac{1}{2i-1}$ ，当 $n=100$ 时，求 y 的值.

解 程序如下：

```
y=0;
n=100;
for i=1:n
    y=y+1/(2*i-1);
end
y
```

在实际 MATLAB 编程中，采用循环语句会降低其执行速度，所以前面的程序通常由下面的程序来代替：

```
n=100;
i=1:2:2*n-1;
y=sum(1./i);
y
```

for 语句更一般的格式为

```
for 循环变量=矩阵表达式
    循环体语句
end
```

执行过程是依次将矩阵的各列元素赋给循环变量，然后执行循环体语句，直至各列元素处理完毕．

例 10 写出下列程序的执行结果．

```
s=0;
a=[12,13,14;15,16,17;18,19,20;21,22,23];
for k=a
    s=s+k;
end
disp(s)
```

解 该程序的作用是求矩阵每一行的和，输出结果为

      39   48   57   66

（2）while 语句

while 语句的一般格式为

```
while(条件)
    循环体语句
end
```

其执行过程为：若条件成立，则执行循环体语句，执行后再判断条件是否成立，如果不成立则跳出循环．

例 11 从键盘输入若干个数，当输入 0 时结束输入，求这些数的平均值和它们的和．

解 程序如下：

```
sum=0;
cnt=0;
```

```
val＝input('Enter a number(end in 0):');
while(val~＝0)
    sum＝sum+val;
    cnt＝cnt+1;
    val＝input('Enter a number(end in 0):');
end
if(cnt＞0)
    sum
    mean＝sum/cnt
end
```

（3）break 语句和 continue 语句

与循环结构相关的语句还有 break 语句和 continue 语句. 它们一般与 if 语句配合使用.

break 语句用于终止循环的执行. 当在循环体内执行到该语句时，程序将跳出循环，继续执行循环语句的下一语句.

continue 语句控制跳过循环体中的某些语句. 当在循环体内执行到该语句时，程序将跳过循环体中所有剩下的语句，继续下一次循环.

例 12 求 [100，200] 之间第一个能被 21 整除的整数.

解 程序如下：

```
for n＝100:200
if rem(n,21)~＝0
    continue
end
break
end
n
```

运行结果为：

```
n＝
   105
```

（4）循环的嵌套

如果一个循环结构的循环体又包括一个循环结构，就称为循环的嵌套，或称为多重循环结构.

例 13 若一个数等于它的各个真因子之和，则称该数为完数，如 6＝1+2+3，所以 6 是完数. 求 [1，500] 之间的全部完数.

解 程序如下：

```
for m＝1:500
s＝0;
for k＝1:m/2
if rem(m,k)＝＝0
```

```
s＝s＋k;
end
end
if m==s
    disp(m);
end
end
```

运行结果为：

```
6
28
496
```

四、函数文件

1. 函数文件的基本结构

函数文件由 function 语句引导，其基本结构为：

function 输出形参表＝函数名(输入形参表)

％注释说明部分

函数体语句

函数文件的
创建与调用

其中以 function 开头的一行为引导行，表示该 M 文件是一个函数文件. 函数名的命名规则与变量名相同，文件名必须与函数名相同. 输入形参为函数的输入参数，输出形参为函数的输出参数. 当输出形参多于一个时，则应该用方括号括起来.

例 14　编写函数文件求半径为 r 的圆的面积和周长.

解　函数文件如下：

```
function [s,p]＝fcircle(r)
%CIRCLE   calculate the area and perimeter of a circle of radius
%r——圆半径
%s——圆面积
%p——圆周长
%2019 年 8 月 30 日编
s＝pi＊r＊r
p＝2＊pi＊r
```

2. 函数调用

函数调用的一般格式是：

［输出实参表］＝函数名(输入实参表)

要注意的是，函数调用时各实参出现的顺序、个数，应与函数定义时形参的顺序、个数一致，否则会出错. 函数调用时，先将实参传递给相应的形参，从而实现参数传递，然后再执行函数的功能.

例 15　利用函数文件，实现直角坐标（x,y）与极坐标（ρ,θ）之间的转换.

解 编写函数文件 tran.m：

```
function[rho,theta]=tran(x,y)
rho=sqrt(x*x+y*y);
theta=atan(y/x);
```

调用 tran.m 的命令文件 main1.m：

```
x=input('Please input x=:');
y=input('Please input y=:');
[rho,the]=tran(x,y);
rho
the
```

在 MATLAB 中，函数可以嵌套调用，即一个函数可以调用别的函数，甚至调用它自身．一个函数调用它自身称为函数的递归调用．

例 16 利用函数的递归调用，求 n!．

解 n!本身就是以递归的形式定义的．显然，求 n!需要求 (n−1)!，这时可采用递归调用．

递归调用函数文件 factor.m 如下：

```
function f=factor(n)
if n<=1
    f=1;
else
    f=factor(n−1)*n;        %递归调用
end
```

3. 函数参数的可调性

在调用函数时，MATLAB 用两个永久变量 nargin 和 nargout 分别记录调用该函数时的输入实参和输出实参的个数．只要在函数文件中包含这两个变量，就可以准确地知道该函数文件被调用时的输入、输出参数个数，从而决定函数如何进行处理．

例 17 nargin 用法示例．

解 函数文件 examp.m：

```
function fout=charray(a,b,c)
if nargin==1
    fout=a;
elseif nargin==2
    fout=a+b;
elseif nargin==3
    fout=(a*b*c)/2;
end
```

命令文件 mydemo.m：

```
x=[1:3];
```

```
y=[1;2;3];
examp(x)
examp(x,y')
examp(x,y,3)
```

4. 全局变量与局部变量

函数文件内部的变量是局部变量，它们与其他函数文件及 MATLAB 工作空间相互隔离。但是，如果在若干函数中都把某一变量定义为全局变量，那么这些函数将共用这一个变量。全局变量的作用域是整个 MATLAB 工作空间，所有的函数都可以对它进行存取和修改。因此，定义全局变量是函数间传递信息的一种手段。

MATLAB 中用 global 命令定义全局变量，格式为

```
global 变量名
```

例 18 全局变量应用示例。

解 先建立函数文件 wadd.m，该函数将输入的参数加权相加。

```
function f=wadd(x,y)
global ALPHA BETA
f=ALPHA*x+BETA*y;
```

在命令窗口中输入：

```
≫global ALPHA BETA
ALPHA=1;
BETA=2;
s=wadd(1,2)↙
s=
      5
```

实验任务

1. 通过帮助系统了解 find 函数的用法，比较 find(A==B) 与 A==B 的区别。

2. 建立函数 $f(x)=\dfrac{2^x}{x^5+1}$ 的 M 文件，并计算 $f(10)$ 和 $f(1000)$。

3. 编写一个函数，找出矩阵 A 中最大元素和最小元素所在的行列号。

4. 建立 M 文件计算 n 中取 m 的组合。

5. 分别用 for 和 while 循环语句编写计算 $K=\sum\limits_{i=0}^{63}2^i$ 的程序，再试着写出一种避免循环的计算程序。

6. 我们知道 $\lim\limits_{n\to\infty}\left(1+\dfrac{1}{n}\right)^n=\mathrm{e}$ 的定义为 $\forall\varepsilon>0$，$\exists N>0$，使 $n>N$ 时，$\left|\left(1+\dfrac{1}{n}\right)^n-\mathrm{e}\right|<\varepsilon$，试编制对 $\forall\varepsilon>0$，求最小正整数 N 的程序。

7. 已知数列 $\{a_n\}$ 满足 $a_{k+1}=\dfrac{1}{1+ka_k}$，$a_0=x$，求 a_5。

8. 2018 年 10 月 1 日起，我国将居民个人所得税起征点调整为 5000 元，即

应纳税所得额＝扣除三险一金后月收入－5000

（注：三险一金指养老保险、失业保险、医疗保险和住房公积金）

个人所得税税率表如表 1.9 所示.

表 1.9

全月应纳税所得额	税 率	速算扣除数/元
不超过 3000 元	3%	0
超过 3000 元至 12000 元	10%	210
超过 12000 元至 25000 元	20%	1410
超过 25000 元至 35000 元	25%	2660
超过 35000 元至 55000 元	30%	4410
超过 55000 元至 80000 元	35%	7160
超过 80000 元	45%	15160

个人所得税计算公式为

应纳个人所得税税额＝应纳税所得额×适用税率－速算扣除数.

若某人扣除三险一金后月收入 x，试建立应纳个人所得税税额 y 与 x 之间的函数 M 文件.

9. 给定如下的数列：1，1，2，3，5，8，13，21，34，55，89，…，每一项都是前两项的和，其递推公式为：$F_1=1$，$F_2=1$，$F_{n+2}=F_{n+1}+F_n$，该数列称为 Fibonacci 数列. 请你编制一个程序，能求这个数列的每一项，并验证其通项公式为

$$F_n=\frac{1}{\sqrt{5}}\left[\left(\frac{1+\sqrt{5}}{2}\right)^n-\left(\frac{1-\sqrt{5}}{2}\right)^n\right].$$

10. 哥德巴赫猜想. 哥德巴赫是普鲁士派往俄罗斯的一位公使，彼得堡科学院院士. 1742 年他给大数学家欧拉的信中提出了两个猜想，即每个不小于 6 的偶数都可以表示为两个奇素数之和；每个不小于 9 的奇数都可以表示为 3 个奇素数之和. 欧拉在随后的回信中写道：任何不小于 6 的偶数都是两个奇素数之和，这就是著名的哥德巴赫猜想的由来. 两百多年来，无数数学家花费了大量的心血都未能解决这一问题. 我国数学家陈景润的工作是迄今为止最好的结果. 他证明了：任何一个充分大的偶数可以表示为一个素数与另两个素数乘积之和. 请你对 10000 以内的偶数验证哥德巴赫猜想.

11. 编制猜数游戏的程序. 首先由计算机产生 [1，100] 之间的随机整数，然后由用户猜测所产生的随机数. 根据用户猜测的情况给出不同提示，如猜测的数大于产生的数，则显示 "High"，小于则显示 "Low"，等于则显示 "You win"，同时退出游戏. 用户最多可以猜 7 次.

实验 1.4 MATLAB 绘图

实验目的

通过本实验，掌握用 MATLAB 绘制二维、三维几何图形及其他常用图形的方法，并会对所作图形进行简单的处理.

一、二维数据曲线图

1. 绘制单根二维曲线

MATLAB 中常用的两个绘图命令为 fplot 和 plot.

fplot 常用来绘制符号函数的图形，其调用格式为

MATLAB
绘制二维曲线

$$fplot(fun,lims,tol),$$

其中 fun 为函数名，以字符串形式出现，lims 为 x，y 的取值范围，tol 为相对允许误差，其系统默认值为 2e$-$3.

例 1 用 fplot 函数绘制 $f(x)=\cos(\tan(\pi x))$ 的曲线.

解 命令如下：

$\gg$fplot('cos(tan(pi * x))',[0,1],1e$-$4)↙

输出如图 1.3 所示.

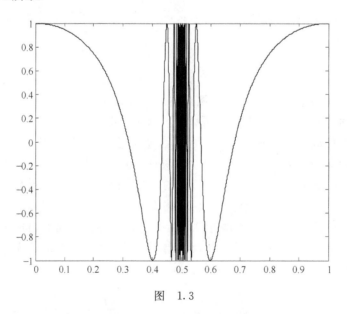

图 1.3

plot 主要是在数值计算中绘制函数的图形，其基本调用格式为

$$plot(x,y),$$

其中 x 和 y 为长度相同的向量，分别用于存储横坐标和纵坐标数据.

例 2 在 $0 \leqslant x \leqslant 2\pi$ 区间内，用 plot 绘制曲线 $y=2e^{-0.5x}\cos(4\pi x)$.

解 命令如下：

≫x＝0:pi/100:2 * pi;

y＝2 * exp(－0.5 * x). * cos(4 * pi * x);

plot(x,y)↙

输出如图 1.4 所示.

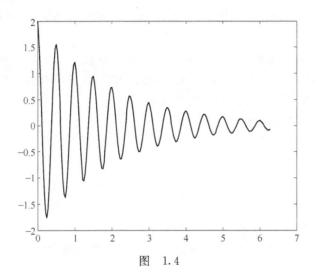

图 1.4

例 3 绘制曲线：$\begin{cases} x=t\sin 3t, \\ y=t\sin^2 t \end{cases}$ $(0 \leqslant t \leqslant 2\pi)$.

解 命令如下：

≫t＝0:0.1:2 * pi;

x＝t. * sin(3 * t);

y＝t. * sin(t). * sin(t);

plot(x,y)↙

输出如图 1.5 所示.

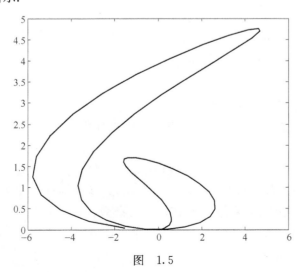

图 1.5

2. 绘制多根二维曲线

绘制多根二维曲线可采用下面两种形式：

(1) plot 函数的输入参数是矩阵形式

① 当 x 是向量，y 是其行（列）向量与 x 同维的矩阵时，则绘制出多根不同颜色的曲线. 曲线条数等于 y 矩阵的列（行）向量的维数，x 被作为这些曲线共同的横坐标.

② 当 x，y 是同维矩阵时，则以 x，y 对应列元素为横、纵坐标分别绘制曲线，曲线条数等于矩阵的列数.

③ 对只包含一个输入参数的 plot 函数，当输入参数是实矩阵时，则按列绘制每列元素值相对其下标的曲线，曲线条数等于输入参数矩阵的列数. 当输入参数是复数矩阵时，则按列分别以元素实部和虚部为横、纵坐标绘制多条曲线.

(2) 含多个输入参数的 plot 函数

调用格式为：

$$\text{plot}(x1,y1,x2,y2,\cdots,xn,yn)$$

① 当输入参数都为向量时，x1 和 y1，x2 和 y2，…，xn 和 yn 分别组成一组向量对，每一组向量对的长度可以不同. 每一向量对可以绘制出一条曲线，这样可以在同一坐标系内绘制出多条曲线.

② 当输入参数有矩阵形式时，配对的 x，y 按对应列元素为横、纵坐标分别绘制曲线，曲线条数等于矩阵的列数.

例 4 分析下列程序绘制的曲线：

```
x1=linspace(0,2*pi,100);
x2=linspace(0,3*pi,100);
x3=linspace(0,4*pi,100);
y1=sin(x1);
y2=1+sin(x2);
y3=2+sin(x3);
x=[x1;x2;x3]';
y=[y1;y2;y3]';
plot(x,y,x1,y1-1)
```

解 上面的程序在同一坐标中绘制出 $y=\sin x$，$y=1+\sin x$，$y=2+\sin x$ 和 $y=\sin x-1$ 的图形，如图 1.6 所示.

(3) 具有两个纵坐标标度的图形

在 MATLAB 中，如果需要绘制出具有不同纵坐标标度的两个图形，可以使用 plotyy 绘图函数. 调用格式为：

$$\text{plotyy}(x1,y1,x2,y2),$$

其中 x1，y1 对应一条曲线，x2，y2 对应另一条曲线. 横坐标的标度相同，纵坐标有两个，左纵坐标用于 x1，y1 数据对，右纵坐标用于 x2，y2 数据对.

例 5 用不同标度在同一坐标系内绘制曲线 $y_1=0.2e^{-0.5x}\cos(4\pi x)$ 和 $y_2=2e^{-0.5x}\cdot\cos(\pi x)$.

解 命令如下：

```
≫x=0:pi/100:2*pi;
y1=0.2*exp(-0.5*x).*cos(4*pi*x);
y2=2*exp(-0.5*x).*cos(pi*x);
plotyy(x,y1,x,y2)↙
```

输出如图 1.7 所示.

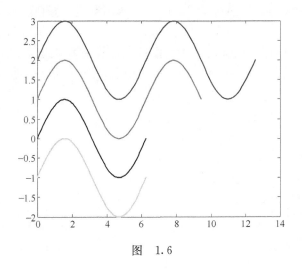

图 1.6

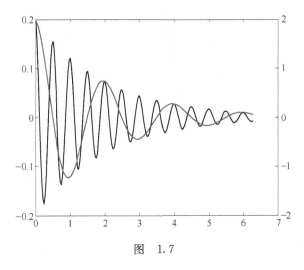

图 1.7

（4）图形保持

hold on/off 命令控制是保持原有图形还是刷新原有图形，不带参数的 hold 命令在两种状态之间进行切换.

例 6 采用图形保持，在同一坐标内绘制曲线 $y_1 = 0.2e^{-0.5x}\cos(4\pi x)$ 和 $y_2 = 2e^{-0.5x}\cos(\pi x)$.

解 命令如下：

```
≫fplot('0.2*exp(-0.5*x)*cos(4*pi*x)',[0,2*pi])
```

```
hold on
fplot('2*exp(-0.5*x)*cos(pi*x)',[0,2*pi])
```
输出如图 1.8 所示.

3. 设置曲线样式

MATLAB 提供了一些绘图选项,用于确定所绘曲线的线型、颜色和数据点标记符号,它们可以组合使用. 例如,"b-."表示蓝色点画线,"y:d"表示黄色虚线并用菱形符标记数据点. 当选项省略时,MATLAB 规定,线型一律用实线,颜色将根据曲线的先后顺序依次显示不同的颜色.

要设置曲线样式可以在 plot 函数中加绘图选项,其调用格式为:

```
plot(x1,y1,'选项1',x2,y2,'选项2',…,xn,yn,'选项n')
```

如例 6 中,若命令改为
```
≫x=0:pi/100:2*pi;
y1=0.2*exp(-0.5*x).*cos(4*pi*x);
y2=2*exp(-0.5*x).*cos(pi*x);
plot(x,y1,x,y2,'k:')
```
则得到如图 1.9 所示的图形.

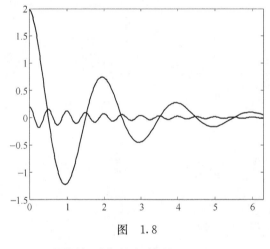

图　1.8

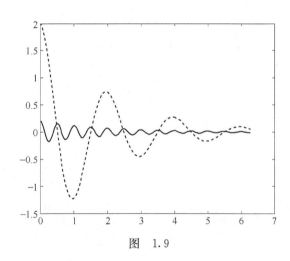

图　1.9

4. 图形标注与坐标控制

(1) 图形标注

有关图形标注函数的调用格式为:

```
title('图形名称')
xlabel('x轴说明')
ylabel('y轴说明')
text(x,y,'图形说明')
legend('图例1','图例2',…)
```

函数中的说明文字,除使用标准的 ASCII 字符外,还可使用 LaTeX 格式的控制字符,这样就可以在图形上添加希腊字母、数学符号及公式等内容. 例如,text(0.3,0.5,'sin({\omega}t+{\beta})') 将得到标注效果 $\sin(\omega t+\beta)$.

例 7 在 $0 \leqslant x \leqslant 2\pi$ 区间内，绘制曲线 $y_1 = 2e^{-0.5x}$ 和 $y_2 = \cos(4\pi x)$，并给图形添加图形标注.

解 命令如下：

```
≫x=0:pi/100:2*pi;
y1=2*exp(-0.5*x);
y2=cos(4*pi*x);
plot(x,y1,x,y2)
title('x from 0 to 2{\pi}');   %加图形标题
xlabel('Variable X');   %加 X 轴说明
ylabel('Variable Y');   %加 Y 轴说明
text(0.8,1.5,'曲线 y1=2e^{-0.5x}');   %在指定位置添加图形说明
text(2.5,1.1,'曲线 y2=cos(4{\pi}x)');
legend('y1','y2')   %加图例
```

输出如图 1.10 所示.

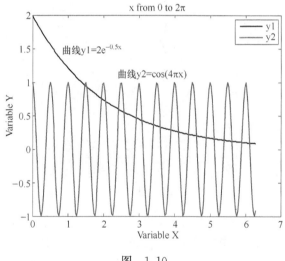

图 1.10

(2) 坐标控制

坐标控制的函数为 axis，该函数的调用格式为：

$$\text{axis}([\text{xmin xmax ymin ymax zmin zmax}])$$

axis 函数功能丰富，常用的格式还有：

    axis equal：纵、横坐标轴采用等长刻度.

    axis square：产生正方形坐标系（默认为矩形）.

    axis auto：使用默认设置.

    axis off：取消坐标轴.

    axis on：显示坐标轴.

此外，给坐标加网格线用 grid 命令来控制. grid on/off 命令控制是画还是不画网格线，不带参数的 grid 命令在两种状态之间进行切换.

给坐标加边框用 box 命令来控制. box on/off 命令控制是加还是不加边框线, 不带参数的 box 命令在两种状态之间进行切换.

例8　在同一坐标中, 绘制 3 个同心圆, 并加坐标控制.

解　命令如下:
```
≫t＝0:0.01:2＊pi;
x＝exp(i＊t);
y＝[x;2＊x;3＊x]';
plot(y)
grid on;  %加网格线
box on;   %加坐标边框
axis equal  %坐标轴采用等刻度↙
```
输出如图 1.11 所示.

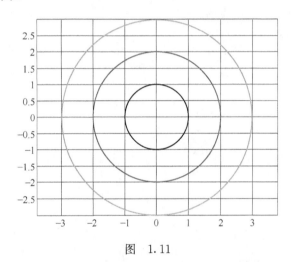

图　1.11

5. 图形的可视化编辑

MATLAB 在菜单 PLOTS 中提供了可视化的图形编辑工具, 该菜单中列出了一些常用的图形样式, 在 Workspace 中选定变量后, 可直接单击相应的图形按钮, 系统就会自动地匹配出图形.

6. 图形窗口的分割

subplot 函数的调用格式为
```
subplot(m,n,p)
```
该函数将当前图形窗口分成 $m×n$ 个绘图区, 即每行 n 个, 共 m 行, 区号按行优先编号, 且选定第 p 个区为当前活动区. 在每一个绘图区允许以不同的坐标系单独绘制图形.

例9　在图形窗口中, 以子图形式同时绘制多根曲线.

解　命令如下:
```
≫x＝linspace(0,2＊pi,30);y＝sin(x);z＝cos(x);u＝2＊sin(x).＊cos(x);
v＝sin(x)./cos(x);
subplot(2,2,1),plot(x,y),axis([0 2＊pi −1 1]),title('sin(x)')
```

```
subplot(2,2,2),plot(x,z),axis([0 2*pi -1 1]),title('cos(x)')
subplot(2,2,3),plot(x,u),axis([0 2*pi -1 1]),title('2sin(x)cos(x)')
subplot(2,2,4),plot(x,v),axis([0 2*pi -20 20]),title('sin(x)/cos(x)')
```
输出如图 1.12 所示.

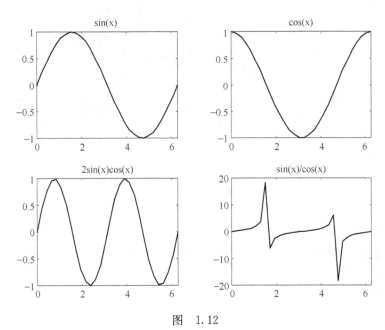

图   1.12

二、其他二维图形

1. 极坐标图

polar 函数用来绘制极坐标图, 其调用格式为

polar(theta,rho,选项),

其中 theta 为极坐标极角, rho 为极坐标矢径, 选项的内容与 plot 函数相似.

例 10 绘制 $r = \sin t \cos t$ 的极坐标图, 并标记数据点.

解 命令如下:
```
≫t=0:pi/50:2*pi;
r=sin(t).*cos(t);
polar(t,r,'-*')
```
输出如图 1.13 所示.

2. 二维统计分析图

在 MATLAB 中, 二维统计分析图形很多, 常见的有条形图、阶梯图、杆图和填充图等, 所采用的函数分别是:

```
bar(x,y,'选项')
stairs(x,y,'选项')
stem(x,y,'选项')
```

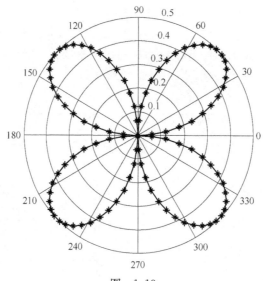

图　1.13

fill(x1,y1,'选项1',x2,y2,'选项2',…)

例 11　分别以条形图、阶梯图、杆图和填充图形式绘制曲线 $y=2\sin x$.

解　命令如下：

```
≫x=0:pi/10:2*pi;y=2*sin(x);
subplot(2,2,1),bar(x,y,'g'),title('bar(x,y,''g'')'),axis([0,7,-2,2])
subplot(2,2,2),stairs(x,y,'b'),title('stairs(x,y,''b'')'),axis([0,
7,-2,2])
subplot(2,2,3),stem(x,y,'k'),title('stem(x,y,''k'')'),axis([0,7,-2,2])
subplot(2,2,4),fill(x,y,'y'),title('fill(x,y,''y'')'),axis([0,7,-2,2])
```

输出如图 1.14 所示.

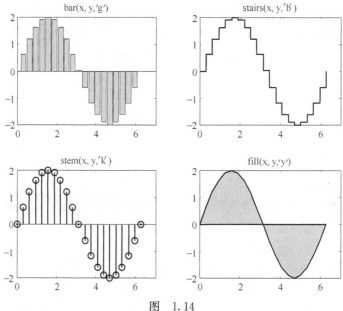

图　1.14

MATLAB 提供的统计分析绘图函数还有很多，例如，用来表示各元素占总和的百分比的饼图、复数的相量图等.

例12 绘制图形：

(1) 某企业全年各季度的产值（单位：万元）分别为：2347，1827，2043，3025，试用饼图作统计分析.

(2) 绘制复数的相量图：$7+2.9i$、$2-3i$ 和 $-1.5-6i$.

解 命令如下：

```
≫subplot(1,2,1)
pie([2347,1827,2043,3025])
title('饼图')
legend('一季度','二季度','三季度','四季度')
subplot(1,2,2)
compass([7+2.9i,2-3i,-1.5-6i])
title('相量图')
```

输出如图 1.15 所示.

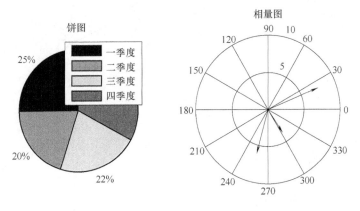

图 1.15

三、隐函数绘图

MATLAB 提供了一个绘制隐函数图形的函数 ezplot，下面介绍其用法.

(1) 对于函数 $f=f(x)$，ezplot 函数的调用格式为

ezplot(f)：在默认区间 $-2\pi<x<2\pi$ 内绘制 $f=f(x)$ 的图形.

ezplot(f, [a,b])：在区间 $a<x<b$ 内绘制 $f=f(x)$ 的图形.

(2) 对于隐函数 $f(x,y)=0$，ezplot 函数的调用格式为

ezplot(f)：在默认区间 $-2\pi<x<2\pi$，$2\pi<y<2\pi$ 内绘制 $f(x,y)=0$ 的图形.

ezplot(f, [xmin,xmax,ymin,ymax])：在区间 $xmin<x<xmax$，$ymin<y<ymax$ 内绘制 $f(x,y)=0$ 的图形.

ezplot(f, [a,b])：在区间 $a<x<b$，$a<y<b$ 内绘制 $f(x,y)=0$ 的图形.

(3) 对于参数方程 $x=x(t)$ 和 $y=y(t)$，ezplot 函数的调用格式为

ezplot(x, y)：在默认区间 $0 < t < 2\pi$ 内绘制 $x = x(t)$ 和 $y = y(t)$ 的图形.

ezplot(x, y, [tmin, tmax])：在区间 tmin $< t <$ tmax 内绘制 $x = x(t)$ 和 $y = y(t)$ 的图形.

例13 利用 ezplot 命令绘制下列函数的图形：

(1) $x^2 + y^2 - 9 = 0$；(2) $x^3 + y^3 - 5xy + \dfrac{1}{5} = 0$；(3) $y = \cos(\tan \pi x)$；

(4) $\begin{cases} x = 8\cos t, \\ y = 4\sqrt{2}\sin t. \end{cases}$

解 命令如下：

```
≫subplot(2,2,1);ezplot('x^2+y^2-9');axis equal
subplot(2,2,2);ezplot('x^3+y^3-5*x*y+1/5')
subplot(2,2,3);ezplot('cos(tan(pi*x))',[0,1])
subplot(2,2,4);ezplot('8*cos(t)','4*sqrt(2)*sin(t)',[0,2*pi])
```

输出如图 1.16 所示.

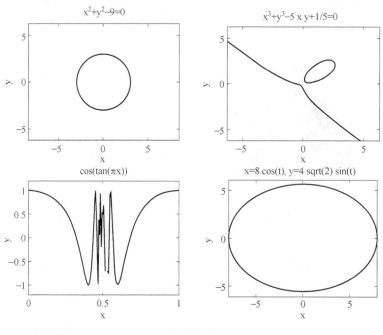

图　1.16

四、三维图形

1. 三维曲线

绘制三维曲线的 plot3 函数与 plot 函数用法十分相似，其调用格式为：

plot3(x1,y1,z1,'选项1',x2,y2,z2,'选项2',…,xn,yn,zn,'选项n'),

其中每一组 x，y，z 组成一组曲线的坐标参数，选项的定义和 plot 函数相同. 当 x，y，z 是同维向量时，则 x，y，z 对应元素构成一条三维曲线. 当 x，y，z 是同维矩阵时，则以 x，y，z 对应列元素绘制三维曲线，曲线条数等于矩阵列数.

例 14 　绘制三维曲线 $\begin{cases} x = \sin t, \\ y = \cos t, \\ z = t \sin t \cos t. \end{cases}$

解 　命令如下：

```
≫t=0:pi/100:20*pi;x=sin(t);y=cos(t);z=t.*sin(t).*cos(t);
plot3(x,y,z),title('Line in 3-D Space'),xlabel('X'),ylabel('Y'),zla-
bel('Z')
grid on↙
```

输出如图 1.17 所示.

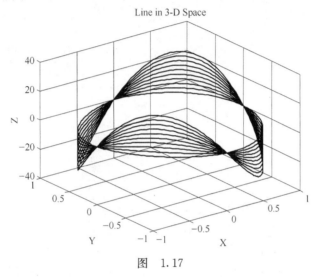

图　1.17

2. 三维曲面

绘制三维曲面时首先要生成网格坐标矩阵，然后再利用相应的函数绘制曲面.

（1）产生三维数据

在 MATLAB 中，利用 meshgrid 函数产生平面区域内的网格坐标矩阵. 其格式为

$$x=a:d1:b; y=c:d2:d;[X,Y]=meshgrid(x,y);$$

语句执行后，矩阵 X 的每一行都是向量 x，行数等于向量 y 的元素的个数，矩阵 Y 的每一列都是向量 y，列数等于向量 x 的元素的个数.

（2）surf 或 mesh 绘制曲面

surf 函数绘制三维表面图，mesh 函数绘制三维网格图，它们的调用格式分别为

$$mesh(x,y,z,c)$$
$$surf(x,y,z,c)$$

一般情况下，x，y，z 是维数相同的矩阵. x，y 是网格坐标矩阵，z 是网格点上的高度矩阵，c 用于指定在不同高度下的颜色范围.

MATLAB
绘制曲面

例 15 　绘制三维曲面 $z = \sin(x + \sin y) - \dfrac{x}{10}.$

解 　命令如下：

```
≫[x,y]=meshgrid(0:0.25:4*pi);
```

```
z＝sin(x＋sin(y))－x/10;
mesh(x,y,z)
axis([0 4*pi 0 4*pi －2.5 1])
```
输出如图 1.18 所示.

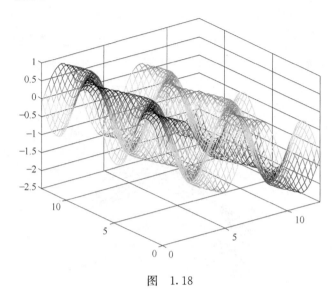

图　1.18

此外，还有带等高线的三维网格曲面函数 meshc 和带底座的三维网格曲面函数 meshz. 其用法与 mesh 类似，不同的是 meshc 还在 xOy 平面上绘制曲面在 z 轴方向的等高线，meshz 还在 xOy 平面上绘制曲面的底座.

例 16 在 xOy 平面内选择区域 $[-8,8] \times [-8,8]$，绘制 4 种三维曲面图.

解 命令如下：

```
≫[x,y]=meshgrid(-8:0.5:8);
z＝sin(sqrt(x.^2+y.^2))./sqrt(x.^2+y.^2+eps);
subplot(2,2,1),mesh(x,y,z);title('mesh(x,y,z)')
subplot(2,2,2),meshc(x,y,z);title('meshc(x,y,z)')
subplot(2,2,3),meshz(x,y,z);title('meshz(x,y,z)')
subplot(2,2,4),surf(x,y,z);title('surf(x,y,z)')
```
输出如图 1.19 所示.

(3) ezsurf 或 ezmesh 绘制曲面

ezsurf 函数和 ezmesh 函数主要用来绘制参数方程的图形，ezsurf 绘制三维表面图，ezmesh 绘制三维网格图，当曲面方程为隐函数或可化为参数方程时，就可以用这两种函数完成绘图. 调用格式为

$$ezsurf(x,y,z,[smin,smax,tmin,tmax])$$
$$ezmesh(x,y,z,[smin,smax,tmin,tmax])$$

即在指定的矩形定义域范围 smin＜s＜smax，tmin＜t＜tmax 内画参数形式的函数 $x=x(s,t)$、$y=y(s,t)$、$z=z(s,t)$ 的的表面图或网格图.

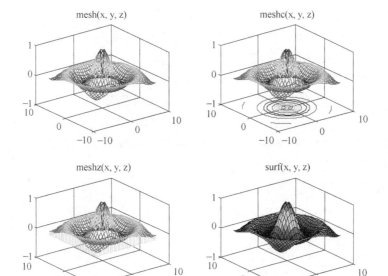

图　1.19

例 17　绘制椭球面：$\begin{cases} x = 3\cos u \sin v, \\ y = 2\cos u \cos v, \\ z = \sin u. \end{cases}$

解　命令如下：

```
≫syms u v
x=3.*cos(u).*sin(v);
y=2.*cos(u).*cos(v);
z=sin(u);
ezsurf(x,y,z,[0,2*pi,0,2*pi])
```

输出如图 1.20 所示.

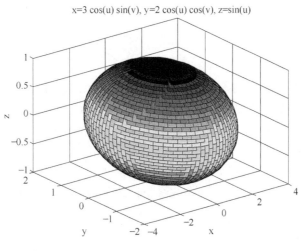

图　1.20

（4）标准三维曲面

MATLAB 中提供了一些函数可以生成标准的三维曲面矩阵.

sphere 函数可以生成球面的矩阵，其调用格式为

$$[x,y,z]=sphere(n)$$

cylinder 函数可以生成绘制旋转曲面的矩阵，其调用格式为

$$[x,y,z]=cylinder(R,n)$$

MATLAB 还有一个 peaks 函数，称为多峰函数，常用于三维曲面的演示.

例 18 绘制标准三维曲面图形.

解 命令如下：

```
≫t=0:pi/20:2*pi;[x,y,z]=cylinder(2+sin(t),30);
subplot(2,2,1),surf(x,y,z)
subplot(2,2,2),[x,y,z]=sphere;surf(x,y,z)
subplot(2,1,2),[x,y,z]=peaks(30);surf(x,y,z)
```

输出如图 1.21 所示.

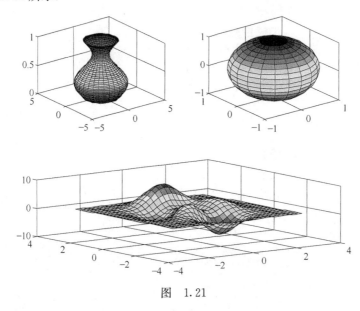

图 1.21

3. 其他三维图形

在介绍二维图形时，曾提到条形图、杆图、饼图和填充图等特殊图形，它们还可以以三维形式出现，使用的函数分别是 bar3、stem3、pie3 和 fill3.

bar3 函数绘制三维条形图，常用格式为：bar3(y)，bar3(x,y)

stem3 函数绘制离散序列数据的三维杆图，常用格式为：stem3(z)，stem3(x,y,z)

pie3 函数绘制三维饼图，常用格式为：pie3(x)

fill3 函数等效于三维函数 fill，可在三维空间内绘制出填充过的多边形，常用格式为：fill3(x,y,z,c)

例 19 绘制三维图形：

（1）魔方阵的三维条形图；

(2) 以三维杆图形式绘制曲线 $y=2\sin(x)$；

(3) 已知 $x=[2347, 1827, 2043, 3025]$，绘制饼图；

(4) 用随机的顶点坐标值画出五个黄色三角形.

解 命令如下：

```
≫subplot(2,2,1),bar3(magic(4))
subplot(2,2,2), y=2*sin(0:pi/10:2*pi); stem3(y)
subplot(2,2,3), pie3([2347,1827,2043,3025])
     subplot(2,2,4),fill3(rand(3,5),rand(3,5),rand(3,5),'y')↙
```

输出如图 1.22 所示.

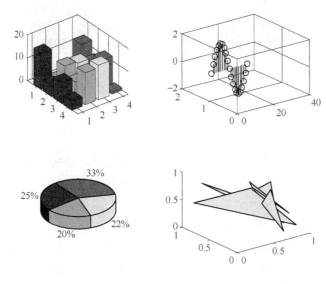

图   1.22

五、图形修饰处理

1. 视点处理

MATLAB 提供了设置视点的函数 view，其调用格式为：

$$\text{view(az,el)}$$

其中 az 为方位角，el 为仰角，它们均以度为单位.

系统默认的视点定义为方位角$-37.5°$，仰角 $30°$.

例 20 作柱面 $y=-z^2$，$0<x<5$ 在各种视角下的图形.

解 命令如下：

```
≫subplot(2,2,1),ezmesh('s','-t^2','t',[0,5,-2,2]),view(90,0)
subplot(2,2,2),ezmesh('s','-t^2','t',[0,5,-2,2]),view(0,90)
subplot(2,2,3),ezmesh('s','-t^2','t',[0,5,-2,2]),view(52.5,30)
subplot(2,2,4),ezmesh('s','-t^2','t',[0,5,-2,2]),view(-37.5,60)↙
```

输出如图 1.23 所示.

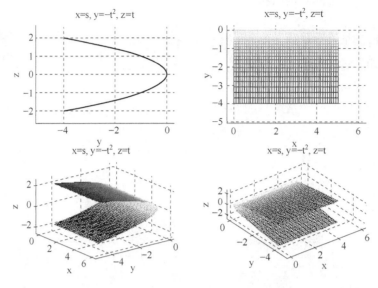

图 1.23

2. 色彩处理

(1) 颜色的向量表示，MATLAB 除用字符表示颜色外，还可以用含有 3 个元素的向量表示颜色. 向量元素在 [0, 1] 范围内取值，3 个元素分别表示红、绿、蓝 3 种颜色的相对亮度，称为 RGB 三元组.

(2) 色图，色图（Color map）是 MATLAB 系统引入的概念. 在 MATLAB 中，每个图形窗口只能有一个色图. 色图是 m×3 的数值矩阵，它的每一行是 RGB 三元组. 色图矩阵可以人为地生成，也可以调用 MATLAB 提供的函数来定义色图矩阵.

(3) 三维表面图形的着色，即在网格图的每一个网格片上涂上颜色. surf 函数用默认的着色方式对网格片着色.

除此之外，还可以用 shading 命令来改变着色方式. shading faceted 命令将每个网格片用其高度对应的颜色进行着色，但网格线仍保留着，其颜色是黑色. 这是系统的默认着色方式. shading flat 命令将每个网格片用同一个颜色进行着色，且网格线也用相应的颜色，从而使得图形表面显得更加光滑. shading interp 命令在网格片内采用颜色插值处理，得出的表面图显得十分光滑.

例 21　3 种图形着色方式的效果展示.

解　命令如下：

```
≫[x, y, z]＝sphere(20);colormap(copper)
subplot(1, 3, 1), surf(x, y, z);axis equal
subplot(1, 3, 2), surf(x, y, z);shading flat;axis equal
subplot(1, 3, 3), surf(x, y, z);shading interp;axis equal
```

输出如图 1.24 所示.

3. 光照处理

MATLAB 提供了灯光设置的函数，其调用格式为

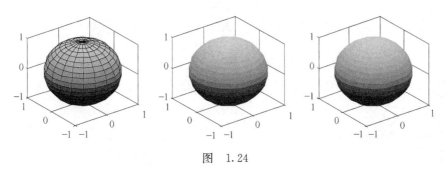

图 1.24

light('**Color**',选项 1,'Style',选项 2,'Position',选项 3)

例 22 光照处理后的球面.

解 命令如下：

$\gg[x,y,z]=$sphere(20);

subplot(1, 2, 1), surf (x, y, z), axis equal, light ('Posi ',[0, 1, 1]), shading interp

hold on

plot3(0,1,1,'p'),text(0,1,1,' light')

subplot(1, 2, 2), surf (x, y, z), axis equal, light ('Posi ',[1, 0, 1]), shading interp

hold on

plot3(1,0,1,'p'),text(1,0,1,' light')

输出如图 1.25 所示.

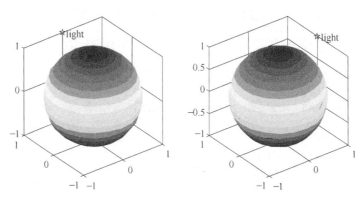

图 1.25

4. 动画制作

MATLAB 提供 getframe、moviein 和 movie 函数进行动画制作.

（1）getframe 函数

getframe 函数可截取一幅画面信息（动画中的一帧），一幅画面信息形成一个很大的列向量. 显然，保存 n 幅图面就需一个大矩阵.

（2）moviein 函数

moviein(n) 函数用来建立一个足够大的 n 列矩阵. 该矩阵用来保存 n 幅画面的数据，

以备播放. 之所以要事先建立一个大矩阵，是为了提高程序运行速度.

（3）movie 函数

movie（m，n）函数播放由矩阵 m 所定义的画面 n 次，默认时播放一次.

例 23 绘制 peaks 函数曲面并且将它绕 z 轴旋转 2 次.

解 程序如下：

```
[X,Y,Z]=peaks(30);
surf(X,Y,Z)
axis([-3,3,-3,3,-10,10])
axis off
shading interp
colormap(hot)
m=moviein(20);                %建立一个 20 列大矩阵
for i=1:20
    view(-37.5+24*(i-1),30)   %改变视点
    m(:,i)=getframe;          %将图形保存到 m 矩阵
end
movie(m,2)                    %播放画面 2 次
```

实验任务

1. 作 $\sqrt{x}$，x^2，x^3，x^6，x^9，x^{30}，$\dfrac{1}{x}$，$\dfrac{1}{x^2}$，$\dfrac{1}{\sqrt{x}}$ 的图形（可采用在一个图上画几条曲线，或用 subplot 做多幅图形等方法），考虑如何画上 x 轴，y 轴，并在图上加各种标注. 根据图形总结幂函数的性质.

2. 通过作图（在很小的区间上），比较函数 $f(x)=x$，$g(x)=x+x^3$，$h(x)=x^3$ 在 $x\to0$ 时的性态，同样把 x 的范围取得比较大，观察这三个函数在 $x\to\infty$ 时的性态.

3. 画出函数 $y=x\sin\dfrac{1}{x}$ 在区间 $[-\pi,\pi]$ 上的图形，判断 $x=0$ 是函数的哪种间断点.

4. 绘制函数 $y=\sin x$，$x\in[-\pi,\pi]$ 的图形及其反函数的图形.

5. 画出旋轮线 $\begin{cases}x=3(t-\sin t),\\y=3(1-\cos t),\end{cases}$ $0\leqslant t\leqslant6\pi$ 的图形.

6. 画出蔓叶线 $y^2=\dfrac{x^3}{4-x}$ 的图形.

7. 画出蚌线 $r=2+\cos\theta$、对数螺旋线 $r=\mathrm{e}^{2\theta}$、四叶玫瑰线 $r=\sin2\theta$ 和 $r=\cos2\theta$ 的图形.

8. 绘制空间曲线 $\begin{cases}x=\left[4+\cos\left(\dfrac{3}{2}t\right)\right]\cos t,\\y=\left[2+\cos\left(\dfrac{3}{2}t\right)\right]\sin t,0<t<4\pi\\z=\sin\dfrac{3}{2}t,\end{cases}$ 的图形.

9. 画出函数 $z = \sin(xy)$，$z = \sin x \sin y$ 的图形，从各种不同的视角观察图形.

10. 画出曲面 $z = \dfrac{10 \sin \sqrt{x^2 + y^2}}{\sqrt{1 + x^2 + y^2}}$ 在 $-30 < x < 30$，$-30 < y < 30$ 范围内的图形及 20 条等高线.

11. 绘制下面的参数方程所表示的曲面：

（1）椭圆抛物面：$\begin{cases} x = 3u \sin v, \\ y = 2u \cos v, \\ z = 4u^2; \end{cases}$

（2）单叶双曲面：$\begin{cases} x = 3 \sec u \sin v, \\ y = 2 \sec u \cos v, \\ z = 4 \tan u; \end{cases}$

（3）双面抛物面：$\begin{cases} x = u, \\ y = v, \\ z = \dfrac{u^2 - v^2}{3}; \end{cases}$

（4）旋转面：$\begin{cases} x = \ln u \sin v, \\ y = \ln u \cos v, \\ z = u; \end{cases}$

（5）圆锥面：$\begin{cases} x = u \sin v, \\ y = u \cos v, \\ z = u; \end{cases}$

（6）环面：$\begin{cases} x = (3 + 0.3 \cos u) \cos v, \\ y = (3 + 0.3 \cos u) \sin v, \\ z = 0.3 \sin v; \end{cases}$

（7）正螺面：$\begin{cases} x = u \sin v, \\ y = u \cos v, \\ z = 4v. \end{cases}$

12. 绘制以下曲面的图形：

（1）$z = \sin y$ 绕 z 轴旋转所得的旋转曲面；

（2）柱面 $y = x^3$，$0 < z < 3$.

实验 1.5 MATLAB 符号计算

实验目的

通过本实验复习极限、微分、积分等微积分中的相关概念和计算方法，掌握 MATLAB 的符号功能和利用 MATLAB 进行各种微积分计算（包括极限、导数、积分、级数求和、解代数方程、解常微分方程等）的方法.

一、MATLAB 的符号功能

MATLAB 除了能进行数值计算外，还有符号运算功能，二者的区别在于：数值运算中必须先对变量赋值，才能参与运算；而符号运算无须事先对独立变量赋值，运算结果以标准的符号形式表达. 进行符号运算时需要先定义符号变量，我们可以用单引号来定义符号变量，如：

≫r＝'(1＋sqrt(x))/2'↙

r＝

(1＋sqrt(x))/2

也可以用 sym 命令来定义符号变量，如：

≫r＝sym('(1＋sqrt(x))/2')↙

r＝

 x^(1/2)/2＋1/2

syms 可以定义多个符号，如：

≫syms a b t x y

f＝a＊(2＊x－t)^3＋b＊sin(4＊y)↙

f＝

b＊sin(4＊y)－a＊(t－2＊x)^3

二、求极限

MATLAB 中求极限的命令为 limit，其调用格式如表 1.10 所示.

表 1.10

limit(f)	当符号变量 x（或最接近字母 x）→0 时函数 f 的极限
limit(f,t,a)	当符号变量 t→a 时函数 f 的极限
limit(f,t,a,'left'); limit(f,t,a,'right')	指左右极限

例 1 求极限.

(1) $\lim\limits_{x\to 0}\dfrac{\sin x}{x}$；(2) $\lim\limits_{x\to\infty}\left(1+\dfrac{2t}{x}\right)^{3x}$；(3) $\lim\limits_{x\to +0}\dfrac{1}{x}$；(4) $\lim\limits_{x\to +\infty}\left(1+\dfrac{a}{x}\right)^{x}$；(5) $\lim\limits_{x\to +\infty}e^{-x}$

解 上述极限可用以下命令来实现：

```
≫syms x a t
limit(sin(x)/x)↙
 ans＝
 1
≫limit((1＋2＊t/x)^(3＊x),x,inf) ↙
 ans＝
 exp(6＊t)
≫limit(1/x,x,0,'right') ↙
 ans＝
 Inf
≫v＝[(1＋a/x)^x, exp(－x)];limit(v,x,inf,'right') ↙
 ans＝
 [ exp(a), 0]
```

三、求导数

MATLAB 中求导数的命令为 diff，其调用格式如表 1.11 所示.

表 1.11

diff(f)	函数 f 对符号变量 x 或（字母表上）最接近字母 x 的符号变量求（偏）导数
diff(f,'t')	函数 f 对符号变量 t 求导数
diff(f,n)	求 n 阶导数

如：
```
≫syms a x
f＝sin(a＊x)↙
f＝
sin(a＊x)
≫g＝diff(f)   ％x 为变量↙
g＝
a＊cos(a＊x)
≫h＝diff(f,'a')   ％a 为变量↙
h＝
x＊cos(a＊x)
≫e＝diff(f,2)↙
e＝
－a^2＊sin(a＊x)
≫t＝diff(f,'a',2)↙
t＝
－x^2＊sin(a＊x)
```

四、求积分

MATLAB 中求积分的命令为 int，其调用格式如表 1.12 所示.

表 1.12

int(f)	函数 f 对符号变量 x 或最接近字母 x 的符号变量求不定积分
int(f,'t')	函数 f 对符号变量 t 求不定积分
int(f,a,b)	函数 f 对符号变量 x 或最接近字母 x 的符号变量求从 a 到 b 的定积分
int(f,'t',a,b)	函数 f 对符号变量 t 求从 a 到 b 的定积分

如：

```
≫syms a x
f1＝sin(a＊x);g1＝int(f1)
g1＝
 －cos(a＊x)/a
≫h1＝int(f1,'a')
h1＝
 －cos(a＊x)/x
≫f2＝exp(－x^2),g2＝int(f2)
g2＝
 (pi^(1/2)＊erf(x))/2
```

其中 $\mathrm{erf}(x)=\dfrac{2}{\sqrt{\pi}}\displaystyle\int_0^x \mathrm{e}^{-t^2}\mathrm{d}t$ ，因此上面根本没有计算出积分，因为我们知道 e^{-x^2} 的原函数不是初等函数. 仍然接上面的例子：

```
≫a＝int(f1,0,1)
a＝
 －(cos(a)－1)/a
≫b＝int(f1,'a',0,1)
b＝
 －(cos(x)－1)/x
≫c＝int(f2,0,1)
c＝
(pi^(1/2)＊erf(1))/2
```

当积分无法用初等函数表达时，可用 double 计算定积分的近似值，如上例：

```
≫double(c)
ans＝
    0.7468
```

对于二重积分，MATLAB 中没有相应的命令，但由于二重积分可以化成二次积分来进行计算，因此只要确定出积分区域，就可以反复使用 int 命令来计算二重积分.

例 2　计算二重积分 $I = \iint\limits_{D} x^2 \mathrm{e}^{-y^2} \mathrm{d}x\,\mathrm{d}y$，其中 D 是由直线 $x=0$，$y=1$，$y=x$ 所围成的区域.

解　该积分可以写成 $I = \int_0^1 \mathrm{d}y \int_0^y x^2 \mathrm{e}^{-y^2} \mathrm{d}x$ 或 $I = \int_0^1 \mathrm{d}x \int_x^1 x^2 \mathrm{e}^{-y^2} \mathrm{d}y$.

按第一种形式用 MATLAB 求解如下：

```
≫syms x y
I1＝int(x^2 * exp(-y^2),x,0,y)
I1＝
 (y^3 * exp(-y^2))/3
≫I＝int(I1,y,0,1)
I＝
1/6-exp(-1)/3
```

即 $I = -\dfrac{1}{3\mathrm{e}} + \dfrac{1}{6}$.

如果采用第二种形式，手工无法计算，而用 MATLAB 却照样可以算出结果，求解如下：

```
≫syms x y
I1＝int(x^2 * exp(-y^2),y,x,1)
I1＝
 (pi^(1/2) * x^2 * (erf(1)-erf(x)))/2
≫I＝int(I1,x,0,1)
I＝
1/6-exp(-1)/3
```

五、级数的和

MATLAB 中级数求和的命令为 symsum，其调用格式为 symsum(s，t，a，b)，即求表达式 s 中的符号变量 t 从 a 到 b 的级数和（当未给出 t 时，默认为 x 或最接近 x 的字母），如：

```
≫syms k n
symsum(k)
ans＝
k^2/2-k/2
≫symsum(k,0,n-1)
ans＝
(n * (n-1))/2
≫symsum(k,0,n)
ans＝
(n * (n+1))/2
≫symsum(k^2,0,n)
```

```
ans＝
(n＊(2＊n＋1)＊(n＋1))/6
≫symsum(k^2,0,10)
 ans＝
 385
≫symsum(1/k^2,1,Inf)
ans＝
pi^2/6
≫symsum(k^4,0,n)
 ans＝
(n＊(2＊n＋1)＊(n＋1)＊(3＊n^2＋3＊n－1))/30
```

六、泰勒多项式

taylor(f,x,a)：求函数 f 对符号变量 x 在 a 点的 5 阶泰勒多项式（a 的默认值为 0）；

taylor(f,x,a,'Order',n)：求函数 f 对符号变量 x 在 a 点的 n−1 阶泰勒多项式（a 的默认值为 0）.

如：

```
≫syms x t
taylor(exp(−x),x)
ans＝
 −x^5/120＋x^4/24−x^3/6＋x^2/2−x＋1
≫taylor(sin(x),x,pi/2,'Order',8)
ans＝
 (pi/2−x)^4/24−(pi/2−x)^2/2−(pi/2−x)^6/720＋1
```

七、解代数方程（组）

解代数方程（组）的基本命令是：

```
solve('eqn1','eqn2',…,'eqnN')
solve('eqn1','eqn2',…,'eqnN','var1,var2,…,varN')
solve('eqn1','eqn2',…,'eqnN','var1','var2',…,'varN')
```

例如：

```
≫solve('p＊sin(x)＝r')   ％x为未知数,p,r为参数
ans＝
 asin(r/p)
 pi−asin(r/p)
≫[x,y]＝solve('x^2＋x＊y＋y＝3','x^2−4＊x＋3＝0') ％以 x,y 为未知数的
```
方程组
```
 x＝
 1
```

```
 3
y=
 1
 -3/2
≫s=solve('x^2+x*y+y=3','x^2-4*x+3=0')
s=
    x:[2x1 sym]
    y:[2x1 sym]
```

注：对于多元方程组，如果输出参数只有一个的话，则只给出解的结构.

```
≫[u,v]=solve('a*u^2+v^2=0','u-v=1') %u,v为未知数,a为参数↙
 u=
  1-(a+(-a)^(1/2))/(a+1)
  1-(a-(-a)^(1/2))/(a+1)
 v=
  -(a+(-a)^(1/2))/(a+1)
  -(a-(-a)^(1/2))/(a+1)
≫[a,u,v]=solve('a*u^2+v^2','u-v=1','a^2-5*a+6') %a,u,v为未知数↙
 a=
  3
  2
  2
  3
 u=
  (3^(1/2)*i)/4+1/4
  (2^(1/2)*i)/3+1/3
  1/3-(2^(1/2)*i)/3
  1/4-(3^(1/2)*i)/4
 v=
   (3^(1/2)*i)/4-3/4
   (2^(1/2)*i)/3-2/3
  -(2^(1/2)*i)/3-2/3
  -(3^(1/2)*i)/4-3/4
≫[x,y]=solve('sin(x+y)-exp(x)*y=0','x^2-y=2') ↙
x=
  -0.66870120500236202933135901833637
y=
  -1.5528386984283889912797441811191
```

注：该方程组无代数解，只能给出数值解.

如果求方程的数值解，则有以下命令：

roots：输入多项式的系数（按降幂排列），输出其全部根.

poly：输入多项式全部根，输出其系数

fzero(fun,x0)：给出函数"fun"在 x0 附近的根，举例如下：

≫roots([1,−5,6]) %x²−5x+6 的全部根↙

ans＝

　　3

　　2

≫poly([2,3])↙

ans＝

　　1　　−5　　6

≫fzero('sin', 3) %sin x＝0 在 3 附近的解↙

ans＝

　　3.1416

≫fzero('x^5＋5＊x＋1',0) %x⁵＋5x＋1＝0 在 0 附近的解↙

ans＝

　−0.1999

≫roots([5,0,0,0,5,1]) %x⁵＋5x＋1＝0 的全部解↙

ans＝

　　0.7528＋0.7105i

　　0.7528−0.7105i

　−0.6530＋0.7130i

　−0.6530−0.7130i

　−0.1997＋0.0000i

≫solve('x^5＋5＊x＋1＝0')↙

ans＝

　　　　　　　　−0.19993610217121999555034561915339

　　1.10446550688244551625756388841973−1.059829669152520116674945646898＊i

　　1.10446550688244551625756388841973＋1.059829669152520116674945646898＊i

−1.0044974557968355184823910746206＋1.0609465064060406435760940804509＊i

−1.0044974557968355184823910746206−1.0609465064060406435760940804509＊i

从以上的例子可看出用 roots 求解误差很大，

八、解常微分方程（组）

MATLAB 求解常微分方程（组）的一般命令是

　　dsolve('equa1,equa2,…,equaN','condi1,condi2,…,condiN','var1,var2,…,varN')

其中'equa'为待解的方程，如果有多个，则为求解方程组；'condi'为初始条件，如果没有给出初始条件，则求出微分方程（组）的通解；'var'为微分变量，如果不给出则采用系统默认的微分变量 t.

需要注意的是当 y 是因变量时, 用 Dny 表示 "y 的 n 阶导数". 比如: Dy 表示形如 $\dfrac{dy}{dx}$ 或 $\dfrac{dy}{dt}$ 的 y 的一阶导数, Dny 表示形如 $\dfrac{d^n y}{dx^n}$ 或 $\dfrac{d^n y}{dt^n}$ 的 y 的 n 阶导数.

例 3 求微分方程 $2y'' + y' - y = 2e^x$ 的通解.

解 命令为:

≫y=dsolve('2 * D2y+Dy-y=2 * exp(t)')↙

输出结果为:

y=

   exp(t)+C3 * exp(-t)+C2 * exp(t/2)

或者:

   ≫y=dsolve('2 * D2y+Dy-y=2 * exp(x)','x')↙

y=

   exp(x) +C6 * exp(-x)+C5 * exp(x/2)

例 4 求微分方程 $y^{(4)} = y$ 的通解和满足初始条件 $y(0) = y'(0) = 2$ 和 $y''(0) = y'''(0) = 1$ 的特解.

解 命令及结果如下:

≫y=dsolve('D4y=y')↙

y=

   C8 * cos(t)+C11 * exp(t)+C9 * sin(t)+C10 * exp(-t)

≫y=dsolve('D4y=y','y(0)=2,Dy(0)=2,D2y(0)=1,D3y(0)=1','t')↙

y=

   cos(t)/2+(3 * exp(t))/2+sin(t)/2

例 5 求微分方程组 $\begin{cases} \dfrac{dx}{dt} + \dfrac{dy}{dt} = -x + y + 3, \\ \dfrac{dx}{dt} - \dfrac{dy}{dt} = x + y - 3 \end{cases}$ 的通解.

解 命令及结果如下:

≫[x,y]=dsolve('Dx+Dy=-x+y+3, Dx-Dy=x+y-3')↙

x=

   cos(t) * (C18+3 * cos(t))+sin(t) * (C17+3 * sin(t))

y=

   cos(t) * (C17+3 * sin(t))-sin(t) * (C18+3 * cos(t))

例 6 求微分方程组 $\begin{cases} 2\dfrac{dx}{dt} - 4x + \dfrac{dy}{dt} - y = e^t, \; x(0) = \dfrac{3}{2}, \\ \dfrac{dx}{dt} + 3x + y = 0, \; y(0) = 0 \end{cases}$ 的特解.

解 命令及结果如下:

≫[x,y]=dsolve('2 * Dx-4 * x+Dy-y=exp(t), Dx+3 * x+y=0', 'x(0)=3/

$2, y(0)=0')$

x=

  $2*\cos(t)-\exp(t)/2-4*\sin(t)$

y=

  $2*\exp(t)-2*\cos(t)+14*\sin(t)$

九、其他

MATLAB 符号工具箱还有很多用于代数式的命令，下面列出其中一部分，其应用请查看帮助系统.

collect：合并同类项.

expand：将乘积展开为和式.

horner：把多项式转换为嵌套表示形式.

factor：分解因式.

simplify：化简代数式.

simple：输出最简单的形式.

subs(s,old,new)：替换.

最后需要说明的是，我们前面讲过的关于数组、矩阵等的数值运算命令，也适用于符号运算，如：

≫syms a b

A=[a^2 a*b b^2;2*a a+b 2*b;1 1 1] ％输入符号矩阵

A=

[a^2, a*b, b^2]

[2*a, a+b, 2*b]

[1, 1, 1]

≫d=det(A)

d=

a^3-3*a^2*b+3*a*b^2-b^3

≫simplify(d)

ans=

(a-b)^3

实验任务

1. 求下列极限：

(1) $\lim\limits_{x\to\infty}\left(\dfrac{2x+3}{2x+1}\right)^{x+1}$;   (2) $\lim\limits_{x\to0}\dfrac{\tan x-\sin x}{x^3}$;   (3) $\lim\limits_{x\to0}\dfrac{\sec x-1}{x^2}$;

(4) $\lim\limits_{n\to\infty}\left(1+\dfrac{1}{n}+\dfrac{1}{n^2}\right)^n$;   (5) $\lim\limits_{x\to\frac{\pi}{2}}(\sin x)^{\tan x}$.

2. 求下列导数：

(1) $y=x^{x^x}$；   (2) $y=\sin x-2\lg x+3\log_2 x$；   (3) $y=\dfrac{1+\sin x}{1+\cos x}$.

3. 求下列高阶导数：

(1) $y=\sqrt{x+\sqrt{x+\sqrt{x}}}$ ，求 y''；

(2) $y=x^2\sin 2x$ 的 50 阶导数.

4. 求下列函数在 0 点的 7 阶 Taylor 展开式：

(1) $y=\arctan x$；(2) $y=\ln(\cos x^2+\sin x)$.

5. 计算下列不定积分：

(1) $\displaystyle\int x^2\cos^2\dfrac{x}{2}\mathrm{d}x$ ；   (2) $\displaystyle\int\dfrac{\ln\left(1+\dfrac{1}{x}\right)}{x(x+1)}\mathrm{d}x$ ；   (3) $\displaystyle\int\dfrac{x^3}{\sqrt{1+x^2}}\mathrm{d}x$ ；

(4) $\displaystyle\int\dfrac{\mathrm{d}x}{x+x^{n+1}}$ ；   (5) $\displaystyle\int\dfrac{\sin x\cos x}{\sin x+\cos x}\mathrm{d}x$ ；   (6) $\displaystyle\int\dfrac{\mathrm{d}x}{\sin^3 x\cos x}$.

6. 计算下列定积分：

(1) $\displaystyle\int_1^{\sqrt{3}}\dfrac{1}{x^2\sqrt{x^2+1}}\mathrm{d}x$ ；   (2) $\displaystyle\int_0^{\frac{\pi}{2}}\mathrm{e}^{2x}\cos x\,\mathrm{d}x$ ；

(3) $\displaystyle\int_1^2 x\log_2 x\,\mathrm{d}x$ ；   (4) $\displaystyle\int_0^{\pi}(x\sin x)^2\mathrm{d}x$.

7. 计算下列反常积分：

(1) $\displaystyle\int_1^{+\infty}\dfrac{1}{x^4}\mathrm{d}x$ ；   (2) $\displaystyle\int_0^1\dfrac{x}{\sqrt{1-x^2}}\mathrm{d}x$.

8. 解方程（组）：

(1) $33.6x^4-22.12x+101.3=0$；   (2) $\begin{cases} x+y=p, \\ xy=q. \end{cases}$

9. 已知正态分布函数 $\varPhi(x)=\dfrac{1}{\sqrt{2\pi}}\displaystyle\int_0^x\mathrm{e}^{-\frac{t^2}{2}}\mathrm{d}t$ ，计算其在 $x=0.5$，0.9，2，3，30 处的近似值.

10. 某城市现有人口总数为 100 万人，如果年自然增长率为 1.2%，计算大约多少年以后该城市人口将达到 120 万人.

11. 求下列微分方程（组）的解：

(1) $xy'+y=x^2+3x+2$；   (2) $y''+4y=x\cos x$；

(3) $\begin{cases} \dfrac{\mathrm{d}x}{\mathrm{d}t}-3x+2\dfrac{\mathrm{d}y}{\mathrm{d}t}+4y=2\sin t, \\[2mm] 2\dfrac{\mathrm{d}x}{\mathrm{d}t}+2x+\dfrac{\mathrm{d}y}{\mathrm{d}t}-y=\cos t; \end{cases}$ (4) $\dfrac{\mathrm{d}y}{\mathrm{d}x}+\dfrac{y}{x}=\dfrac{\sin x}{x}$，$y(\pi)=1$；

(5) $y''-y=4x\mathrm{e}^x$，$y(0)=0$，$y'(0)=1$；

(6) $\begin{cases} \dfrac{\mathrm{d}x}{\mathrm{d}t}+3x-y=0, & x(0)=1, \\[2mm] \dfrac{\mathrm{d}y}{\mathrm{d}t}-8x+y=0, & y(0)=4. \end{cases}$

第 2 章 方程及方程组的解

在处理许多实际问题和数学问题时往往归结为解方程的问题. 本章从解线性方程组和非线性方程的方法入手，介绍应用 MATLAB 软件求解线性方程组、非线性方程的方法及应用.

实验 2.1 线性方程组的解

实验目的

通过本实验掌握应用 MATLAB 软件求解各种线性方程组的方法及应用.

一、解线性方程组的 MATLAB 实现

在线性代数中，我们学习了线性方程组的求解方法，求解过程比较繁琐. 下面我们用 MATLAB 软件求解线性方程组. 在这里将线性方程组的求解分为两类：一类是求方程组的唯一解或求特解，另一类是求方程组的无穷解，即通解. 我们知道线性方程组的解可以通过系数矩阵的秩来判断如下：

若系数矩阵的秩 $r=n$（n 为方程组中未知变量的个数），则方程组有唯一解；

若系数矩阵的秩 $r<n$，则方程组可能有无穷解；

线性方程组的通解＝对应齐次方程组的通解＋非齐次方程组的一个特解，其特解的求法属于解的第一类问题，通解部分属第二类问题.

1. 求线性方程组的唯一解或特解

若 $AX=b$ 是线性方程组的矩阵形式，则可以直接用矩阵的除法或初等变换法求线性方程组的唯一解或特解. 下面我们举例说明应用 MATLAB 软件求解方程组.

例1 求方程组
$$\begin{cases} 5x_1+6x_2 & =1 \\ x_1+5x_2+6x_3 & =0 \\ x_2+5x_3+6x_4 & =0 \text{的解.} \\ x_3+5x_4+6x_5 & =0 \\ x_4+5x_5 & =1 \end{cases}$$

解 A＝[5 6 0 0 0

1 5 6 0 0

```
              0  1  5  6  0
              0  0  1  5  6
              0  0  0  1  5];
    B=[1 0 0 0 1]';
    R_A=rank(A)       %求秩
    X=A\B             %求解
```
运行后结果如下：
```
    R_A=
          5
    X=
        2.2662
       -1.7218
        1.0571
       -0.5940
        0.3188
```
这就是方程组的解.

　　用函数 rref 求解：
```
    C=[A,B]     %由系数矩阵 A 和常数列 B 构成增广矩阵 C
    R=rref(C)   %将 C 化成行最简形
    R=
       1.0000        0        0        0        0    2.2662
            0   1.0000        0        0        0   -1.7218
            0        0   1.0000        0        0    1.0571
            0        0        0   1.0000        0   -0.5940
            0        0        0        0   1.0000    0.3188
```
则 R 的最后一列元素就是所求之解.

例 2 　求方程组 $\begin{cases} x_1 + x_2 - 3x_3 - x_4 = 1 \\ 3x_1 - x_2 - 3x_3 + 4x_4 = 4 \\ x_1 + 5x_2 - 9x_3 - 8x_4 = 0 \end{cases}$ 的一个特解.

　解　A=[1 1 -3 -1;3 -1 -3 4;1 5 -9 -8];
```
    B=[1  4  0]';
    X=A\B     %由于系数矩阵不满秩,该解法可能存在误差.
Warning:Rank deficient, rank=2, tol   3.826647e-15.
    X=[0  0  -0.5333  0.6000]'(一个特解近似值)
```
若用 rref 求解，则比较精确：
```
    A=[1 1 -3 -1;3 -1 -3 4;1 5 -9 -8];
    B=[1 4  0]';
    C=[A,B];      %构成增广矩阵
```

```
R=rref(C)
    R=
    1.0000        0   -1.5000    0.7500    1.2500
        0   1.0000   -1.5000   -1.7500   -0.2500
        0        0        0        0        0
```

令 $x_3 = x_4 = 0$，由此得解向量 $X = (1.2500 \quad -0.2500 \quad 0 \quad 0)'$（一个特解）.

2. 求线性齐次方程组的通解

在 MATLAB 中，函数 null 用来求解零空间，即满足 $AX = 0$ 的解空间，实际上是求出解空间的一组基（基础解系）. 基本格式：

```
z=null              %z 的列向量为方程组的正交规范基，即满足 Z'×Z=I.
z=null(A，'r')       %z 的列向量是方程 AX=0 的有理基.
```

例 3 求方程组的通解：$\begin{cases} x_1 + 2x_2 + 2x_3 + x_4 = 0 \\ 2x_1 + x_2 - 2x_3 - 2x_4 = 0 \\ x_1 - x_2 - 4x_3 - 3x_4 = 0 \end{cases}$

解 A=[1 2 2 1;2 1 -2 -2;1 -1 -4 -3];
```
format  rat       %指定有理式格式输出
B=null(A,'r')     %求解空间的有理基
```
运行后显示结果如下：
```
B=
     2            5/3
    -2           -4/3
     1            0
     0            1
```
或通过行最简形得到基：
```
B=rref(A)
B=
    1.0000        0   -2.0000   -1.6667
        0   1.0000    2.0000    1.3333
        0        0        0        0
```
即可写出其基础解系（与上面结果一致）.
写出通解：
```
syms k1 k2
X=k1*B(:,1)+k2*B(:,2)          %写出方程组的通解
pretty(X)         %让通解表达式更加精美
```
运行后结果如下：
```
X=
    [ 2*k1+5/3*k2]
    [-2*k1-4/3*k2]
```

$$\begin{bmatrix} & & & k1 \end{bmatrix}$$
$$\begin{bmatrix} & & & k2 \end{bmatrix}$$

3. 求非齐次线性方程组的通解

解非齐次线性方程组需要先判断方程组是否有解，若有解，再去求通解. 因此，步骤为：

第一步 判断 $AX = b$ 是否有解，若有解则进行第二步

第二步 求 $AX = b$ 的一个特解

第三步 求 $AX = 0$ 的通解

第四步 $AX = b$ 的通解为 $AX = 0$ 的通解加上 $AX = b$ 的一个特解.

例 4 求解方程组 $\begin{cases} x_1 - 2x_2 + 3x_3 - x_4 = 1 \\ 3x_1 - x_2 + 5x_3 - 3x_4 = 2 \\ 2x_1 + x_2 + 2x_3 - 2x_4 = 3 \end{cases}$

解 建立 M 文件如下：

```
A=[1  -2  3  -1;3  -1  5  -3;2  1  2  -2];
b=[1  2  3]';
B=[A b];
n=4;
R_A=rank(A)
R_B=rank(B)
format rat
if R_A==R_B&R_A==n              %判断有唯一解
     X=A\b
elseif R_A==R_B&R_A<n           %判断有无穷解
       X=A\b                    %求特解
       C=null(A,'r')            %求 AX=0 的基础解系
else X='equition no solve'      %判断无解
   end
```

运行后结果显示：

```
R_A=
    2
R_B=
    3
X=

    equition no solve
```

说明该方程组无解.

例 5 求方程组的通解：$\begin{cases} x_1 + x_2 - 3x_3 - x_4 = 1 \\ 3x_1 - x_2 - 3x_3 + 4x_4 = 4 \\ x_1 + 5x_2 - 9x_3 - 8x_4 = 0 \end{cases}$

解法一 建立 M 文件如下：

```
A=[1  1  -3  -1;3  -1  -3  4;1  5  -9  -8];
b=[1 4 0]';
B=[A b];
n=4;
R_A=rank(A)
R_B=rank(B)
format rat
if R_A==R_B&R_A==n
    X=A\b
elseif R_A==R_B&R_A<n
    X=A\b
    C=null(A,'r')
else X='Equation has no solves'
end
```

运行后结果显示为：

```
R_A=
    2
R_B=
    2
Warning:Rank deficient, rank=2  tol=   8.8373e-015.
>In D:\Matlab\pujun\lx0723.m at line 11
X=
    0
    0
    -8/15
    3/5
C=
    3/2         -3/4
    3/2          7/4
    1            0
    0            1
```

所以原方程组的通解为 $\boldsymbol{X}=k_1\begin{pmatrix}3/2\\3/2\\1\\0\end{pmatrix}+k_2\begin{pmatrix}-3/4\\7/4\\0\\1\end{pmatrix}+\begin{pmatrix}0\\0\\-8/15\\3/5\end{pmatrix}$

解法二 用 rref 求解

```
≫A=[1  1  -3  -1;3  -1  -3  4;1  5  -9  -8];
b=[1 4 0]';
```

B＝[A b];

C＝rref(B)　　　%求增广矩阵的行最简形,可得最简同解方程组

运行后结果显示为:

C＝

$$
\begin{matrix}
1 & 0 & -3/2 & 3/4 & 5/4 \\
0 & 1 & -3/2 & -7/4 & -1/4 \\
0 & 0 & 0 & 0 & 0
\end{matrix}
$$

对应齐次方程组的基础解系为: $\boldsymbol{\xi}_1=\begin{pmatrix}3/2\\3/2\\1\\0\end{pmatrix}$, $\boldsymbol{\xi}_2=\begin{pmatrix}-3/4\\7/4\\0\\1\end{pmatrix}$ 非齐次方程组的特解为: $\boldsymbol{\eta}^*=$

$\begin{pmatrix}5/4\\-1/4\\0\\0\end{pmatrix}$. 所以, 原方程组的通解为: $\boldsymbol{X}=k_1\boldsymbol{\xi}_1+k_2\boldsymbol{\xi}_2+\boldsymbol{\eta}^*$.

二、应用举例

1. 投入产出综合平衡分析

国民经济各个部门之间存在着相互依存的关系, 每个部门在运转中将其他部门的产品或半成品 (称为投入) 经过加工变成自己的产品 (称为产出), 问题是如何根据各部门之间的投入产出关系, 确定各部门的产出水平, 以满足社会的需要, 下面考虑一个简化的问题:

设国民经济仅由农业、制造业和服务业三个部门构成, 已知某年它们之间的产出关系、外部需求、初始投入等如表 2.1 所示 (数字表示产值, 单位为亿元).

表 2.1　国民经济各个部门间的关系

投入	产出				
	农业	制造业	服务业	外部需求	总产出
农业	15	20	30	35	100
制造业	30	10	45	115	200
服务业	20	60	/	70	150
初始投入	35	110	75		
总投入	100	200	150		

表中第一行数字表示农业总产出为 100 亿元, 其中 15 亿元农产品用于农业生产本身 (如提供种子), 20 亿元用于制造业 (如提供木材、毛皮), 30 亿元用于服务业, 剩下 35 亿元农产品用来满足外部需求 (包括消费、积累、出口等). 可以类似地解释第二、三行数字. 第一列数字中, 15 亿元如前所述, 30 亿元是制造业对农业的投入 (如提供农具), 20 亿元是服务业对农业的投入, 35 亿元的初始投入包括工资、税收、进口等, 总投入 100 亿元与总产出相等.

假定每个部门的产出与投入是成正比的, 由表 2.1 能够确定这三个部门的投入产出表,

如表 2.2 所示.

表 2.2　投入产出表

投入	产出		
	农业	制造业	服务业
农业	0.15	0.10	0.20
制造业	0.30	0.05	0.30
服务业	0.20	0.30	0

表中第一行、第二列的数字 0.10 表示生产 1 个单位产值的制造业产品需投入 0.10 个单位产值的农产品，其他数字可类似解释，表 2.2 的数字称为投入系数或消耗系数，如果技术水平没有变化，可以假定投入系数是常数.

（1）设有 n 个部门，记一定时期内第 i 个部门的总产出为 x_i，其中对第 j 个部门的投入为 x_{ij}，满足的外部需求为 d_i，则：

$$x_i = \sum_{j=1}^{n} x_{ij} + d_i \qquad (i = 1, 2, \cdots, n) \qquad (2.1)$$

表 2.1 的每一行即满足式 (2.1)，记第 j 个部门的单位产出需要第 i 个部门的投入为 a_{ij}，在每个部门的产出与投入成正比的假定下，有

$$a_{ij} = \frac{x_{ij}}{x_j} \qquad (i = 1, 2, \cdots, n) \qquad (2.2)$$

表 2.2 中的投入系数即为 a_{ij}，式 (2.2) 代入式 (2.1) 得

$$x_i = \sum_{j=1}^{n} a_{ij} x_j + d_i \qquad (i = 1, 2, \cdots, n) \qquad (2.3)$$

记投入系数矩阵 $\boldsymbol{A} = (a_{ij})_{n \times n}$，产出向量 $\boldsymbol{x} = (x_1, \cdots, x_n)'$，需求向量 $\boldsymbol{d} = (d_1, \cdots, d_n)'$，则式 (2.3) 可写作

$$\boldsymbol{x} = \boldsymbol{A}\boldsymbol{x} + \boldsymbol{d} \qquad (2.4)$$

或

$$(\boldsymbol{I} - \boldsymbol{A})\boldsymbol{x} = \boldsymbol{d} \qquad (2.5)$$

若 $(\boldsymbol{I} - \boldsymbol{A})$ 可逆，则

$$\boldsymbol{x} = (\boldsymbol{I} - \boldsymbol{A})^{-1}\boldsymbol{d} \qquad (2.6)$$

当投入系数 $\boldsymbol{A}$ 和外部需求 $\boldsymbol{d}$ 给定后，即可算出各部门的总产出 $\boldsymbol{x}$.

（2）将表 2.2 中的投入系数即对各部门的外部需求输入 MATLAB，用以下程序：

```
a=[0.15 0.1 0.2
   0.3 0.05 0.3
   0.2 0.3 0];
d=[50 150 100]';
b=eye(3)-a;
x=b\d
c=inv(b)
xx=c*d
```

输出结果为

x＝

139.2801

267.6056

208.1377

c＝

1.3459　　0.2504　　0.3443

0.5634　　1.2676　　0.4930

0.4382　　0.4304　　1.2167

xx＝

139.2801

267.6056

208.1377

即三个部门的总产出分别应为 139.2801，267.6056，208.1377（亿元）.

（3）式（2.6）表明总产出 x 对外部需求 d 是线性的，所以当 d 增加一个单位时，x 的增量由 $c＝(I－A)^{-1}$ 决定（上面的程序已给出），其第一列数字表明，当农业的需求增加一个单位时，农业、制造业和服务业的总产出应分别增加 1.3459，0.5634，0.4382 单位，其余类似，这些数字称为部门关联系数.

2. 大型输电网络

一种大型输电网络可简化为图 2.1 所示电路，其中 R_1，R_2，$\cdots$，R_n 表示负载电阻，r_1，r_2，$\cdots$，r_n 表示线路内阻，设电源电压为 V.

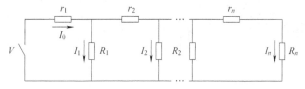

图 2.1　输电网络简化电路

（1）列出各负载上电流 I_1，I_2，$\cdots$，I_n 的方程.

记 r_1，r_2，$\cdots$，r_n 上的电流为 i_1，i_2，$\cdots$，i_n，根据电路中电流、电压的关系可以列出

$$\begin{cases} r_1 i_1 + R_1 I_1 = V \\ r_2 i_2 + R_2 I_2 = R_1 I_1 \\ \quad\vdots \\ r_n i_n + R_n I_n = R_{n-1} I_{n-1} \end{cases} \tag{2.7}$$

和

$$\begin{cases} I_1 + i_2 = i_1 \\ I_2 + i_3 = i_2 \\ \quad\vdots \\ I_{n-1} + i_n = i_{n-1} \\ \quad\ \ I_n = i_n \end{cases} \tag{2.8}$$

消去 i_1, i_2, $\cdots$, i_n 得

$$\begin{cases} (R_1+r_1)I_1 + r_1 I_2 + \cdots + r_1 I_n = V \\ -R_1 I_1 + (R_2+r_2)I_2 + \cdots + r_2 I_n = 0 \\ \qquad\qquad\qquad \vdots \\ \qquad -R_{n-1}I_{n-1} + (R_n+r_n)I_n = 0 \end{cases} \tag{2.9}$$

记

$$\boldsymbol{R} = \begin{bmatrix} R_1+r_1 & r_1 & r_1 & \cdots & r_1 & r_1 \\ -R_1 & R_2+r_2 & r_2 & \cdots & r_2 & r_2 \\ \vdots & \vdots & \vdots & & \vdots & \vdots \\ 0 & 0 & 0 & \cdots & -R_{n-1} & R_n+r_n \end{bmatrix}$$

$$\boldsymbol{I} = [I_1, I_2, \cdots, I_n]', \quad \boldsymbol{E} = [V, 0, \cdots, 0]'$$

则方程（2.9）表示为

$$\boldsymbol{RI} = \boldsymbol{E} \tag{2.10}$$

式（2.9）或式（2.10）即是电流 I_1, I_2, $\cdots$, I_n 满足的方程.

（2）设 $R_1 = R_2 = \cdots = R_n = R$, $r_1 = r_2 = \cdots = r_n = r$, 在 $r=1$, $R=6$, $V=18$, $n=10$ 的情况下，我们可以利用以下程序求出 I_1, I_2, $\cdots$, I_n, 及总电流 I_0（为各负载电流之和）：

```
r=1;R=6;v=18;n=10;b1=sparse(1,1,v,n,1);b=full(b1);
a1=triu(r*ones(n,n));a2=R*eye(n);
a3=-tril(R*ones(n,n),-1)+tril(R*ones(n,n),-2);
a=a1+a2+a3;I=a\b,I0=sum(I)↙
```

输出结果为

```
I=
    2.0005
    1.3344
    0.8907
    0.5955
    0.3995
    0.2702
    0.1858
    0.1324
    0.1011
    0.0867
I0=
    5.9970
```

（3）考虑 $n \to \infty$ 的情况.

为求出总电阻，考察图 2.2 所示的第 n 段电路（从右向左数）和第 $n+1$ 段电路的等效电阻 $R_0(n)$ 和 $R_0(n+1)$，有：

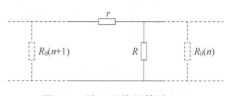

图 2.2　输电网络的等效电阻

$$R_0(n+1) = r + \frac{R \cdot R_0(n)}{R + R_0(n)} \qquad (2.11)$$

以 $R_0(1) = R + r$ 代入可计算 $R_0(n)$，当 $n \to \infty$ 时记为 R_0，满足

$$R_0 = r + \frac{R \cdot R_0}{R + R_0}$$

即

$$R_0^2 - rR_0 - rR = 0$$

由此解得

$$R_0 = \frac{r + \sqrt{r^2 + 4rR}}{2} = 3 \qquad (r=1, R=6) \qquad (2.12)$$

于是总电流

$$I_0 = i_1 = \frac{V}{R_0} = 6$$

而

$$I_1 = \frac{R_0}{R + R_0} \cdot i_1 = \frac{1}{3} \cdot 6 = 2; \qquad\qquad i_2 = \frac{R}{R + R_0} \cdot i_1;$$

$$I_2 = \frac{R_0}{R + R_0} \cdot i_2 = \frac{R}{R + R_0} \cdot I_1 = \frac{2}{3} I_1, \cdots$$

不难得出

$$I_{n+1} = \frac{R}{R + R_0} \cdot I_n = \frac{2}{3} I_n \qquad (R=6, R_0=3) \qquad (2.13)$$

实验任务

1. 解线性方程组 $\begin{cases} 2x_1 + x_2 - 5x_3 + x_4 = 8, \\ x_1 - 3x_2 \qquad\quad - 6x_4 = 9, \\ \qquad 2x_2 - x_3 + 2x_4 = -5, \\ x_1 + 4x_2 - 7x_3 + 6x_4 = 0. \end{cases}$

2. 求方程组 $\begin{cases} 2x_1 + x_2 - x_3 + x_4 = 1, \\ 4x_1 + 2x_2 - 2x_3 + x_4 = 2, \\ 2x_1 + x_2 - x_3 - x_4 = 1 \end{cases}$ 的通解.

3. 在输电网络的问题中，试解释在第三步 $n \to \infty$ 时，结论的物理意义，并计算 $n = 20$ 和 $n = 30$ 时的 I_1，I_2，$\cdots$，I_n，及总电流 I_0，看是否符合第三步的结论.

4. 种群的数量因繁殖而增加，因自然死亡而减少，对于人工饲养的种群（比如家畜）而言，为了保证稳定的收获，各个年龄的种群数量应维持不变. 种群因雌性个体的繁殖而改变，为方便起见以下种群数量均指其中的雌性. 种群年龄记作 $k = 1, 2, \cdots, n$，当年年龄 k 的种群数量记作 x_k，繁殖率记作 b_k（每个雌性个体一年繁殖的数量），自然存活率记作 $s_k (s_k = 1 - d_k$，d_k 为一年的死亡率），收获量记作 h_k，则来年年龄 $k + 1$ 的种群数量 $\tilde{x}_{k+1}$ 应为

$$\widetilde{x}_1 = \sum_{k=1}^{n} b_k x_k - h_1, \quad \widetilde{x}_{k+1} = s_k x_k - h_{k+1} (k = 1, 2, \cdots, n-1)$$

要求各个年龄的种群数量每年维持不变就是要使 $\widetilde{x}_k = x_k (k = 1, 2, \cdots, n)$.

（1）若 b_k，s_k 已知，给定收获量 h_k，建立求各年龄的稳定种群数量 x_k 的模型（用矩阵、向量表示）.

（2）设 $n = 5$，$b_1 = b_2 = b_5 = 0$，$b_3 = 5$，$b_4 = 3$，$s_1 = s_4 = 0.4$，$s_2 = s_3 = 0.6$，如要求 $h_1 \sim h_5$ 分别为 500，400，200，100，100，求 $x_1 \sim x_5$.

（3）如何能使 $h_1 \sim h_5$ 均为 500.

实验 2.2　非线性方程的解

实验目的

通过本实验了解求解非线性方程的方法，主要介绍应用 MATLAB 软件如何用二分法、简单迭代法和牛顿迭代法求非线性方程近似解，以及这三种求解方法的收敛情况及应用.

一、二分法

在非线性方程中，除了二次、三次、四次代数方程外，求解其他的方程不但没有一般的公式，而且若只依据方程本身来判别是否有根及根的个数是很困难的. 在实验 1.5 中，给出的解方程的基本命令"solve"对求解多项式方程是十分有效的，但是对于更一般的非线性方程不一定能求出解. 下面我们来讨论利用 MATLAB 软件如何求非线性方程根的存在区间及满足一定精确度的近似解.

1. 二分法

用二分法求方程 $f(x)=0$ 根的近似值，一般分为两步：

第一步　根的隔离：用 fplot 函数做出 $y=f(x)$ 的图形，它与 x 轴的交点就是方程 $f(x)=0$ 的根. 确定根的存在区间 $[a,b]$（即根的隔离区间），使方程 $f(x)=0$ 在 $[a,b]$ 内有唯一根.

第二步　根的逐次逼近：若函数 $f(x)$ 在根的隔离区间 $[a,b]$ 上单调连续，且 $f(a)f(b)<0$，则在 (a,b) 内方程有唯一根. 我们可以反复用，将根的隔离区间一分为二，将其中含有根的区间作为根的新的隔离区间，最终搜索到满足要求精度的根的近似值. 具体做法如下：

设 $x_0=\dfrac{a+b}{2}$，若 $f(a)f(x_0)<0$，则取 $a_1=a$，$b_1=x_0$；若 $f(b)f(x_0)<0$，则取 $a_1=x_0$，$b_1=b$，$[a_1,b_1]$ 即为新的根的隔离区间，且 $b_1-a_1=\dfrac{b-a}{2}$. 在新的根的隔离区间上重复以上步骤. 第 n 步之后，用 $x_n=\dfrac{a_n+b_n}{2}$ 来代替方程 $f(x)=0$ 的根，产生的误差小于 $\dfrac{b-a}{2^n}$.

2. 二分法的 MATLAB 实现

二分法的 MATLAB 实现，需要先编写二分法程序 erfen.m 及关于方程的函数 f.m 文件，存入工作窗口，再调用二分法程序 erfen（'f'，a，b，esp）来完成，其中 f 为定义的函数，a，b 为方程的根所在的区间端点，esp 为所求根的精确度.

编写二分法程序 erfen.m：

```
function y=erfen(fun,a,b,esp)
if nargin<4 esp=1e-4;end
n=0
if feval(fun,a).*feval(fun,b)<0
        n=1;
        c=(a+b)/2;
```

```
      while abs(b-a)>esp
        if feval(fun,a).*feval(fun,c)<0
            b=c;c=(a+b)/2;
        elseif feval(fun,c).*feval(fun,b)<0
            a=c;c=(a+b)/2;
        else y=c;esp=10000;
        end
        n=n+1;
      end
      y=c;
      n
  elseif feval(fun,a)==0
      y=a;
  elseif feval(fun,b)==0
      y=b;
  else disp('these,may not be a root in the intercal');
  end
```

例6 求方程 $x^4-8.6x^3-35.51x^2+464.4x-998.46=0$ 的根的隔离区间，并用二分法求方程在这个区间内根的近似值，使误差不超过 10^{-4}.

解 （1）求根的隔离区间，设 $f(x)=x^4-8.6x^3-35.51x^2+464.4x-998.46$，在命令窗口输入：

fplot('x^4-8.6*x^3-35.51*x^2+464.4*x-998.46',[0,10]),grid on↙

如图 2.3 所示，方程 $f(x)=0$ 在 $x=4$ 附近有一个重根，选根的隔离区间为 $[4,5]$，在 $x=7$ 附近有一单根，选根的隔离区间为 $[7,8]$.

二分法举例

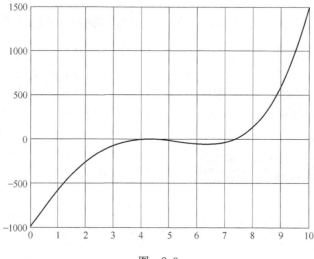

图 2.3

（2）求单根的近似值．编写函数文件 f.m：

```
function y＝f(x)
y＝x^4－8.6 * x^3－35.51 * x^2＋464.4 * x－998.46;
```

在命令窗口输入：

```
erfen('f',7,8,1.0e－4)
n＝
    20
ans＝
    7.3485
```

经过 20 次搜索，得到方程的近似根为 $x＝7.3485$，误差不超过 10^{-4}．

由二分法的原理可知，当根的隔离区间较大时，收敛于根的速度很快；而当根的隔离区间较小时，收敛于根的速度较缓慢，且难以满足高精度的要求．因此常用这种方法给迭代法提供初值．

二、简单迭代法

1. 简单迭代法

简单迭代法的基本思想是，将方程 $f(x)＝0$ 改写为等价形式

牛顿

$$x＝\varphi(x) \tag{2.14}$$

选取适当的初值 x_0，按照

$$x_{k+1}＝\varphi(x_k)(k＝0,1,2,\cdots) \tag{2.15}$$

迭代，得到迭代序列 $\{x_k\}$．若 $\{x_k\}$ 收敛于 α，且函数 $\varphi(x)$ 连续，则 α 满足方程（2.14），即为 $f(x)＝0$ 的根，也称为 $\varphi(x)$ 的不动点．当方程（2.14）的根难以求出时，可用 x_k 作为 α 的近似值，这种求根的近似值的方法称为简单迭代法．其中 $\varphi(x)$ 称为迭代函数，式（2.15）称为迭代格式．

用迭代法求方程根的首要问题是判断迭代序列是否收敛．为此我们先从几何上观察由简单迭代格式

$$x_{n+1}＝ax_n+b \tag{2.16}$$

得到的迭代序列的收敛性．

迭代函数 $y＝ax+b$ 的不动点，是由直线 $y＝x$ 和 $y＝ax+b$ 的交点 x^* 确定的．由图 2.4 可见，根据初始值 x_0 得迭代函数上的点 $P_0(x_0，x_1)$，经直线 $y＝x$ 沿箭头方向得迭代函数上的点 $P_1(x_1，x_2)$，依次进行下去，得到点序列 P_2，P_3，P_4，$\cdots$，点序列逐渐逼近点 x^*，因此迭代序列是收敛的．在图 2.5 中，按上述同样的方法产生的点列 P_1，P_2，P_3，$\cdots$ 逐渐远离点 x^*，可见迭代序列是发散的．比较图 2.4 与图 2.5 可知，迭代序列是否收敛与 a 的取值有关，当 a 的绝对值小于 1 时，迭代序列收敛；当 a 的绝对值大于 1 时，迭代序列发散．

2. 简单迭代法的 MATLAB 实现

先编写简单迭代法程序 interate.m 及关于方程的函数 f.m 文件存入工作窗口，再调用简单迭代法命令 iterate('f'，x0) 来完成，其中 x0 为初始值．

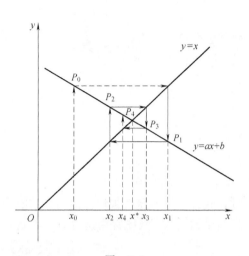

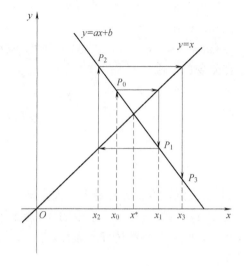

图　2.4　　　　　　　　　　　　图　2.5

编写迭代法程序 iterate.m：

```
function y＝iterate(fun, x,esp)
if nargin<3
  esp＝1e－4;
end
x1＝feval(fun,x);
n＝1;
while(abs(x1－x)>＝esp)&(n<＝1000)
  x＝x1;
  x1＝feval(fun,x);
  n＝n+1;
end
x1
n
```

其中 esp 为精度.

下面举例说明简单迭代法的应用.

例 7　已知方程 $x^3-x^2-0.8=0$ 在 $x=1.5$ 附近有一个根，分别用下面两个迭代格式：

$$x_{k+1}=\sqrt[3]{0.8+x_k^2},k=0,1,2,\cdots \tag{2.17}$$

$$x_{k+1}=\sqrt{x_k^3-0.8},k=0,1,2,\cdots \tag{2.18}$$

求方程的根的近似值，使误差不超过 10^{-4}.

解　在迭代程序 iterate.m 中，令 esp=1.0e－4.

（1）编写函数文件 g.m：

```
function y＝g(x)
```

```
y=(0.8+x^2)^(1/3);
```
在命令窗口输入：
```
iterate('g',1.5)↙
x1=
    1.4052
n=
    10
```
经过 10 次迭代，得到方程的近似根为 $x = 1.4052$，误差不超过 10^{-4}.

（2）编写函数文件 g1.m：
```
function y=g1(x)
y=(x^3-0.8)^0.5;
```
在命令窗口输入：
```
iterate('g1',1.5)↙
x1=
    Inf
n=
    20
```
迭代格式（2.18）是发散的.

在迭代格式（2.17）中，设 $g(x)=\sqrt[3]{0.8+x^2}$，则

$$g'(x)=\frac{2x}{3\sqrt[3]{(x^2+0.8)^2}}$$

$$g'(1.5)=\frac{2\times1.5}{3\sqrt[3]{(1.5^2+0.8)^2}}=\frac{1}{\sqrt[3]{3.05^2}}=0.4775<1$$

迭代格式 $x_{k+1}=\sqrt[3]{x_k^2+0.8}$ 是收敛的.

在迭代格式（2.18）中，设 $g_1(x)=\sqrt{x^3-0.8}$，则

$$g_1'(x)=\frac{3x^2}{2\sqrt{x^3-0.8}}$$

$$g_1'(1.5)=\frac{3\times1.5^2}{2\sqrt{1.5^3-0.8}}=2.103>1$$

迭代格式（2.18）是发散的.

对于一般函数 $\varphi(x)$，有下面的定理.

定理 设 $y=\varphi(x)$ 在其不动点 α 的某一邻域内连续，且 $|\varphi'(\alpha)|<1$，则在该邻域内的任意初始值 x_0，迭代序列 $x_{k+1}=\varphi(x_k)$ 收敛于 α.（证明略）

对于给定的方程 $f(x)=0$，可以用多种方式将它改写成等价形式（2.14）. 但是如何改写才能使迭代序列收敛？收敛的速度更快？这是用迭代法求方程的根的另一个问题. 注意到迭代函数 $\varphi(x)$ 的不动点 x^*，也是 $y=x$ 的不动点，因此 x^* 也是它们的加权平均

$$g(x)=\lambda\varphi(x)+(1-\lambda)x$$

的不动点. 根据上面的实验，使得迭代序列收敛并加快收敛速度，只要选取 λ 使 $|g'(x)|$ 在

x^*附近尽量小. 为此，令

$$g'(x)=\lambda\varphi'(x)+(1-\lambda)=0$$

得

$$\lambda=\frac{1}{1-\varphi'(x)}$$

于是得修正迭代函数

$$g(x)=x-\frac{\varphi(x)-x}{\varphi'(x)-1}$$

修正迭代格式

$$x_{k+1}=x_k-\frac{\varphi(x_k)-x_k}{\varphi'(x_k)-1} \qquad (2.19)$$

在例7中，取$\varphi(x)=\sqrt[3]{0.8+x^2}$，利用迭代格式（2.19）求根的近似值.

编写函数文件 g2.m：

```
function y=g2(x)
y=x-[3*(0.8+x^2)-3*x*(0.8+x^2)^(2/3)]/[2*x-3*(0.8+x^2)^(2/3)]
```

输入：

```
iterate('g2',1.5)↙
x1=
    1.4052
n=
    2
```

迭代格式（2.17）修正后，经过2次迭代，得到方程的近似根为$x=1.4052$，误差不超过10^{-4}，收敛速度明显加快.

取$\varphi(x)=\sqrt{x^3-0.8}$，编写函数文件 g3.m：

```
function y=g3(x)
y=x-[2*(x^3-0.8)-2*x*(x^3-0.8)^(1/2)]/[3*x^2-2*(x^3-0.8)^(1/2)]
```

输入：

```
iterate('g3',1.5)↙
x1=
    1.4052
n=
    2
```

迭代格式（2.18）修正后，迭代格式变为收敛的，经过2次迭代就可以达到所要求的近似根.

三、牛顿迭代法

牛顿法是一种重要的迭代法，它是逐步线性化方法的典型代表. 牛顿迭代法又称为牛顿—拉夫逊方法，它是牛顿在17世纪提出的一种在实数域和复数域上近似求解方程的方法.

1. 非线性方程单根的求法

设 $y=f(x)$ 在根的隔离区间 $[a,b]$ 上二阶连续可导，x_0 是方程 $f(x)=0$ 的根的一个近似值. 用 x_0 点的一阶泰勒展开式的线性部分来近似代替 $f(x)$. 即

$$f(x)=f(x_0)+f'(x_0)(x-x_0)$$

设 $f'(x_0)\neq 0$，由 $f(x_0)+f'(x_0)(x-x_0)=0$，得

$$x_1=x_0-\frac{f(x_0)}{f'(x_0)}$$

用 x_1 来近似代替方程 $f(x)=0$ 的根比 x_0 要精确. 从几何上来看，即用 $y=f(x)$ 在 $(x_0,f(x_0))$ 的切线与 x 轴的交点 x_1 来近似代替方程的根. 如图 2.6 所示，我们再用 $y=f(x)$ 在 $(x_1,f(x_1))$ 点的切线与 x 轴的交点 x_2 来近似代替方程的根，精确度更高. 重复这一过程，得迭代格式

$$x_{n+1}=x_n-\frac{f(x_n)}{f'(x_n)} \tag{2.20}$$

迭代函数为

$$\varphi(x)=x-\frac{f(x)}{f'(x)} \tag{2.21}$$

这种求方程近似根的方法称为牛顿迭代法.

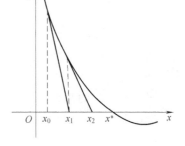

图　2.6

2. 非线性方程重根的求法

若存在正整数 m 使得

$$f(x)=(x-x^*)^m g(x) \tag{2.22}$$

且 $g(x^*)\neq 0$，则当 $m\geq 2$ 时，称 x^* 为 $f(x)=0$ 的 m 重根. 可以证明，在 $f(x)$ 具有 m 阶连续导数的条件下，x^* 是 $f(x)=0$ 的 m 重根的充要条件是

$$f(x^*)=0,f'(x^*)=0,\cdots,f^{(m-1)}(x^*)=0,f^{(m)}(x^*)\neq 0$$

由此可见，x^* 是 $f'(x)=0$ 的 $m-1$ 重根. 如果定义

$$u(x)=\frac{f(x)}{f'(x)}$$

即

$$u(x)=\frac{(x-x^*)g(x)}{mg(x)+(x-x^*)g'(x)}$$

则

$$u(x^*)=0,u'(x^*)=\frac{1}{m}\neq 0$$

x^* 是 $u(x)=0$ 的单根，对方程 $u(x)=0$ 应用牛顿迭代法，得

$$x_{k+1}=x_k-\frac{u(x_k)}{u'(x_k)} \tag{2.23}$$

3. 牛顿迭代法的 MATLAB 实现

编写牛顿迭代法程序 newton.m：

```
function y=newton(f,df,x0)
x1=x0-feval(f,x0)/feval(df,x0);
```

```
        esp=1e-4;
n=1;
while(abs(x1-x0)>=esp)
  x0=x1;
  x1=x0-feval(f,x0)/feval(df,x0);
  n=n+1;
end
y=x1
n
```

以下通过例子说明牛顿迭代法的应用.

例8 用牛顿迭代法求方程 $e^x+10x-2=0$ 在 $[0,1]$ 内实根的近似值，使误差不超 10^{-4}.

解 设 $f(x)=e^x+10x-2$，在牛顿迭代法程序中，取 esp=1.0e-4. 编写函数文件 f.m：

```
function y=f(x)
y=exp(x)+10*x-2;
```

编写 $f(x)$ 的导函数文件 df.m：

```
function y=df(x)
y=exp(x)+10;
```

分别取初值 x_0 为 1 和 0 进行迭代，在命令窗口输入：

```
newton('f','df',1)↙
x1=
   0.0905
n=
   4
newton('f','df',0)↙
x1=
   0.0905
n=
   3
```

当初值 $x_0=1$ 时，迭代 4 次后得到满足要求的近似解 $x=0.0905$；当初值 $x_0=0$ 时，仅迭代 3 次就得到所求的解.

由此可见，选择适当的初值可以提高迭代序列的收敛速度.

例9 求方程 $x^4-8.6x^3-35.51x^2+464.4x-998.46=0$ 在 $x=4$ 附近的根，使误差不超过 10^{-4}.

解 由例 6 知，方程在 $x=4$ 附近有一重根. 在牛顿迭代法程序中，取 esp=1.0e-4. 设
$$f_1(x)=x^4-8.6x^3-35.51x^2+464.4x-998.46$$
编写函数文件 f1.m：

```
function y=f1(x)
```

y＝x^4－8.6＊x^3－35.51＊x^2＋464.4＊x－998.46;

编写 $f_1(x)$ 的导函数文件 df1.m:

function y＝df1(x)

y＝4＊x^3－25.8＊x^2－71.02＊x＋464.4;

在命令窗口输入:

newton('f1','df1',4.0)↙

x1＝

　　4.2995

n＝

　　50

经过50次迭代,得满足要求的解 $x＝4.2955$.

用式(2.23)编写函数文件 f2.m:

function y＝f2(x)

y＝(x^4－8.6＊x^3－35.51＊x^2＋464.4＊x－998.46)/(4＊x^3－25.8＊x^2－71.02＊x＋464.4)

编写 $f_2(x)$ 的导函数文件 df2.m:

function y＝df2(x)

y＝1－(x^4－8.6＊x^3－35.51＊x^2＋464.4＊x－998.46)＊(12＊x^2－51.6＊x－71.02)/(4＊x^3－25.8＊x^2－71.02＊x＋464.4)^2;

在命令窗口输入:

newton('f'2','df2',4.0)↙

x1＝

　　4.3000

n＝

　　3

经过3次迭代,得满足要求的解 $x＝4.3000$.

从图2.3可以看出,在 [3,5] 内 $f_1(x)＝0$ 有一个重根. 如果选取的初值 x_0 不恰当(离根稍远一点),$y＝f_1(x)$ 在 $(x_0,f_1(x_0))$ 点的切线斜率的绝对值就会较大,此时用切线与 x 轴的交点 x_1 作为根的近似值,与用 x_0 作为根的近似值产生的误差相差无几,因此用 $f_1(x)$ 构造的牛顿迭代序列收敛性较差(迭代50次才达到要求精度!!). 而用迭代格式(2.23)得到的迭代序列收敛速度非常快(仅需迭代3次就可以达到要求精度).

四、应用举例

随着经济形式的发展,如何选择分期付款、消费贷款等消费方式,在生活中已是常见的经济问题. 下面以购车为例建立数学模型.

一辆汽车售价 A_0 元,可分 m 个月付款,每月需付 b 元,计算这种分期付款的年利率.

利用这种方式购车,我们需要每月把 b 元存入汽车销售商的账户,也就相当于汽车销售商周期的收入资金. 设利率按每月收款计算为 r,为使 m 个月后存入银行 A_0 元,则第一个月应该交 $B_1＝b/(1＋r)$ 元,第二个月应该交 $B_2＝b/(1＋r)^2$ 元,依此类推,第 m 个月应

该交 $B_m = b/(1+r)^m$ 元. 于是有:

$$A_0 = \frac{b}{1+r}\left[1 + \frac{1}{(1+r)} + \frac{1}{(1+r)^2} + \cdots + \frac{1}{(1+r)^{m-1}}\right] = \frac{b}{r}\left[1 - \frac{1}{(1+r)^m}\right] \qquad (2.24)$$

由式 (2.24) 可以计算出月利率, 月利率乘以 12 便可得年利率.

例 10 若买一辆汽车 150000 元, 可分 60 个月付款, 每月需付 3114 元; 也可以向银行贷款, 贷款期限为 5 年, 年利率是 6.66%, 应该选择哪种方式购车?

解 在式 (2.24) 中, $A_0 = 150000$, $m = 60$, $b = 3114$, 则

$$150000 = \frac{3114}{r}\left[1 - \frac{1}{(1+r)^{60}}\right]$$

从而

$$150000r\,(1+r)^{60} - 3114\,(1+r)^{60} + 3114 = 0$$

显然 $r = 0$ 是上述方程的根, 但这里我们要求的是最小正根. 设

$$f(r) = 150000r\,(1+r)^{60} - 3114\,(1+r)^{60} + 3114$$

编写函数文件 f.m

```
function  y=f(r)
y=150000*r*(1+r)^60-3114*(1+r)^60+3114;
```

确定根的隔离区间, 在命令窗口输入:

```
fplot('f',[0.001,0.5]),grid on↙
```

由图 2.7 得根的隔离区间为 [0.001, 0.5].

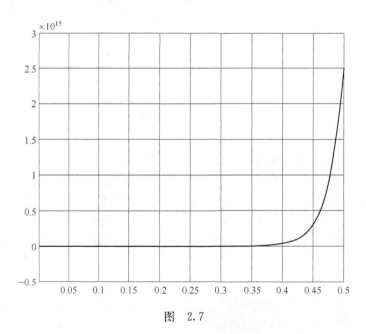

图 2.7

调用二分法程序, 在命令窗口输入:

```
erfen('f',0.001,0.5,1.0e-4) ↙
n=
```

14

ans＝

0.0075

于是求得月利率 $r \approx 0.0075 = 0.75\%$，年利率 $0.0075 \times 12 = 9\%$，所以分期付款买车要付的利率高达 9%，与 5 年贷款的利率 6.66% 比较，最好选择贷款买车.

例 11   某人要贷款 300000 元买房，现有两种贷款方式，(1) 贷款在 20 年内分 240 次按月本息等额偿还，每月还款 2510 元；(2) 在每月还款额基本不变的条件下，提前两年还清贷款，但要求首期先预付半年的还款，且改每月还款 2510 元为每半月还款 1255 元. 应选择哪种方式贷款？

解 (1) 按月等额偿还.

设借款的月利率为 r，由式 (2.24)，得

$$A_0 = \frac{b}{r}\left[1 - \frac{1}{(1+r)^{12n}}\right]$$

整理得

$$A_0 r(1+r)^{12n} - b(1+r)^{12n} + b = 0 \tag{2.25}$$

这里 $A_0 = 300000$，$n = 20$，$b = 2510$，记 $f(r) = 300000r(1+r)^{240} - 2510(1+r)^{240} + 2510$.

编写函数文件 f.m：

```
function  y＝f(r)
y＝30000*r*(1+r)^240－251*(1+r)^240+251;
```

计算函数 $f(r)$ 的值 feval.m：

```
feval('f',0.05)↙
```

ans＝

1.5205e＋08

```
feval('f',0.001)↙
```

ans＝

－29.9124

因为 $f(0.05) \cdot f(0.001) < 0$，所以 $f(r) = 0$ 在区间 $[0.001, 0.05]$ 内有根.

编写导函数文件 df.m：

```
function y＝df(r)
y＝30000*(1+r)^240+30000*240*r*(1+r)^239－251*240*(1+r)^239;
```

在牛顿迭代法程序中，取初值 $r_0 = 0.05$，$esp = 1.0e-4$. 在命令窗口输入：

```
≫newton('f','df',0.05)
```

x1＝

0.0067

n＝

16

$r = 0.0067$，即月利率为 0.67%，年利率为 $0.0067 \times 12 = 8.04\%$.

(2) 首期先预交半年的还款，其余按半月等额偿还.

设借款的半月利率为 r，根据题意及式 (2.24)

$$300000=\frac{1255\times12}{(1+12r)}+\frac{1255}{r}\left[1-\frac{1}{(1+r)^{420}}\right]$$

整理得

$$60000r(1+12r)(1+r)^{420}-251\cdot12r(1+r)^{420}-251(1+12r)(1+r)^{420}+$$
$$251(12r+1)=0 \tag{2.26}$$

根据经验，方程（2.26）的最小正根应该在 0 附近（但不等于 0），分别取 $r_0=0.01$，0.001. 设

$$f(r)=60000r(1+12r)(1+r)^{420}-251\cdot12r(1+r)^{420}-251(1+12r)(1+r)^{420}+$$
$$251(12r+1)$$

编写函数文件 f.m

```
function  y=f(r)
y=60000*r*(1+12*r)*(1+r)^420-251*12*r*(1+r)^420-251*(1+
12*r)*(1+r)^420+251*(1+12*r);
```

计算 $f(r)$ 在 $r_0=0.01$ 和 0.001 点处的函数值：

```
>>feval('f',0.01)
ans=
   2.3842e+04
>>feval('f',0.001)
ans=
   -44.6924
```

因为 $f(0.01)f(0.001)<0$，所以 $f(r)=0$ 在 $[0.001,0.01]$ 有根.

编写函数文件 df.m：

```
function y=df(r)
y=-1265040*r*(r+1)^419+720000*r*(r+1)^420-6024*(r+1)^420+
60000*(12*r+1)*(r+1)^420-420*(3012*r+251)*(r+1)^419+25200000*r*
(12*r+1)*(r+1)^419;
```

取初值 $r_0=0.01$，在命令窗口输入：

```
newton('f','df',0.01)↙
x1=
   0.0033
n=
   7
```

半月的利率为 $r=0.33\%$，年利率为 $0.0033\times24=7.9\%$. 由此可见，第一种贷款方式的年利率比第二种的年利率高 0.14%，因此应选择第二种方式贷款.

实验任务

1. 用二分法求方程 $x^5+5x+1=0$ 在区间 $(-1,0)$ 内的近似根，使误差不超过 10^{-3}.

2. 任意选取初值 $x_0>0$，利用下列迭代格式计算 $\sqrt{2}$ 的近似值，并观察它们的收敛性，初值对收敛性与收敛速度有无影响？

(1) $x_{n+1}=\dfrac{2}{x_n}$　　(2) $x_{n+1}=\dfrac{1}{2}\left(x_n+\dfrac{2}{x_n}\right)$　　(3) $x_{n+1}=\dfrac{x_n^3+6x_n}{3x_n^2+2}$

3. 利用第 1 题的结果作为初值，采用下列迭代格式，计算 $x^5+5x+1=0$ 在区间 $(-1,0)$ 内近似根，使误差不超过 10^{-6}.

(1) $x_{n+1}=-\sqrt[5]{1+5x_n}$　　　　(2) $x_{n+1}=-\dfrac{1}{5}(1+x^5)$

(3) 修正迭代格式 (1)、(2)，并与 (1)、(2) 做比较.

4. 分别用二分法和迭代法求方程 $x^5+x-1=0$ 在 $[0,1]$ 的实根. 并比较两个迭代序列的收敛速度.

5. 商场对计算机实行分期付款销售. 一台售价为 8000 元的计算机，可分 36 个月付款，每月付款 300 元；同时也可以到银行贷款，贷款 10000 元以下，三年内还清，年利率为 10%. 你认为选择什么方式买计算机最省钱.

第 3 章　最优化方法

日常生活中，无论做什么事情，往往有多种方案可供选择，并且可能出现多种不同的结果，我们在选择时总希望以最少的代价获得最大的利益，也就是力求最好. 这种寻求最优方案以到达最优结果的学科就是最优化，寻求最优方案的方法就是最优化方法. 根据函数的类型，最优化问题可分为线形规划和非线性规划，本章主要介绍线性规划和非线性规划的概念和模型以及如何用 MATLAB 优化工具箱求解线性规划和非线性规划.

实 验 3.1　线 性 规 划

实验目的

通过本实验了解线性规划的概念，会建立线性规划模型，掌握如何利用 MATLAB 优化工具箱解线性规划问题.

一、线性规划的概念

先看两个实例.

例 1　资源的最佳利用问题：某工厂有 A、B、C、D 四种机床，可生产甲、乙两种产品. 一件产品需经各台机床加工的时间和利润情况如表 3.1 所示，问如何安排生产才能使得到的利润最高.

表　3.1

机床	机床加工用时/台时 产品		机床可利用时间/台时
	甲	乙	
A	2	2	12
B	1	2	8
C	4	0	16
D	0	4	12
利润/千元	2	3	

解　设计划生产甲产品 x_1 件，乙产品 x_2 件，该问题的数学模型为：求 x_1、x_2 满足条件

$$\begin{cases} 2x_1 + 2x_2 \leqslant 12, \\ x_1 + 2x_2 \leqslant 8, \\ 4x_1 \leqslant 16, \\ 4x_2 \leqslant 12, \\ x_1,\ x_2 \geqslant 0, \end{cases}$$

且使 $z = 2x_1 + 3x_2$ 达到最大值.

例 2　运输问题：设有两个砖厂 A_1、A_2，每年生产砖产量分别为 23 万块与 27 万块，生产出来的砖供应 B_1、B_2、B_3 三个工地，其需要量分别为 17 万块，18 万块和 15 万块. 自产地到工地的运费价格如表 3.2 所示，问如何安排运输才能使运费最省.

解　设由砖厂 A_i 运往工地 B_j 的砖的运量为 x_{ij}（单位：万块）（$i = 1, 2$；$j = 1, 2, 3$），该问题的数学模型为：

求 x_{ij} 的值，使其满足条件

$$\begin{cases} x_{11} + x_{12} + x_{13} = 23, \\ x_{21} + x_{22} + x_{23} = 27, \\ x_{11} + x_{21} = 17, \\ x_{12} + x_{22} = 18, \\ x_{13} + x_{23} = 15, \\ x_{ij} \geqslant 0, \end{cases}$$

且使 $z = 50x_{11} + 60x_{12} + 70x_{13} + 60x_{21} + 110x_{22} + 160x_{23}$ 具有最小值.

表　3.2

砖厂	运价/(元/万块)		
	工地		
	B_1	B_2	B_3
A_1	50	60	70
A_2	60	110	160

以上两个例子，虽然有着不同的实际内容，但它们都具有三个共同的特征：

(1) 需要确定一组变量（如例 1 中的 x_j，例 2 中的 x_{ij}）的值，这些变量通常称为**决策变量**，简称变量，它们通常是非负的.

(2) 对于决策变量，存在着可用一组线性等式或不等式来表达的限制条件，这些条件称为**约束条件**.

(3) 有一个可以表示为决策变量的线性函数的目标要求，这一函数称为**目标函数**. 按问题的不同要求，可要求目标函数达到最大值或最小值.

在线性约束条件下，要求一组决策变量的值，使线性目标函数达到最大值或最小值的问题，就叫作**线性规划**（Linear Programming）问题. 线性规划的一般数学模型为：

求决策变量 $x_j (j = 1, 2, \cdots, n)$ 的一组值，满足约束条件

$$\begin{cases} \sum\limits_{j=1}^{n} a_{ij} x_j \geqslant b_i & (i = 1, 2, \cdots, m), \\ x_j \geqslant 0 & (j = 1, 2, \cdots, n) \end{cases}$$

或

$$\begin{cases} \sum_{j=1}^{n} a_{ij}x_j \leqslant b_i & (i=1,2,\cdots,m), \\ x_j \geqslant 0 & (j=1,2,\cdots,n) \end{cases}$$

并使目标函数

$$z = \sum_{j=1}^{n} c_j x_j$$

达到最大值 $\max z$ 或最小值 $\min z$.

约束条件中 $x_j \geqslant 0$ 也称**非负条件**，有时对某些变量没有非负要求. c_j 称为**价值系数**. 满足约束条件的决策变量 x_j 的一组值，称为线性规划的**可行解**. 使目标函数达到所要求的最大值或最小值的可行解，称为线性规划的**最优解**，也就是线性规划的**解**. 求线性规划的解的过程叫作**解线性规划**.

上述线性规划的一般形式中，可以通过简单的变换把"$\geqslant$"号都变为"$\leqslant$"号（两边加个负号），也可以把求最大值变成求最小值（令 $z'=-z$），因此线性规划都可以化为如下**标准形式**：

$$\min z = \sum_{j=1}^{n} c_j x_j$$

$$\text{s. t. (subjected to)} \sum_{j=1}^{n} a_{ij}x_j \leqslant b_i \qquad (i=1,2,\cdots,m)$$

可以用矩阵表示为

$$\min \boldsymbol{z} = \boldsymbol{Cx}$$

$$\text{s. t. } \boldsymbol{Ax} \leqslant \boldsymbol{b}$$

其中 $\boldsymbol{A}=(a_{ij})$，$\boldsymbol{x}=(x_j)$，$\boldsymbol{b}=(b_i)$，$\boldsymbol{C}=(c_j)$，$i=1,2,\cdots,m$，$j=1,2,\cdots,n$.

二、线性规划的图解法

只含有两个决策变量的线性规划问题，可以用图解法求解. 如例 1 的数学模型可简化为：

约束条件 $\begin{cases} x_1+x_2 \leqslant 6, \\ x_1+2x_2 \leqslant 8, \\ \quad x_1 \leqslant 4, \\ \quad x_2 \leqslant 3, \\ x_1, \ x_2 \geqslant 0, \end{cases}$

图解法求解
线性规划

目标函数 $\max z = 2x_1 + 3x_2$

解　如图 3.1 所示，在直角坐标系中，满足约束条件的所有点 (x_1,x_2) 组成凸多边形 $OABCD$，称为线性规划的可行域. 求解线性规划就是要在可行域中，即所有可行解中找一个最优解.

目标函数 $z=2x_1+3x_2$ 可表示为以 z 为参数的一族平行线（图 3.1 中虚线）：

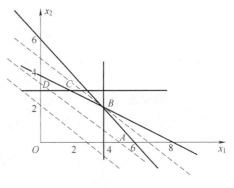

图　3.1

$$x_2 = -\frac{2}{3}x_1 + \frac{z}{3},$$

位于同一直线上的点，具有相同的目标函数值，当直线沿其法线方向向右上方平行移动时，z 的值逐渐增大，当直线移动到 $B(4,2)$ 点时，z 达到最大值，于是最优解是 $x_1 = 4$，$x_2 = 2$. 这时最优值 $z = 14$.

例3 解线性规划：

约束条件 $\begin{cases} -2x_1 + x_2 \leqslant 4, \\ x_1 - x_2 \leqslant 2, \\ x_1, \ x_2 \geqslant 0, \end{cases}$

目标函数 $\max z = x_1 + x_2$.

解 利用图解法作图 3.2，可行域无界，目标函数 $z = x_1 + x_2$ 可表示为以 z 为参数的一族平行线（图 3.2 中虚线）：$x_2 = -x_1 + z$.

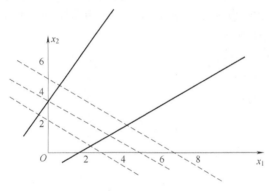

图　3.2

当直线沿法线方向向右上方平行移动时，总与可行域相交，故问题无最优解.

从以上例子可看出，线性规划有唯一解、多个解或无解这三种情况. 对于两个以上决策变量的线性规划就不能用图解法，最常用、最有效的算法之一是单纯形方法，本书不做介绍，可参考有关的线性规划书籍，下面继续介绍如何利用 MATLAB 求解线性规划问题.

三、解线性规划的 MATLAB 实现

MATLAB 中求解线性规划的命令为 linprog，具体用法如下：

模型 I

单纯形法求
解线性规划

$$\min z = cx$$
$$\text{s. t. } Ax \leqslant b$$

命令：x=linprog(c,A,b)％返回最优解 x

[x,fval]=linprog(c,A,b)％返回最优解 x 及 x 处的目标函数值 fval

模型 II

$$\min z = cx$$
$$\text{s. t. } Ax \leqslant b$$

$$Aeqx = beq$$

命令：x＝linprog(c,A,b,Aeq,beq)

　　　　[x,fval]＝linprog(c,A,b,Aeq,beq)

注意：若没有不等式 $Ax \leqslant b$ 存在，则令 A＝[]，b＝[].

模型 Ⅲ

$$\min z = cx$$
$$\text{s. t.} \quad Ax \leqslant b$$
$$Aeqx = beq$$
$$VLB \leqslant x \leqslant VUB$$

命令：1) x＝linprog(c,A,b,Aeq, beq, VLB,VUB)

　　　　[x,fval]＝linprog(c,A,b,Aeq, beq, VLB,VUB)

　　　2) x＝linprog(c,A,b,Aeq, beq, VLB,VUB, X0)

　　　　[x,fval]＝linprog(c,A,b,Aeq, beq, VLB,VUB, X0)

注意：1) 若没有等式约束 $Aeqx = beq$，则令 Aeq＝[]，beq＝[].

　　　2) X0 表示初始点.

例1 求解命令如下：

对于前面的

≫A＝[2,2;1,2;4,0;0,4];

b＝[12,8,16,12];

c＝－[2,3];

A1＝[];

b1＝[];

v1＝[0,0];

x＝linprog(c,A,b,A1,b1,v1)↙

则输出结果为：

x＝

　　4.0000

　　2.0000

即生产甲产品 4 件，乙产品 2 件，能使得到的利润最高.

若最后一行改为

≫[x,fval]＝linprog(c,A,b,A1,b1,v1)↙

则输出：

　　x＝

　　　　4.0000

　　　　2.0000

fval＝

　　－14.0000

例2 求解命令如下：

≫a＝[1,1,1,0,0,0;0,0,0,1,1,1;1,0,0,1,0,0;0,1,0,0,1,0;0,0,1,0,0,1];

```
b=[23,27,17,18,15];
c=[50,60,70,60,110,160];
v1=zeros(1,6);
[x,fval]=linprog(c,[],[],a,b,v1)↙
```

输出结果为：

```
x=
    0.0000
    8.0000
   15.0000
   17.0000
   10.0000
    0.0000
fval=
   3.6500e+003
```

即以下（表 3.3）运输方案是最优的：

表　3.3

砖厂	运量/万块		
	工地		
	B_1	B_2	B_3
A_1	0	8	15
A_2	17	10	0

例 3 求解命令如下：

对于前面的

```
≫a=[-2,1;1,-1];
b=[4,2];
c=-[1,1];
v1=[0,0];
x=linprog(c,a,b,[],[],v1)↙
```

屏幕上出现：

Exiting:One or more of the residuals, duality gap, or total relative error has grown 100000 times greater than its minimum value so far:

  the dual appears to be infeasible (and the primal unbounded).

  (The primal residual < TolFun=1.00e-08.)

```
x=
   1.0e+37 *
   2.7069
   5.4139
```

表明此线性规划无最优解.

四、应用举例

华罗庚与
优选法

投资的收益和风险

1. 问题提出

市场上有 n 种资产（如股票、债券等） $s_i (i=1,\ 2,\ \cdots,\ n)$ 供投资者选择，某公司现用数额为 M 的相当大的资金做一个时期的投资. 通过专业人员评估，在这一时期内购买资产 s_i 的平均收益率为 r_i，风险损失率为 q_i，投资越分散，总的风险越小，总体风险可用投资的 s_i 中最大的一个风险来度量. 购买 s_i 时要付交易费（费率 p_i），当购买额不超过给定值 u_i 时，交易费按购买 u_i 计算. 另外，假定同期银行存款利率是 r_0，既无交易费又无风险. $(r_0=5\%)$

已知 $n=4$ 时相关数据如表 3.4 所示.

表　3.4

s_i	r_i（%）	q_i（%）	p_i（%）	u_i/元
S_1	28	2.5	1	103
S_2	21	1.5	2	198
S_3	23	5.5	4.5	52
S_4	25	2.6	6.5	40

试给该公司设计一种投资组合方案，即用给定资金 M，有选择地购买若干种资产或存银行生息，使净收益尽可能大，使总体风险尽可能小.

2. 模型的建立

(1) 总体风险用所投资的 s_i 中最大的一个风险来衡量，即 $\max\{q_i x_i \mid i=1,\ 2,\ \cdots,\ n\}$，其中 x_i 是投资项目 s_i 的资金.

(2) 购买 s_i 所付交易费是一个分段函数，即

$$\text{交易费}=\begin{cases} p_i x_i, & x_i > u_i \\ p_i u_i, & x_i \leqslant u_i \end{cases}$$

而题目所给定的定值 u_i（单位：元）相对总投资 M 很小， $p_i u_i$ 更小，可以忽略不计，这样购买 s_i 的净收益为 $(r_i - p_i)x_i$

(3) 要使净收益尽可能大，总体风险尽可能小，这是一个多目标规划模型：

目标函数
$$\begin{cases} \max \sum_{i=0}^{n} (r_i - p_i)x_i \\ \min\{\max\{q_i x_i\}\} \end{cases}$$

约束条件
$$\begin{cases} \sum_{i=0}^{n} (1+p_i)x_i = M \\ x_i \geqslant 0, i=0,1,\cdots,n \end{cases}$$

3. 模型简化

多目标模型用一般的方法很难求解出来，下面我们把此模型转化为三种较简单的单目标模型.

模型 I　固定风险水平，优化收益

在实际投资中，投资者承受风险的程度不一样，若给定风险一个界限 a，使最大的一个风险 $q_i x_i / M \leqslant a$，可找到相应的投资方案. 这样就把多目标规划变成单目标线性规划.

目标函数
$$\max Q = \sum_{i=0}^{n} (r_i - p_i) x_i$$

约束条件
$$\sum_{i=0}^{n} (1 + p_i) x_i = M$$

$$\frac{q_i x_i}{M} \leqslant a$$

$$x_i \geqslant 0, i = 0, 1, \cdots, n$$

这是一个线性规划问题.

模型 II　固定盈利水平，极小化风险

若投资者希望总盈利至少达到水平 k 以上，在风险最小的情况下可以寻找相应的投资组合.

目标函数
$$\min R = \max \{q_i x_i\}$$

约束条件
$$\sum_{i=0}^{n} (r_i - p_i) x_i \geqslant k$$

$$x_i \geqslant 0, i = 0, 1, \cdots, n$$

这不是一个线性规划模型，我们可以引入人工变量 $x_{n+1} = \max\{q_i x_i\}$，把它化为如下的线性规划问题：

目标函数
$$\min x_{n+1}$$

约束条件
$$\sum_{i=0}^{n} (1 + p_i) x_i = M$$

$$\sum_{i=0}^{n} (r_i - p_i) x_i \geqslant k$$

$$x_i \geqslant 0, i = 0, 1, \cdots, n$$

$$q_i x_i \leqslant x_{n+1}, i = 0, 1, \cdots, n$$

模型 III　设定投资偏好系数

若投资者在权衡资产风险和预期收益两方面时，希望选择一个令自己满意的投资组合，则可以对风险、收益赋予权重 $s(0 < s \leqslant 1)$，s 称为投资偏好系数.

目标函数
$$\min \Big\{ s \max\{q_i x_i\} - (1-s) \sum_{i=0}^{n} (r_i - p_i) x_i \Big\}$$

约束条件
$$\sum_{i=0}^{n} (1 + p_i) x_i = M, x_i \geqslant 0, i = 0, 1, \cdots, n$$

这也不是一个线性规划模型，同样我们可以引入人工变量 $x_{n+1} = \max\{q_i x_i\}$，把它化为如下的线性规划问题：

目标函数
$$\min L = sx_{n+1} - (1-s)\sum_{i=0}^{n}(r_i - p_i)x_i$$

约束条件
$$\sum_{i=0}^{n}(1+p_i)x_i = M, x_i \geqslant 0, i = 0, 1, \cdots, n$$
$$q_i x_i \leqslant x_{n+1}, i = 0, 1, \cdots, n$$

4. 模型求解

根据题目中给出的数据，模型 I 可化为

$$\min f = (-0.05, -0.27, -0.19, -0.185, -0.185)(x_0, x_1, x_2, x_3, x_4)^{\mathrm{T}}$$

$$\text{s.t.}\begin{cases} x_0 + 1.01x_1 + 1.02x_2 + 1.045x_3 + 1.065x_4 = 1 \\ 0.025x_1 \qquad\qquad\qquad\qquad\qquad \leqslant a \\ \qquad\quad 0.015x_2 \qquad\qquad\qquad\quad \leqslant a \\ \qquad\qquad\quad\ \ 0.055x_3 \qquad\quad \leqslant a \\ \qquad\qquad\qquad\qquad 0.026x_4 \leqslant a \\ x_i \geqslant 0 \qquad\qquad\qquad (i = 0, 1, \cdots, 4) \end{cases}$$

由于 a 是任意给定的风险度，到底怎样给定没有一个准则，不同的投资者有不同的风险度. 我们从 $a = 0$ 开始，以步长 $\Delta a = 0.001$ 进行循环搜索，编制程序如下：

```
a=0;
while(1.1-a)>1
    c=[-0.05 -0.27 -0.19 -0.185 -0.185];
    Aeq=[1 1.01 1.02 1.045 1.065]; beq=[1];
    A=[0 0.025 0 0 0;0 0 0.015 0 0;0 0 0 0.055 0;0 0 0 0 0.026];
    b=[a;a;a;a];
    vlb=[0,0,0,0,0];vub=[];
    [x,val]=linprog(c,A,b,Aeq,beq,vlb,vub);
    a
    x=x'
    Q=-val
    plot(a,Q,'.'),axis([0 0.1 0 0.5])
    hold on
    a=a+0.001;
end
xlabel('a'),ylabel('Q')
a=0;
while(1.1-a)>1
    c=[-0.05 -0.27 -0.19 -0.185 -0.185];
    Aeq=[1 1.01 1.02 1.045 1.065]; beq=[1];
    A=[0 0.025 0 0 0;0 0 0.015 0 0;0 0 0 0.055 0;0 0 0 0 0.026];
    b=[a;a;a;a];
```

```
vlb=[0,0,0,0,0];vub=[];
[x,val]=linprog(c,A,b,Aeq,beq,vlb,vub);
a
x=x'
Q=-val
plot(a,Q,'.'),axis([0 0.1 0 0.5])
hold on
a=a+0.001;
end
xlabel('a'),ylabel('Q')
```

生成图3.3.

部分计算结果如下:

a=0.0030 x=0.4949 0.1200 0.2000 0.0545 0.1154 Q=0.1266
a=0.0060 x=0.0000 0.2400 0.4000 0.1091 0.2212 Q=0.2019
a=0.0080 x=0.0000 0.3200 0.5333 0.1271 0.0000 Q=0.2112
a=0.0100 x=0.0000 0.4000 0.5843 0.0000 0.0000 Q=0.2190
a=0.0200 x=0.0000 0.8000 0.1882 0.0000 0.0000 Q=0.2518
a=0.0400 x=0.0000 0.9901 0.0000 0.0000 0.0000 Q=0.2673

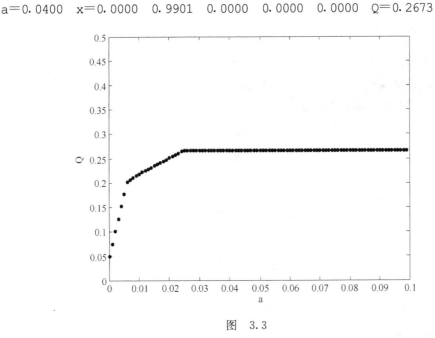

图 3.3

模型Ⅱ和模型Ⅲ可类似求解.

5. 结果分析

通过求解的结果可得到以下结论:

(1) 风险越大,收益也越大.

(2) 投资越分散,投资者承担的风险越小,这与题意一致. 即:冒险的投资者会出现集中投资的情况, 保守的投资者则会尽量分散投资.

(3) 曲线上任一点都表示该风险水平的最大可能收益和该收益要求的最小风险. 对于不同风险的承受能力, 选择该风险水平下的最优投资组合.

(4) 在 a＝0.0060 附近有一个转折点, 在这一点左边, 风险增加很少时, 利润增长很快. 在这一点右边, 风险增加很大时, 利润增长很缓慢, 这种转折点称为拐点. 对于风险和收益没有特殊偏好的投资者来说, 应该选择曲线的拐点作为最优投资组合, 大约是 $a^*＝0.6\%$, $Q^*＝20\%$, 所对应投资方案为:

风险度	收益	x0	x1	x2	x3	x4
0.0060	0.2019	0	0.2400	0.4000	0.1091	0.2212

实验任务

1. 利用 MATLAB 求解下列线性规划问题:

(1) $\min z＝x_1＋2x_2$

$$\text{s. t.} \begin{cases} x_1 & \geqslant 4, \\ 2x_1－2x_2 \leqslant 6, \\ x_1, \quad x_2 \geqslant 0; \end{cases}$$

(2) $\max z＝x_1＋x_2＋x_3$

$$\text{s. t.} \begin{cases} x_1＋2x_2＋x_3＝4, \\ 4x_1－x_2＋4x_3 \geqslant 16, \\ x_2＋x_3 \leqslant 3, \\ x_1, \quad x_2, \quad x_3 \geqslant 0. \end{cases}$$

2. 求解 "投资的收益和风险" 例子中的模型 Ⅱ 和 Ⅲ, 并将结果同模型 Ⅰ 进行比较.

3. 某厂用两台机床加工三种零件, 情况如下表 3.5 所示. 问怎样安排两台机床一个生产周期的加工任务, 才能使加工成本最低.

表 3.5

机床	零件						一个生产周期内可动用的工时
	B_1		B_2		B_3		
	单件成本	单件工时	单件成本	单件工时	单件成本	单件工时	
A_1	2	1	3	1	5	1	80
A_2	3	1	4	2	6	3	100
一个生产周期内的计划生产数量	70		50		20		

4. 有 4 个煤产地 A_1, A_2, A_3, A_4, 今年产量 (单位: 万吨) 分别为 35, 45, 55, 65; 有 6 个销地 $B_1 \sim B_6$, 今年销量分别为 40, 20, 30, 40, 30, 40, 预计明年 6 个销地的销量各增加 5 万吨. 计划部门为了使产销平衡, 打算增加年产 30 万吨的采煤设备, 把它分别拨给煤产地 A_1, A_2, A_3, A_4 使用, 因此增加的生产成本 (单位: 万元) 分别为 20, 30, 15, 25. 问应将这套设备拨给哪个产地能使增加的总成本 (生产成本和运输成本) 最低. (运价表如表 3.6 所示)

表 3.6

产地	运价					
	销地					
	B_1	B_2	B_3	B_4	B_5	B_6
A_1	5	7	2	4	1	8
A_2	9	1	3	5	6	7
A_3	2	4	8	1	3	5
A_4	7	6	1	2	4	9

5. 某厂生产甲、乙两种口味的饮料, 每百箱甲饮料需用原料 6kg, 工人 10 名, 可获利 10 万元；每百箱乙饮料需用原料 5kg, 工人 20 名, 可获利 9 万元. 今工厂共有原料 60kg, 工人 150 名, 又由于其他条件所限甲饮料产量不能超过 8 百箱, 问如何安排生产计划, 可使获利最大. 进一步讨论以下问题:

（1）若投资 0.8 万元可增加原料 1kg, 问应否做这项投资.

（2）若每百箱甲饮料获利可增加 1 万元, 问应否改变生产计划.

6. 某战略轰炸机群奉命摧毁敌人军事目标. 已知该目标有四个要害部位, 只要摧毁其中之一即可达到目的. 为完成此项任务的汽油消耗量限制为 48000L、重型炸弹 48 枚、轻型炸弹 32 枚. 飞机携带重型炸弹时每升汽油可飞行 2km, 带轻型炸弹时每升汽油可飞行 3km. 又知每架飞机每次只能装载一枚炸弹, 每出发轰炸一次除来回路程汽油消耗（空载时每升汽油可飞行 4km）外, 起飞和降落每次各消耗 100L. 有关数据如表 3.7 所示.

表 3.7

要 害 部 位	离机场距离/km	摧毁可能性	
		每枚重型弹	每枚轻型弹
1	450	0.10	0.08
2	480	0.20	0.16
3	540	0.15	0.12
4	600	0.25	0.20

为了使摧毁敌方军事目标的可能性最大, 应如何确定飞机轰炸的方案, 要求建立这个问题的线性规划模型并求解.

实验 3.2　非线性规划

实验目的

通过本实验了解简单的非线性规划模型，掌握如何利用 MATLAB 优化工具箱解非线性规划问题.

一、非线性规划的概念

如果目标函数或约束条件中包含非线性函数，就称这种规划问题为非线性规划问题. 一般说来，解非线性规划要比解线性规划难得多，而且也不像线性规划一样有单纯形法之类的通用方法，目前非线性规划还没有适于各种问题的一般算法，各个方法都有自己特定的适用范围.

下面通过实例归纳出非线性规划数学模型的一般形式，并介绍有关非线性规划的基本概念.

例 4　（投资决策问题）某企业有 n 个项目可供选择投资，并且至少要对其中一个项目投资. 已知该企业拥有总资金 A 元，投资于第 $i(i=1,\cdots,n)$ 个项目需花费资金 a_i 元，并预计可收益 b_i 元. 试选择最佳投资方案.

解　设投资决策变量为

$$x_i=\begin{cases}1,&决定投资第\ i\ 个项目,\\0,&决定不投资第\ i\ 个项目,\end{cases}\quad i=1,\cdots,n$$

则投资总额为 $\sum\limits_{i=1}^{n}a_ix_i$，投资总收益为 $\sum\limits_{i=1}^{n}b_ix_i$. 因为该公司至少要对一个项目投资，并且总的投资金额不能超过总资金 A，故有限制条件

$$0<\sum_{i=1}^{n}a_ix_i\leqslant A$$

另外，由于 $x_i(i=1,\cdots,n)$ 只取值 0 或 1，所以还有

$$x_i(1-x_i)=0,i=1,\cdots,n$$

最佳投资方案应是投资额最小而总收益最大的方案，所以这个最佳投资决策问题归结为总资金以及决策变量（取 0 或 1）的限制条件下，极大化总收益和总投资之比. 因此，其数学模型为

$$\max Q=\frac{\sum\limits_{i=1}^{n}b_ix_i}{\sum\limits_{i=1}^{n}a_ix_i}$$

$$\text{s. t. } 0<\sum_{i=1}^{n}a_ix_i\leqslant A$$

$$x_i(1-x_i)=0,i=1,\cdots,n$$

上述模型是在一组等式或不等式的约束下，求一个函数的最大值（或最小值）问题，其

中目标函数或约束条件中至少有一个非线性函数，这类问题称为**非线性规划问题**，简记为 (NP). 可概括为一般形式

$$\min f(\boldsymbol{x})$$
$$\text{s. t.}\quad h_j(\boldsymbol{x}) \leqslant 0, j=1,\cdots,q$$
$$g_i(\boldsymbol{x}) = 0, i=1,\cdots,p$$

其中，$\boldsymbol{x}=[x_1,\cdots,x_n]$ 称为模型（NP）的决策变量，f 称为目标函数，$g_i(i=1,\cdots,p)$ 和 $h_j(j=1,\cdots,q)$ 称为约束函数. 另外，$g_i(\boldsymbol{x})=0(i=1,\cdots,p)$ 称为等式约束，$h_j(\boldsymbol{x}) \leqslant 0(j=1,\cdots,q)$ 称为不等式约束.

对于一个实际问题，在把它归结成非线性规划问题时，一般要注意如下几点：

1）确定供选方案：首先要收集同问题有关的资料和数据，在全面熟悉问题的基础上，确认什么是问题的可供选择的方案，并用一组变量来表示它们.

2）提出追求目标：经过资料分析，根据实际需要和可能，提出要追求极小化或极大化的目标，并且运用各种科学和技术原理，把它表示成数学关系式.

3）给出价值标准：在提出要追求的目标之后，要确立所考虑目标的"好"或"坏"的价值标准，并用某种数量形式来描述它.

4）寻求限制条件：由于所追求的目标一般都要在一定的条件下取得极小化或极大化效果，因此还需要寻找出问题的所有限制条件，这些条件通常用变量之间的一些不等式或等式来表示.

对于线性规划问题，如果其最优解存在，最优解只能在其可行域的边界上达到（特别是可行域的顶点上达到）；而非线性规划的最优解（如果最优解存在）则可能在其可行域的任意一点达到.

我们先来讨论最简单的非线性规划——二次规划.

二、二次规划

二次规划（Quadratic Programming，QP）指目标函数是二次函数，而约束条件为线性的非线性规划，其一般形式为

$$\min f(\boldsymbol{x}) = \frac{1}{2}\boldsymbol{x}'\boldsymbol{Hx} + \boldsymbol{cx}$$
$$\text{s. t. } \boldsymbol{Ax} \leqslant \boldsymbol{b},$$
$$\boldsymbol{Aeqx} = \boldsymbol{beq},$$
$$\boldsymbol{VLB} \leqslant x \leqslant \boldsymbol{VUB}.$$

其中 $\boldsymbol{x}$，$\boldsymbol{A}$，$\boldsymbol{b}$，$\boldsymbol{Aeq}$，$\boldsymbol{beq}$ 的意义与线性规划相同，$\boldsymbol{H}$ 为 n 阶对称矩阵. 特别地，当 $\boldsymbol{H}$ 正定时，目标函数为凸函数，线性约束下可行域是凸集，称为凸二次规划. 我们这里不介绍其解法，只介绍用 MATLAB 求解二次规划的命令. 在 MATLAB 中求解二次规划的命令为 quadprog，它的几种用法如下：

(1) x＝quadprog(H,c,A,b);

(2) x＝quadprog(H,c,A,b,Aeq,beq);

(3) x＝quadprog(H,c,A,b,Aeq,beq,VLB,VUB);

(4) x＝quadprog(H,c,A,b, Aeq,beq ,VLB,VUB,X0);

(5) x=quadprog(H,c,A,b, Aeq,beq ,VLB,VUB,X0,options);

(6) [x,fval]=quadprog(...);

(7) [x,fval,exitflag]=quadprog(...);

(8) [x,fval,exitflag,output]=quadprog(...);

其中参数的含义与线性规划类似.

例 5 求解 $\min f(x_1,x_2)=x_1^2-2x_1x_2+2x_2^2-4x_1-12x_2$

$$\text{s. t.}\begin{cases} x_1+x_2=2 \\ x_1-2x_2\geqslant-2 \\ 2x_1+x_2\leqslant3 \\ x_1,\ x_2\geqslant0 \end{cases}$$

解 首先将目标函数改写为标准形式

$$\min f=\frac{1}{2}(x_1\ x_2)\begin{pmatrix} 2 & -2 \\ -2 & 4 \end{pmatrix}\begin{bmatrix} x_1 \\ x_2 \end{bmatrix}+(-4\ \ -12)\begin{bmatrix} x_1 \\ x_2 \end{bmatrix}.$$

输入命令:

```
≫H=[2 -2; -2 4];  c=[-4;-12];
  A=[-1 2; 2 1];b=[2;3];
  Aeq=[1,1];beq=[2];
  VLB=[0;0];VUB=[];
  [x,z]=quadprog(H,c,A,b,Aeq,beq,VLB,VUB)
```

运算结果为:

```
x=
    0.8000
    1.2000
z=
    -7.2000
```

三、无约束非线性规划

无约束非线性规划的一般形式是

$$\min z=f(\boldsymbol{x}), \qquad \boldsymbol{x}\in\mathbf{R}^n$$

其中, f 可以是非线性的. 这实际上就是多元函数极值问题.

1. 求单变量有界非线性函数在区间上的极小值

$$\min f(x),x_1\leqslant x\leqslant x_2$$

MATLAB 命令为:

$$[x,fval]=fminbnd(fun,x1,x2,options)$$

它的返回值是极小值点 x 和函数的极小值. 这里 fun 是用 M 文件定义的函数或 MATLAB 中的单变量数学函数.

例 6 求函数 $f(x)=(x-3)^2-1,x\in[0,5]$ 的最小值.

解　编写 M 文件 fun1. m

```
function f=fun1(x);
f=(x-3)^2-1;
```
在 MATLAB 的命令窗口输入：
```
≫[x,y]=fminbnd('fun1',0,5)↙
```
即可求得极小值点和极小值：
```
x=
    3
y=
    -1
```

例 7　求 $f=2e^{-x}\sin x$ 在 $0<x<8$ 中的最小值与最大值.

解　命令如下：
```
≫f='2*exp(-x).*sin(x)';
[xmin,ymin]=fminbnd(f,0,8)
f1='-2*exp(-x).*sin(x)';    %f 的最大值点即-f 的最小值点
[xmax,ymax]=fminbnd(f1,0,8)↙
```
输出结果为：

xmin=3.9270　　　　ymin=-0.0279

xmax=0.7854　　　　ymax=-0.6448

所以函数在 $x=3.9270$ 处取得最小值-0.0279，在 $x=0.7854$ 处取得最大值 0.6448.

例 8　有一张边长为 3m 的正方形铁板，在四个角剪去边长相等的正方形以制成方形无盖水槽，问如何剪可使水槽的容积最大？

解　设剪去的正方形的边长为 x，则水槽的容积为 $(3-2x)^2x$，建立无约束优化模型为
$$\min y=-(3-2x)^2x,0<x<1.5$$
先编写 M 文件 fun2. m 如下：
```
function f=fun2(x)
f=-(3-2*x).^2*x;
```
输入命令：
```
≫[x,fval]=fminbnd('fun2',0,1.5);
xmax=x
fmax=-fval↙
```
输出结果为：
```
xmax=
    0.5000
fmax=
    2.0000
```
即剪掉的正方形的边长为 0.5m 时水槽的容积最大，最大容积为 2m³.

2. 求多变量函数的极小值
$$\min_{x} f(\boldsymbol{x})$$

其中，x 是一个向量，$f(x)$ 是一个标量函数.

MATLAB 中求解多变量函数极小值的基本命令有两个：

$[x, fval] = fminunc(fun, x0, options);$

$[x, fval] = fminsearch(fun, x0, options);$

其中 fun 为目标函数，x0 为初始值，x 为返回的自变量的值，fval 为返回的函数 fun 的值，options 是一个结构，里面有控制优化过程的各种参数，具体用法可查看命令 optimset，大多数情况下我们取默认值就可以了.

例 9　求解 $\min f(x) = (4x_1^2 + 2x_2^2 + 4x_1x_2 + 2x_2 + 1)e^{x_1}$.

解　编写 M- 文件 fun3. m：

```
function f=fun3 (x)
f=exp(x(1)) * (4 * x(1)^2+2 * x(2)^2+4 * x(1) * x(2)+2 * x(2)+1);
```

分别用 fminunc 和 fminsearch 求解最小值得：

```
≫x0=[-1, 1];
[x, y]=fminunc('fun3',x0)↙
x=
  0.5000   -1.0000
y=
  3.6609e-15
≫[x, y]=fminsearch('fun3',x0)↙
x=
  0.5000   -1.0000
y=
  3.9874e-09
```

四、带约束非线性规划

带有约束条件的极值问题称为约束极值问题，也叫约束规划问题. 求解约束极值问题要比求解无约束极值问题困难得多. 为了简化其优化工作，可采用以下方法：将约束问题化为无约束问题；将非线性规划问题化为线性规划问题，以及能将复杂问题变换为较简单问题的其他方法.

带约束非线性规划的一般形式为：

$$\min z = f(x), \qquad x \in \mathbf{R}^n$$

$$\text{s. t.} \begin{cases} g_i(x) \geqslant 0, i = 1, 2, \cdots, m \\ h_j(x) = 0, j = 1, 2, \cdots, l \end{cases}$$

其中，$x = (x_1, x_2, \cdots, x_n)^{\mathrm{T}} \in \mathbf{R}^n$，$f$，$g_i$，$h_j$ 是定义在 $\mathbf{R}^n$ 上的实值函数. 标准型为

$$\min f(x)$$

$$\text{s. t} \begin{cases} \boldsymbol{Ax} \leqslant \boldsymbol{b}, \boldsymbol{Aeqx} = \boldsymbol{beq} \\ C(\boldsymbol{x}) \leqslant 0, Ceq(\boldsymbol{x}) = 0 \\ \boldsymbol{VLB} \leqslant \boldsymbol{x} \leqslant \boldsymbol{VUB} \end{cases}$$

用 MATLAB 求解非线性规划的一般步骤是：

（1）首先建立 M 文件 fun.m，定义目标函数 $f(x)$：

（2）若约束条件中有非线性约束：C(x)<=0 或 Ceq(x)＝0，则建立 M 文件 nonlcon.m 定义函数 C(x) 与 Ceq(x)；

（3）建立主程序.

非线性规划求解的函数是 fmincon，命令的基本格式如下：

① x＝fmincon('fun',x0,A,b)

② x＝fmincon('fun',x0,A,b,Aeq,beq)

③ x＝fmincon('fun',x0,A,b, Aeq,beq,VLB,VUB)

④ x＝fmincon('fun',x0,A,b,Aeq,beq,VLB,VUB,'nonlcon')

⑤ x＝fmincon('fun',x0,A,b,Aeq,beq,VLB,VUB,'nonlcon',options)

⑥ [x,fval]＝fmincon(...)

其中，x 为返回的自变量的值，fval 为返回的函数的值，x0 为迭代的初值，VLB、VUB 为变量上下限，options 为参数说明. 下面通过例子来说明其用法.

例 10 求解 $\min\limits_{x} f(x)=e^{x_1}(4x_1^2+2x_2^2+4x_1x_2+2x_2+1)$

$$\text{s. t.}\begin{cases} x_1+x_2=0, \\ 1.5+x_1x_2-x_1-x_2\leqslant0, \\ -x_1x_2-10\leqslant0. \end{cases}$$

解 （1）先建立 M 文件 fun4.m 定义目标函数：

function f＝fun4(x);

f＝exp(x(1)) * (4 * x(1)^2+2 * x(2)^2+4 * x(1) * x(2)+2 * x(2)+1);

（2）再建立 M 文件 mycon.m 定义非线性约束：

function [g,ceq]＝mycon(x)

g＝[1.5+x(1) * x(2)−x(1)−x(2);−x(1) * x(2)−10];

ceq＝0;

（3）求解非线性规划：

≫x0＝[−1;1];

A＝[];b＝[];

Aeq＝[1 1];beq＝[0];

vlb＝[];vub＝[];

[x,fval]＝fmincon('fun4',x0,A,b,Aeq,beq,vlb,vub,'mycon')↙

结果为

x＝

　−1.2247

　　1.2247

fval＝

　　1.8951

例 11 抛物面 $z=x^2+y^2$ 被平面 $x+y+z=1$ 截成一椭圆，求原点到这椭圆的最短距离.

    解 该问题可转化为求 $\min\limits_{x} f(x) = \sqrt{x_1^2 + x_2^2 + x_3^2}$

$$\text{s. t.} \begin{cases} x_3 = x_1^2 + x_2^2, \\ x_1 + x_2 + x_3 = 1. \end{cases}$$

（1）先建立 M 文件 fun5. m，定义目标函数：

```
function f=fun5(x)
f=sqrt(x(1)^2+x(2)^2+x(3)^2);
```

（2）再建立 M 文件 mycon1. m 定义非线性约束：

```
function [g,ceq]=mycon1(x)
g=0;
ceq=x(1)^2+x(2)^2-x(3);
```

（3）求解非线性规划：

```
≫x0=[0;0;0];
A=[];b=[];
Aeq=[1 1 1];beq=[1];
vlb=[];vub=[];
[x,fval]=fmincon('fun5',x0,A,b,Aeq,beq,vlb,vub,'mycon1')
```

结果为

```
x=
    0.3660
    0.3660
    0.2679
fval=
    0.5829
```

例 12 资金使用问题：设有 400 万元资金，要求 4 年内使用完，若在一年内使用资金 x 万元，则可得效益 $\sqrt{x}$ 万元（效益不能再使用），当年不用的资金可存入银行，年利率为 10%. 试制定出资金的使用计划，以使 4 年效益之和为最大.

    解 设变量 x_i 表示第 i 年所使用的资金数，则有

$$\max z = \sqrt{x_1} + \sqrt{x_2} + \sqrt{x_3} + \sqrt{x_4}$$

$$\text{s. t.} \begin{cases} x_1 \leqslant 400, \\ 1.1x_1 + x_2 \leqslant 440, \\ 1.21x_1 + 1.1x_2 + x_3 \leqslant 484, \\ 1.331x_1 + 1.21x_2 + 1.1x_3 + x_4 \leqslant 532.4, \\ x_i \geqslant 0, i = 1,2,3,4. \end{cases}$$

（1）先建立 M 文件 fun6. m，定义目标函数：

```
function f=fun6(x)
f=-(sqrt(x(1))+sqrt(x(2))+sqrt(x(3))+sqrt(x(4)));
```

(2) 由于没有非线性约束条件，可直接求解非线性规划：

≫x0＝[1;1;1;1];vlb＝[0;0;0;0];vub＝[];
A＝[1,0,0,0;1.1,1,0,0;1.21,1.1,1,0;1.331,1.21,1.1,1];
b＝[400,440,484,532.4];Aeq＝[];beq＝[];
[x,fval]＝fmincon('fun6',x0,A,b,Aeq,beq,vlb,vub)↙

结果为：

x＝

　86.2952
103.7504
127.0972
152.1962

fval＝

　−43.0858

即 $x_1＝86.2952$，$x_2＝103.7504$，$x_3＝127.0972$，$x_4＝152.1962$，$z＝43.0858$.

五、应用举例

供应与选址

某公司有 6 个建筑工地，每个工地的位置（用平面坐标 a，b 表示，单位：km）及水泥日用量 d（单位：t）由表 3.8 给出. 目前有两个临时料场，分别位于 A(5,1)，B(2,7)，日储量各有 20t.

(1) 假设从料场到工地之间均有直线道路相连，试制订每天的供应计划，即从 A、B 两料场分别向各工地运送多少吨水泥，可使总的吨千米数最小.

(2) 为了进一步减少吨千米数，打算舍弃两个临时料场，改建两个新的，日储量仍各为 20t，问应建在何处，节省的吨千米数有多大.

表 3.8　工地的位置 (a,b) 及水泥日用量 d

工地	1	2	3	4	5	6
a	1.25	8.75	0.5	5.75	3	7.25
b	1.25	0.75	4.75	5	6.5	7.75
d	3	5	4	7	6	11

解　记工地的位置为 (a_i,b_i)，水泥日用量 d_i，$i＝1,2,\cdots,6$；料场位置为 (x_j,y_j)，日储量为 e_j，$j＝1,2$；从料场 j 向工地 i 的运送量为 c_{ij}，因此目标函数为

$$\min f = \sum_{j=1}^{2}\sum_{i=1}^{6} c_{ij}\sqrt{(x_j - a_i)^2 + (y_j - b_i)^2}$$

约束条件：

$$\sum_{j=1}^{2} c_{ij} = d_i, i=1,2,\cdots,6$$

$$\sum_{i=1}^{6} c_{ij} \leqslant e_j, j=1,2$$

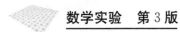

（1）当用临时料场时，决策变量为 c_{ij}，这是一个线性规划问题，计算程序如下：

```
>>a=[1.25 8.75 0.5 5.75 3 7.25];
b=[1.25 0.75 4.75 5 6.5 7.75];
d=[3 5 4 7 6 11]';
e=[20 20]';
g=[5 1];
h=[2 7];
c=zeros(1,12);
for i=1:6
    c(i)=sqrt((g(1)-a(i))^2+(g(2)-b(i))^2);
c(i+6)=sqrt((h(1)-a(i))^2+(h(2)-b(i))^2);
end
A=[ones(1,6),zeros(1,6);zeros(1,6),ones(1,6)];
Aeq=[eye(6),eye(6)];
v1=zeros(1,12);
[x,fval]=linprog(c,A,e,Aeq,d,v1,[])
```

计算结果为

```
x=
    3.0000
    5.0000
    0.0000
    7.0000
    0.0000
    1.0000
    0.0000
    0.0000
    4.0000
    0.0000
    6.0000
   10.0000
fval=
    136.2275
```

即由料场 A、B 向 6 个工地运料方案如表 3.9 所示：

表 3.9

	1	2	3	4	5	6
料场 A	3	5	0	7	0	1
料场 B	0	0	4	0	6	10

总的吨千米数为 136.2275.

（2）当为新建料场选址时，决策变量为 c_{ij} 和 x_j，y_j，这是一个非线性规划问题.
计算程序如下：

首先建立目标函数的 M 文件：

```
function f＝liaoch(x)
a＝[1.25 8.75 0.5 5.75 3 7.25];
b＝[1.25 0.75 4.75 5 6.5 7.75];
f1＝0;
for i＝1:6
    s(i)＝sqrt((x(13)－a(i))^2＋(x(14)－b(i))^2);
    f1＝s(i)*x(i)＋f1;
end
f2＝0;
for i＝7:12
    s(i)＝sqrt((x(15)－a(i－6))^2＋(x(16)－b(i－6))^2);
    f2＝s(i)*x(i)＋f2;
end
f＝f1＋f2;
```

由于约束条件都是线性的，所以直接求解得：

```
≫x0＝[3 5 0 7 0 1 0 0 4 0 6 1 0 5 1 2 7]';
A＝[ones(1,6),zeros(1,10);zeros(1,6),ones(1,6),zeros(1,4)];
Aeq＝[eye(6),eye(6),zeros(6,4)];
d＝[3 5 4 7 6 11]';
e＝[20 20]';
v1＝zeros(16,1);
[x,fval]＝fmincon('liaoch',x0,A,e,Aeq,d,v1)↙
x＝
    3.0000
    5.0000
    4.0000
    7.0000
    1.0000
         0
         0
         0
         0
         0
    5.0000
   11.0000
```

5.6952

4.9278

7.2500

7.7500

fval＝

89.8835

即由料场 A、B 向 6 个工地运料方案如表 3.10 所示.

表　3.10

	1	2	3	4	5	6	新料场的位置
料场 A	3	5	4	7	1	0	(5.6952，4.9278)
料场 B	0	0	0	0	5	11	(7.2500，7.7500)

总的吨千米数为 89.8835，节省 46.344 吨千米.

实验任务

1. 求下列函数的最大值和最小值：

(1) $y=\mathrm{e}^x\cos x,x\in\left[0,\frac{3}{2}\pi\right]$;　　　(2) $y=x+\sqrt{1-x},x\in[-5,1]$.

2. 解下列二次规划：

$$\min z=3x^2+y^2-xy+0.4y$$

$$\mathrm{s.\,t.}\begin{cases}1.2x+0.9y\geqslant1.1\\x+\quad y=1\\\quad y\leqslant0.7\end{cases}$$

3. 求解非线性规划：

$$\min f=\exp(x_1x_2x_3x_4x_5)$$

$$\mathrm{s.\,t.}\begin{cases}x_1^2+x_2^2+x_3^2+x_4^2+x_5^2=10\\x_2x_3-5x_4x_5=0\\x_1^3+x_2^3+1=0\\-2.3\leqslant x_i\leqslant2.3,\quad i=1,2\\-2.3\leqslant x_i\leqslant3.2,\quad i=3,4,5\end{cases}$$

4. 一电路由三个电阻 R_1，R_2，R_3 并联，再与电阻 R_4 串联. 记 R_k 上的电流为 I_k，电压为 V_k，在下列情况下确定 R_k，使电路总功率最小：

(1) $I_1=4$，$I_2=6$，$I_3=8$，$2\leqslant V_k\leqslant10$;

(2) $V_1=V_2=V_3=6$，$V_4=4$，$2\leqslant I_k\leqslant6$.

5. 某车间有甲、乙、丙三台车床可用于加工三种零件，这三台机床可用于工作的最多时间分别为 700h、800h 和 900h，需要加工的三种零件的数量分别为 300、400、500，不同车床加工不同的零件所有的时间数和费用数如表 3.11 所示，问在完成任务的前提条件下，如何分配加工任务才能使加工费用最低.

表　3.11

车床名称	加工单位零件所需时数/h			加工单位零件所需费用/元			可用于工作的时数/h
	零件 1	零件 2	零件 3	零件 1	零件 2	零件 3	
甲	0.6	0.5	0.5	7	8	8	700
乙	0.4	0.7	0.5	8	7	8	800
丙	0.8	0.4	0.6	7	9	8	900

6. 某公司需要决定下四个季度的帆船生产量，下四个季度的帆船需求量分别是 40 条、60 条、75 条、25 条，这些需求必须按时满足. 每个季度正常的生产能力是 40 条帆船，每条船的生产费用为 40 元. 如果加班生产，每条船的费用为 450 元. 每个季度末，每条船的库存费用为 20 元，假定生产提前期为 0，初始库存为 10 条船，如何安排生产可使总费用最小？

7. 某工厂向用户提供发动机，按合同规定，其交货数量和日期是：第一季度末交 40 台，第二季末交 60 台，第三季末交 80 台. 工厂的最大生产能力为每季 100 台，每季的生产费用是 $f(x)=50x+0.2x^2$（元），此处 x 为该季生产发动机的台数. 若工厂生产得多，多余的发动机可移到下季向用户交货，这样，工厂就需支付存储费，每台发动机每季的存储费为 4 元. 问该厂一、二、三季应分别生产多少台发动机，才能既满足交货合同，又使工厂所花费的存储费用最少（假定第一季度开始时发动机无存货）.

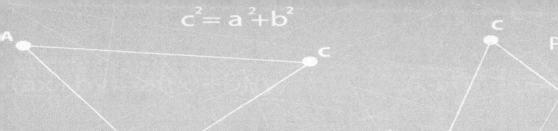

第4章 数值分析

在工程和科学实验中经常会遇到如何建立各种离散数据的连续模型、对难于用解析式表达的微分、积分及微分方程等问题如何求其数值解. 这些需要用计算机进行求解数学问题的数值方法, 简称数值分析. 本章简要介绍数值分析中函数插值、曲线拟合、数值微积分及微分方程数值解的有关概念和方法, 着重介绍如何利用 MATLAB 软件来实现这些方法.

实验 4.1 插 值

实验目的

通过本实验了解拉格朗日 (Lagrange) 插值、分段线性插值和三次样条插值法, 掌握应用 MATLAB 软件进行这三种插值的方法及应用.

一、拉格朗日插值法

函数插值就是对函数的离散数据建立简单的数学模型实现函数的逼近. 在实际应用中, 经常遇到通过实验、测量等方法得到一些离散数据, 这些数据从数学的角度可以看作是由某个函数产生的. 如何利用这些数据来寻找这个函数满足要求精度, 且相对简单的近似表达式呢? 下面我们先介绍: 拉格朗日插值法.

1. 拉格朗日插值多项式

设函数 $y = f(x)$ 的一组测量数据为 $(x_i, y_i)(i = 0, 1, 2, \cdots, n)$, 要寻求一个函数 $\varphi(x)$ 作为 $f(x)$ 的近似表达式, 使其满足:

$$\varphi(x_k) = f(x_k) = y_k, k = 0, 1, 2, \cdots, n \tag{4.1}$$

这时我们称 $\varphi(x)$ 为插值函数, $\{x_k\}_{k=0}^n$ 为插值节点.

在我们所学的函数类型中, 多项式相对比较简单, 用多项式作为插值函数是常用的方法, 也称为多项式插值法. 设 n 次多项式 $p_n(x)$ 为

$$p_n(x) = a_0 + a_1 x + a_2 x^2 + \cdots + a_n x^n \tag{4.2}$$

若 $p_n(x)$ 满足条件式 (4.1), 则

$$\begin{cases} a_0 + a_1 x_0 + a_2 x_0^2 + \cdots + a_n x_0^n = y_0 \\ a_0 + a_1 x_1 + a_2 x_1^2 + \cdots + a_n x_1^n = y_1 \\ \qquad\qquad\qquad \vdots \\ a_0 + a_1 x_n + a_2 x_n^2 + \cdots + a_n x_n^n = y_n \end{cases} \qquad (4.3)$$

当 $n+1$ 个节点互不相同时,由线性代数知识可知,方程组(4.3)唯一确定 $p_n(x)$ 的一组系数 a_0, a_1, a_2, $\cdots$, a_n. 由此可见,$n+1$ 个节点可以确定唯一的一个 n 次插值多项式.

直接利用上述方法求 n 次插值多项式计算比较麻烦. 由插值多项式的唯一性可知,无论用什么方法,由任何 $n+1$ 个互异节点确定的 n 次插值多项式都是相同的. 比较方便的方法是构造一组基函数

$$l_i(x) = \frac{(x-x_0)(x-x_1)\cdots(x-x_{i-1})(x-x_{i+1})\cdots(x-x_n)}{(x_i-x_0)(x_i-x_1)\cdots(x_i-x_{i-1})(x_i-x_{i+1})\cdots(x_i-x_n)} \quad (i=0,1,2,\cdots,n)$$

$$(4.4)$$

可见,$l_i(x)$ 是 n 次多项式,且满足

$$l_i(x_j) = \begin{cases} 1, & i=j \\ 0, & i \neq j \end{cases} \quad (i,j=0,1,2,\cdots,n) \qquad (4.5)$$

令

$$p_n(x) = \sum_{i=0}^{n} l_i(x) y_i \qquad (4.6)$$

就是满足条件式(4.1)的 n 次插值多项式,称其为 n 次拉格朗日插值多项式,通常用 $L_n(x)$ 表示,即

$$L_n(x) = \sum_{i=0}^{n} l_i(x) y_i \qquad (4.7)$$

2. 多项式插值的误差

用 $L_n(x)$ 来近似代替 $f(x)$ 产生的误差为

$$R_n(x) = f(x) - L_n(x) \qquad (4.8)$$

关于 $R_n(x)$ 有下列结论:

定理 设 $f^{(n)}(x)$ 在 $[a,b]$ 上连续,$f^{(n+1)}(x)$ 在 (a,b) 内存在,若 $\{x_i\}_{i=0}^{n}$ 是 $[a,b]$ 上的 $n+1$ 个互异节点,则插值多项式 $L_n(x)$,对任意点 $x \in [a,b]$,插值余项为

$$R_n(x) = \frac{f^{(n+1)}(\xi_x)}{(n+1)!} \prod_{j=0}^{n} (x-x_j) \qquad (4.9)$$

其中 $\xi_x \in (a,b)$ 且与 x 有关.

3. 拉格朗日插值法的 MATLAB 实现

编写拉格朗日插值法程序:

```
function y=lagrange(x0,y0,x)
n=length(x0);m=length(x);
for i=1:m
    z=x(i);
    s=0.0;
```

```
for k=1:n
    p=1.0;
    for j=1:n
    if j~=k
        p=p*(z-x0(j))/(x0(k)-x0(j));
    end
    end
    s=p*y0(k)+s;
end
y(i)=s;
end
y
```

并把这个程序存盘，做拉格朗日插值计算时可以随时调用.

下面举例说明拉格朗日插值法的应用.

例1 对 $f(x)=\dfrac{1}{1+9x^2}$ 在 $[-1,1]$ 上，分别用 $n=8$、$n=10$ 的等距分点进行多项式插值，并绘制 $f(x)$ 及插值多项式的图形.

解 取区间 $[-1,1]$ 的8等分点作为节点，在命令窗口输入：

```
≫x=-1:0.25:1;
y=1./(1+9*x.^2);
x0=-1:0.05:1;
y0=lagrange(x,y,x0);
plot(x0,y0,'r--')
hold on,y1=1./(1+9*x0.^2);
plot(x0,y1),hold off
```

拉格朗日
插值法举例

函数 $f(x)$ 及插值多项式的图形如图4.1所示. 取区间 $[-1,1]$ 的10等分点作为节点，类似地可得 $f(x)$ 及插值多项式，如图4.2所示.

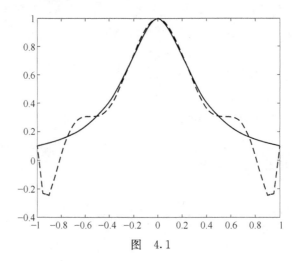

图 4.1

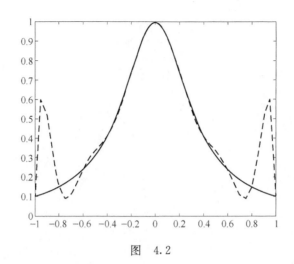

图　4.2

一般总认为插值多项式的次数越高，逼近 $f(x)$ 的精度越高. 事实上并非如此，由图 4.1 和图 4.2 可以看出，在 $x=0$ 附近 $L_{10}(x)$ 与 $f(x)$ 的近似程度比较好，但当 x 离零越远，近似效果越差，以致完全失真. 这一现象被称为 Runge 现象. Runge 现象表明，盲目采用提高插值多项式的次数的方法来减少误差是不可取的. 因此，我们只有用缩短插值区间，分段进行插值以达到减少误差的目的.

二、分段线性插值

分段线性插值，就是用连接彼此相邻两节点的直线段形成的折线作为插值函数. MATLAB 提供了一维插值函数 interp1，其用法为

$$yi=interp1(x,y,xi,'method');$$

其中 x，y 为已知插值节点，yi 为在插值点 xi 处的线性插值结果. 'method' 表示采用的插值方法，取 'linear' 时为线性插值，缺省时即为线性插值.

例 2　对函数 $f(x)=\dfrac{1}{1+9x^2}$ 在 $[-1,1]$ 上，用 $n=20$ 的等距分点进行分段线性插值，并绘制 $f(x)$ 及插值函数的图形.

解　在命令窗口输入：

```
≫x=-1:0.1:1;
y=1./(1+9*x.^2);
xi=-1:0.1:1;
yi=interp1(x,y,xi);
plot(x,y,'r-',xi,yi,'*')
```

利用 plot 函数检验插值效果，由图 4.3 可见，在 $[-1,1]$ 内线性插值函数收敛于函数 $f(x)$.

一般地，线性插值函数都有良好的收敛性. 数学、物理中用的特殊函数表，计算机绘图都采用了分段线性插值的原理.

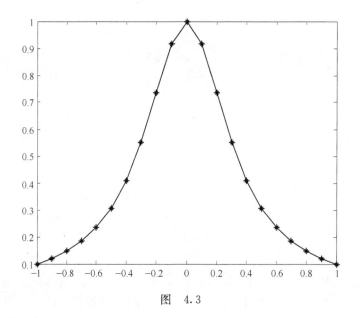

图 4.3

三、三次样条插值

分段线性插值虽然有良好的收敛性,但是由于在节点处不光滑,实用上受到了一定的限制. 下面介绍一种在实际应用中,常用的提高光滑度的方法:三次样条插值.

给定 $[a,b]$ 上的 $n+1$ 个节点满足 $a=x_0<x_1<x_2<\cdots<x_n=b$,且 $y_i=f(x_i)(i=0,1,2,\cdots,n)$,若函数 $S(x)$ 满足下列条件:

(1) $S(x)$ 在每一个小区间 $[x_{i-1},x_i]$ 上都是三次多项式,且 $S(x_i)=y_i$;

(2) $S(x)$ 在 $[a,b]$ 上具有连续的二阶导数.

则称 $S(x)$ 为三次样条插值函数.

由条件(1)在小区间 $[x_{i-1},x_i]$ 上,设 $S(x)=a_i+b_ix+c_ix^2+d_ix^3$,其中 a_i,b_i,c_i,d_i 为待定常数. 要确定 $S(x)$ 共需 $4n$ 个待定常数,由条件(2)

$$S(x_i)=y_i \qquad (i=0,1,2,\cdots,n)$$

则有

$$S'(x_i-0)=S'(x_i+0),S''(x_i-0)=S''(x_i+0) \quad (i=1,2,\cdots,n-1)$$

共 $4n-2$ 个条件,还需要再给两个条件,才能唯一确定一个三次样条插值函数. 最常用的是增设边界条件

$$S''(x_0)=S''(x_n)=0$$

也称为自然条件.

在 MATLAB 中,三次样条插值法可用 interp1 命令,其中'method'取'spline',即:

$$yi=interp1(x,y,xi,'spline').$$

同时 MATLAB 中还提供了两个求三次样条插值的函数 spline 和 csapi,其用法如下:

1) yi=spline(x,y,xi) 或 yi=csapi(x,y,xi):返回由向量 x 与 y 确定的分段样条多项式在 xi 处的值;

2) p=spline(x,y) 或 p=csapi(x,y):返回由向量 x 与 y 确定的分段样条多项式的系数

矩阵. 得到分段样条多项式后可利用 fnval(p,xi) 求在指定点 xi 处的函数值.

例 3 在一天 24h 内, 从零点开始每间隔 2h 测得的环境温度为 (℃)

$$12,9,9,10,18,24,28,27,25,20,18,15,13,$$

推测在每一秒时的温度, 并描绘温度曲线.

解 在命令窗口输入:

```
≫t=0:2:24;
T=[12 9 9 10 18 24 28 27 25 20 18 15 13];
plot(t,T,'*')
ti=0:1/3600:24;
T1i=interp1(t,T,ti);%分段线性插值
hold on, plot(ti,T1i)
T2i=interp1(t,T,ti,'spline');%三次样条插值
hold on, plot(ti,T2i,'r—')
```

输入不同的时刻 ti 便可得到相应的温度值 Ti. 利用两种插值方法描绘的温度曲线, 如图 4.4 所示. 通过图形 4.4 上两条曲线比较可以看出, 三次样条插值函数在整个区间上有较好的收敛性; 光滑性比分段线性插值有较大的提高, 因此应用比较广泛. 缺点是误差估计比较困难.

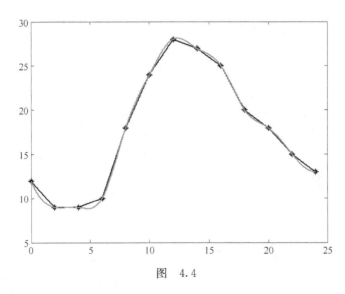

图　4.4

四、应用举例

数据加细问题

在机械制造加工中, 经常遇到数据加细的问题. 例如, 在现代机械工业中, 用计算机程序控制加工机器零件时, 根据设计可以给出零件外形曲线上某些点, 加工时为控制每步刀的走向及步长就要算出零件外形曲线上其他点的函数值, 加工出外表光滑的零件, 这就涉及数据加细的问题.

例 4 在加工飞机的机翼时, 由于机翼尺寸很大, 通常在图纸上只能标出部分关键点

的数据. 某型号飞机的机翼上缘轮廓线的部分数据如下：

x 0.00 4.74 9.05 19.00 38.00 57.00 76.00 95.00 114.00 133.00

y 0.00 5.23 8.10 11.97 16.15 17.10 16.34 14.63 12.16 9.69

x 152.00 171.00 190.00

y 7.03 3.99 0.00

对上述数据进行细化，并画出机翼的上轮廓线.

解 输入：

≫x＝[0.00 4.74 9.05 19.00 38.00 57.00 76.00 95.00 114.00
133.00 152.00 171.00 190.00];

y＝[0.00 5.23 8.10 11.97 16.15 17.10 16.34 14.63 12.16 6.96
7.03 3.99 0.00];

xi＝[0:0.001:190];

yi＝spline(x,y, xi);

plot(xi,yi)↙

机翼的上轮廓线，如图4.5所示.

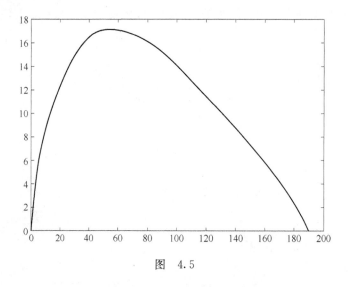

图 4.5

例5 天文学家在1914年8月份的7次观测中，测得地球与金星之间距离（单位：m），并取其常用对数值与日期的一组历史数据如下所示，试推断何时金星与地球的距离（m）的对数值为9.9352.

日期	18	20	22	24	26	28	30
距离对数	9.9618	9.9544	9.9468	9.9391	9.9312	9.9232	9.9150

解 由于对数值9.9352位于24和26两天所对应的对数值之间，所以对上述数据用三次样条插值加细步长为1的数据，输入：

≫x＝[18:2:30];

y＝[9.9618 9.9544 9.9468 9.9391 9.9312 9.9232 9.9150];

xi＝[18:1:30];

```
p＝csapi(x,y);
yi＝fnval(p,xi);
A＝[xi;yi]
A＝
  18.0000   19.0000   20.0000   21.0000   22.0000   23.0000   24.0000
   9.9618    9.9581    9.9544    9.9506    9.9468    9.9430    9.9312
  25.0000   26.0000   27.0000   28.0000   29.0000   30.0000
   9.9272    9.9232    9.9191    9.9391    9.9352    9.9150
```

经三次样条插值推断，29 日时金星与地球的距离（m）的对数值为 9.9352.

实验任务

1. 设 $f(x)=x^4$ 在区间 $[-1,2]$ 上用六等分点作为节点，分别用拉格朗日插值法、分段线性插值法和三次样条插值法进行插值，计算 $f(1.2)$ 的近似值并与函数的精确值比较.

2. 设 $f(x)=e^{-x^2}$，在区间 $[-2,2]$ 上用 10 等分点作为节点，分别用三种插值方法

(1) 计算并输出在该区间的 20 等分点的函数值.

(2) 输出这个函数及三个插值函数的图形.

(3) 对输出的数据和图形进行分析.

3. 已知某型号飞机的机翼断面下缘轮廓线上的部分数据如表 4.1 所示：

表 4.1

x	0	3	5	7	9	11	12	13	14	15
y	0	1.2	1.7	2.0	2.1	2.0	1.8	1.2	1.0	1.6

假设需要得到 x 坐标每改变 0.1 时的 y 坐标，分别用三种插值方法，对机翼断面下缘轮廓线上的部分数据加细，并作出插值函数的图形.

实验4.2　离散数据的曲线拟合

实验目的

通过本实验了解离散数据的多项式拟合、曲线拟合及最小二乘法的相关知识，掌握应用 MATLAB 软件进行离散数据的多项式拟合和曲线拟合的方法及应用.

一、离散数据的多项式拟合

用多项式拟合一组离散数据 $(x_i, y_i)(i=0, 1, 2, \cdots, n)$，就是寻找一组多项式的系数 $a_0, a_1, a_2, \cdots, a_n$，使得多项式

$$y(x) = a_n x^n + a_{n-1} x^{n-1} + \cdots + a_1 x + a_0$$

多项式曲线拟合

能够较好的拟合这组数据. 它与实验4.1的插值法不同，数据 $(x_i, y_i)(i=0, 1, 2, \cdots, n)$ 不能保证都在拟合多项式曲线上，但能使整体拟合误差较小. 在 MATLAB 中，多项式拟合可以通过 polyfit 函数来实现，该函数的调用格式为

$$p = polyfit(x, y, n)$$

其中，x＝(x0, x1, …, xn)，y＝(y0, y1, …, yn)，n 为多项式的次数，p 是多项式系数按降幂排列得出的行向量，利用函数 poly2sym(p) 可以得出相应多项式的表达式. 如果要计算拟合多项式在 x 处的值 y，输入 y＝polyval(p, x)，就可输出 y 的值.

例 6　求本章例4中数据组的 3 次、6 次和 8 次多项式并作图.

解　输入：

≫x＝[0.00　4.74　9.05　19.00　38.00　57.00　76.00　95.00　114.00 133.00　152.00　171.00　190.00];

y＝[0.00　5.23　8.10　11.97　16.15　17.10　16.34　14.63　12.16　9.69 7.03　3.99　0.00];

p3＝polyfit(x,y,3); y1＝polyval(p3,x);

p6＝polyfit(x,y,6); y2＝polyval(p6,x);

plot(x,y,'＊',x,y1,'－－',x,y2,'－.')↙

输出如图 4.6，可见，6 次拟合多项式比 3 次多项式的拟合效果好.

在命令窗口输入：

≫p6＝polyfit(x,y,6); y2＝polyval(p6,x);

p8＝polyfit(x,y,8); y3＝polyval(p8,x);

plot(x,y,'＊'x,y2,'－.',x,y3)↙

输出如图 4.7.

从图 4.6 和图 4.7 中可以看出，8 次多项式比 6 次多项式的拟合效果更好. 本例中，随着多项式次数的不断增加，拟合的效果也越来越好，当拟合多项式的次数 $n \geqslant 8$ 时，就能得出较好的效果. 利用多项式进行拟合时，是否多项式的次数越高拟合效果一定就越好呢？我们来看下例.

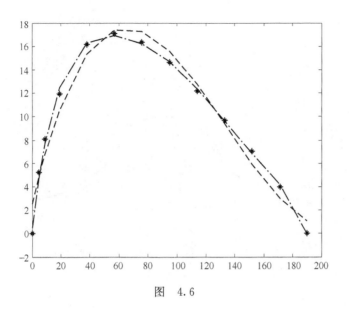

图 4.6

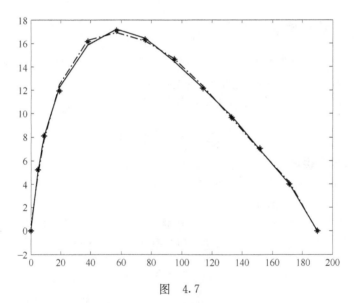

图 4.7

例 7 设已知数据来自函数 $f(x) = \dfrac{1}{1+9x^2}$，试用生成的数据进行 3 次、6 次和 8 次多项式拟合，并作图.

解 在命令窗口输入：

```
≫x0=-1:.01:1;y0=1./(1+9*x0.^2);
p3=polyfit(x0,y0,3); y1=polyval(p3,x0);
p6=polyfit(x0,y0,6); y2=polyval(p6,x0);
p8=polyfit(x0,y0,8); y3=polyval(p8,x0);
plot(x0,y0,'*',x0,y1,'--',x0,y2,'-.',x0,y3)↙
```

离散数据的多
项式拟合举例

输出如图 4.8. 由图 4.8 可以看出，多项式拟合的效果并不一定总是很精确的.

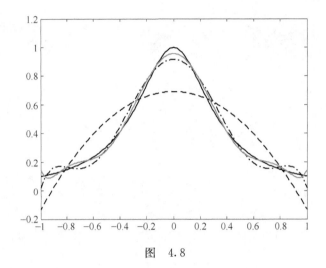

图 4.8

下面我们来介绍另一种方法——曲线拟合的线性最小二乘法.

二、曲线拟合的线性最小二乘法

已知某函数 $y(x)$ 的一组测量数据 $(x_i,y_i)(i=0,1,2,\cdots,n)$，根据这组数据寻求曲线 $\varphi(x)$ 逼近曲线 $y(x)$. 因为测量时可能产生误差，所以我们不要求 $\varphi(x)$ 都经过这些点，只要 $(x_i,\varphi(x_i))$ 与 $(x_i,y_i)(i=0,1,2,\cdots,n)$ 的距离最接近，即

$$S=\sum_{i=0}^{n}\left[\varphi(x_i)-y_i\right]^2 \tag{4.10}$$

最小，就认为曲线拟合得最好.

一般情况下，可以假设数据拟合曲线为

$$\varphi(x)=a_0\varphi_0(x)+a_1\varphi_1(x)+a_2\varphi_2(x)+\cdots+a_m\varphi_m(x) \tag{4.11}$$

其中函数系 $\varphi_0(x)$，$\varphi_1(x)$，$\cdots$，$\varphi_m(x)$ 在包含节点 $\{x_i\}_{i=0}^{n}$ 的区间 $[a,b]$ 上线性无关，a_0，a_1，a_2，$\cdots$，a_m 是待定常数. 将式（4.11）代入式（4.10），上述问题转化为

$$S(a_0,a_1,a_2,\cdots,a_m)=\sum_{i=0}^{n}\left[\varphi(x_i)-y_i\right]^2 \tag{4.12}$$

求 a_0，a_1，a_2，$\cdots$，a_m 使 $S(a_0,a_1,a_2,\cdots,a_m)$ 达到最小. 根据多元函数极值的必要条件 $\frac{\partial S}{\partial a_i}=0(i=0,1,2,\cdots,m)$，得到关于 a_0，a_1，a_2，$\cdots$，a_m 的线性方程组

$$\begin{cases}\sum_{i=0}^{n}\varphi_0(x_i)\left[\sum_{k=0}^{m}a_k\varphi_k(x_i)-y_i\right]=0\\\sum_{i=0}^{n}\varphi_1(x_i)\left[\sum_{k=0}^{m}a_k\varphi_k(x_i)-y_i\right]=0\\\vdots\\\sum_{i=0}^{n}\varphi_m(x_i)\left[\sum_{k=0}^{m}a_k\varphi_k(x_i)-y_i\right]=0\end{cases} \tag{4.13}$$

可以证明方程组（4.13）的系数矩阵是可逆的，则方程组（4.13）有唯一解 a_0^*，a_1^*，a_2^*，$\cdots$，a_m^*. 于是有

$$\varphi(x) = a_0^* \varphi_0(x) + a_1^*(x)\varphi_1(x) + \cdots + a_m^* \varphi_m(x) \tag{4.14}$$

这种求拟合曲线的方法称为曲线拟合的线性最小二乘法.

在 MATLAB 优化工具箱中，提供了函数 lsqcurvefit，求解最小二乘曲线拟合问题. 该函数的调用格式为

$$a = lsqcurvefit(fun, a0, x, y),$$

其中，fun 是自定义函数的 MATLAB 表示，a0 是算法迭代的初始预测值，输出结果 a 是 fun 函数中参数的计算结果. 这里为了描述函数方便，可以用 inline 函数来直接编写，形式相当于 M-函数，但无需编写一个真正的 MATLAB 文件，就可以描述出这种函数关系. 其调用格式为 fun＝inline（'函数内容'，自变量列表）. 使用方法见例 8.

三、应用举例

例 8　用切削机床进行金属品加工时，为了适当地调整机床，需要测定刀具的磨损速度. 在一定的时间测量刀具的厚度，得数据如表 4.2 所示：

表　4.2

切削时间 t/h	0	1	2	3	4	5	6	7	8
刀具厚度 y/cm	30.0	29.1	28.4	28.1	28.0	27.7	27.5	27.2	27.0
切削时间 t/h	9	10	11	12	13	14	15	16	
刀具厚度 y/cm	26.8	26.5	26.3	26.1	25.7	25.3	24.8	24.0	

假设经验公式是 $y = a_1 t^3 + a_2 t^2 + a_3 t + a_4$. 试用最小二乘法确定 $a_i (i=1,2,3,4)$.

解　定义函数 f，在命令窗口输入：

```
≫f=inline('a(1).*t.^3+a(2).*t.^2+a(3).*t+a(4)','a','t');
```

确定函数的系数并作图，在命令窗口输入：

```
≫t=[0:1:16];
y=[30.0  29.1  28.4  28.1  28.0  27.7  27.5  27.2  27.0  26.8  26.5
26.3  26.1  25.7  25.3  24.8  24.0];
a0=[0,0,0,0];
a=lsqcurvefit(f,a0,t,y)
y1=a(1).*t.^3+a(2).*t.^2+a(3).*t+a(4);
plot(t,y,'*',t,y1)
a=
    -0.0029    0.0678    -0.7133    29.8249
```

可知系数 $a_1 = -0.0029$，$a_2 = 0.0678$，$a_3 = -0.7133$，$a_4 = 29.8249$.

得到的散点及拟合曲线图，如图 4.9 所示.

例 9　一个 $15.4 \times 30.48cm$ 的混凝土柱，在加压实验中的应力-应变关系测试点的数据如表 4.3 所示.

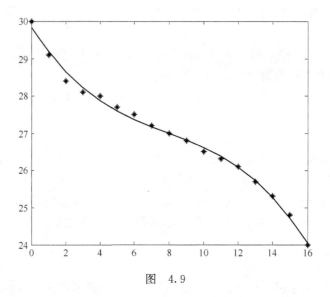

图 4.9

表 4.3

σ	1.55	2.47	2.93	3.03	2.89
ε	500×10^{-6}	1000×10^{-6}	1500×10^{-6}	2000×10^{-6}	2375×10^{-6}
σ/ε	3.103×10^{10}	2.465×10^{10}	1.953×10^{10}	1.517×10^{10}	1.219×10^{10}

已知应力-应变关系可以用一条指数曲线来描述. 即假设

$$\sigma=k_1\varepsilon e^{-k_2\varepsilon} \tag{4.15}$$

其中, σ 表示应力, 单位是 N/m^2, ε 表示应变. 试用最小二乘法确定参数 k_1, k_2.

解 选取指数函数作拟合时, 在拟合前需作变量代换, 化为 k_1, k_2 的线性函数.

将式 (4.15) 变形后取自然对数, 得

$$\ln\frac{\sigma}{\varepsilon}=\ln k_1-k_2\varepsilon \tag{4.16}$$

令

$$z=\ln\frac{\sigma}{\varepsilon}, a_0=-k_2, a_1=\ln k_1 \tag{4.17}$$

方程 (4.16) 化为

$$z=a_0\varepsilon+a_1 \tag{4.18}$$

在命令窗口输入:

```
≫x=[500*1.0e-6 1000*1.0e-6 1500*1.0e-6 2000*1.0e-6 2375*1.0e-6];
y=[3.103*1.0e+10 2.465*1.0e+10 1.953*1.0e+10 1.571*1.0e+10 1.219*1.0e+10];
z=log(y)
z=
    24.1582   23.9280   23.6952   23.4776   23.2239
≫a=polyfit(x,z,1)
a=
    -486.4046    8.2959
```

```
≫k1=exp(8.2959)
k1=
   4.0074e+03
≫w=[1.55 2.47 2.93 3.03 2.89];plot(x,w,'*')
≫hold on,y1=exp(8.2959)*x.*exp(-486.4046*x);
plot(x,y1,'r-'),hold off
```

所以
$$a_0=-k_2=-486.4046, a_1=\ln k_1=8.2959, k_1=4.0074\times10^3, k_2=486.4046$$
所求的拟合曲线（见图 4.10）
$$\sigma=4.0074\times10^3\varepsilon e^{-486.4046\varepsilon}$$

指数函数经常应用在预应力混凝土梁的分析中，作为应力-应变关系的数学模型.

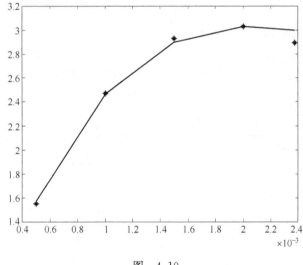

图 4.10

在实际应用中常见的拟合曲线有

直线 $y=a_0x+a_1$

多项式曲线 $y=a_0x^n+a_1x^{n-1}+\cdots+a_n$ （一般 $n=2，3$，不宜过高）

双曲线（一支） $y=\dfrac{a_0}{x}+a_1$

指数曲线 $y=ae^{bx}$

实验任务

1. 设有某实验数据，如表 4.4 所示.

表 4.4

x	1.36	1.49	1.73	1.81	1.95	2.16	2.28	2.48
y	14.094	15.096	16.844	17.378	18.435	19.949	20.963	22.494

试求一个一次多项式拟合以上数据.

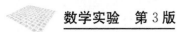

2. 某零件的截面上的一段曲线，测得部分数据，如表4.5所示.

表 4.5

x_i	0	2	4	6	8	10	12	14	16	18	20
y_i	0.6	2.0	4.4	7.5	11.8	17.1	23.3	31.2	39.6	49.7	61.7

为了在数控机床上加工这一零件，选择适当的曲线对数据进行拟合.

3. 电容器充电后，电压达到100V，然后开始放电，测得时刻 t_i(s) 的电压 u_i(V)，如表4.6所示.

表 4.6

t_i/s	0	1	2	3	4	5	6	7	8	9	10
u_i/V	100	75	55	40	30	20	15	10	10	5	5

用函数 $u = a\mathrm{e}^{-bt}$ 作这组数据的拟合曲线，求参数 a，b.

4. 一个放在水中的中空细长管状支撑杆，由一个电动振荡器驱动，按 $y = \lambda \sin \omega t$ 运动. 将应变传感器固定在管上，记录管的应变. 表4.7所示数据是实测的应变 ε 和振幅 λ.

表 4.7

ε	45×10^{-6}	59×10^{-6}	69×10^{-6}	87×10^{-6}	101×10^{-6}	112×10^{-6}
λ	2.54×10^{-4}	5.08×10^{-4}	6.35×10^{-4}	9.65×10^{-4}	1.27×10^{-4}	1.78×10^{-4}

试根据这些数据求拟合曲线.

实验 4.3　MATLAB 数值积分与微分

实验目的

通过本实验了解数值积分和数值微分的方法，会用 MATLAB 进行数值积分和数值微分.

一、数值积分

在高等数学中，仅对简单或特殊的情况，提供了函数积分或微分的解析表达式. 但在很多实际问题中，经常会遇到被积函数的原函数不能用初等函数表示；或虽然找到原函数但因很复杂难以给出最后的数值结果；或被积函数以数表的形式给出. 鉴于以上情况，求定积分的数值解在实际中显得特别重要. 用数值方法近似求一个函数 $f(x)$ 在区间 $[a,b]$ 上的定积分 $\int_a^b f(x)\,\mathrm{d}x$ 的基本思路，可以归结到定积分的定义：

$$\int_a^b f(x)\,\mathrm{d}x = \lim_{n\to\infty}\sum_{k=1}^n f(\xi_k)\frac{b-a}{n}$$

这里，在可积的前提下，是对 $[a,b]$ 区间进行 n 等分，即取每个小区间的长度为 $\Delta x_k = \dfrac{b-a}{n}$.

我们曾经学过用矩形法、梯形法等方法近似计算定积分，这些都属于数值积分方法. 实际上，这些数值积分方法的不同就在于，所分割的每一个小区间上选择什么样的简单函数代替 $f(x)$. 当我们用抛物线来代替各小区间上 $f(x)$ 时得到的就是辛普森（Simpson）公式. 当然还可以得到更精确的公式，如变步长辛普森（Simpson）法、洛巴托（Lobatto）法、高斯 - 克朗罗德（Gauss-Kronrod）法等都是经常采用的求数值积分的方法. 基于这些算法有相应的 MATLAB 命令，我们主要介绍以下几种算法的 MATLAB 实现.

1. 变步长辛普森（Simpson）法的 MATLAB 实现

运用上面提到的矩形法、梯形法、辛普森法时都是必须先给出一个合适的等步长，但是如果步长取得太大，精度难以保证，而如果步长取得太小，则会加大计算量，然而事先给出一个合适的等步长往往是很困难的. 在实际计算中常常采用变步长的算法，即让步长逐次折半，在此过程中反复使用求积公式进行计算，直到精度达到要求为止，这种方法称为变步长算法. 其中，变步长辛普森求积算法，是计算数值积分里面的一个常用算法，它就是将求积分区间逐步二分，在每个子区间上运用辛普森公式，最后累加起来. 与辛普森公式相比，该算法运算次数更少，精度更高.

基于变步长辛普森（Simpson）法，MATLAB 给出了 quad 函数来求定积分. 该函数的调用格式为

I＝quad(fun,a,b,tol,trace)

或

[I,n]＝quad(fun,a,b,tol,trace),

其中 fun 是函数句柄⊖；a 和 b 分别是定积分的下限和上限；tol 用来控制积分精度，默认值为 tol＝0.001；trace 控制是否展现积分过程，若取非 0 则展现积分过程，取 0 则不展现，默认时 trace＝0. 返回参数 I 即定积分值，若有两个返回参数，则 n 给出被积函数的调用次数.

例 10　求定积分 $\int_0^{3\pi} e^{-0.5x} \sin\left(x+\dfrac{\pi}{6}\right) dx$.

解　≫f10＝@(x)exp(－0.5*x).*sin(x+pi/6);
[S,n]＝quad(f10,0,3*pi)↙
S＝

0.9008

n＝

77

2. 洛巴托（Lobatto）法的 MATLAB 实现

为了更精确地求出定积分的值，MATLAB 还给出了基于洛巴托（Lobatto）法的 quadl 函数来求定积分. 一般情况下该函数调用的步数明显少于 quad 函数，从而还能保证以更高的效率求出所需的定积分值.

quadl 函数的调用格式为

$$I＝quadl(fun,a,b,tol,trace)$$

或

$$[I,n]＝quadl(fun,a,b,tol,trace)$$

其中，参数的含义和 quad 函数相似，只是 tol 的默认值取 10^{-6}.

例 11　求定积分 $\int_0^{\pi} \dfrac{x\sin x}{1+\cos^2 x} dx$.

解　≫f11＝@(x)x.*sin(x)./(1+cos(x).*cos(x));
I＝quadl(f11,0,pi)↙
I＝

2.4674

例 12　分别用 quad 函数和 quadl 函数求定积分 $\int_1^{2.5} e^{-x} dx$ 的近似值，并在相同的积分精度下，比较函数的调用次数.

解　调用函数 quad 求定积分：
≫format long;
f12＝@(x)exp(－x);

⊖　函数句柄既是一种变量，可以用于传参和赋值，也是可以当作函数名一样使用，例如 sin 是 MATLAB 中的一个函数，但 sin 只是函数名，还不是函数句柄，不可以用于传参. @是用于定义函数句柄的操作符，例如

≫f＝@(x)sin(x);

这行代码定义了一个函数句柄 f，这样就可以当作参数传递了. 另外需要注意的是在定义函数句柄时要使用数组运算符.

[I,n]=quad(f12,1,2.5,1e-10)↙

I=

0.285794442547663

n=

65

调用函数 quadl 求定积分:

≫[I,n]=quadl(f12,1,2.5,1e-10)↙

I=

 0.285794442548811

   n=

      18

由此可以看出:用函数 quadl 比用函数 quad 调用被积函数的次数少,效率要高得多. 一般说来,quad 函数适用于精度要求低,被积函数平滑性较差的数值积分,quadl 函数适用于精度要求高,被积函数曲线比较平滑的数值积分.

3. 高斯-克朗罗德(Gauss-Kronrod)**法的 MATLAB 实现**

为解决高精度的振荡数值积分和广义数值积分,MATLAB 给出了基于高斯-克朗罗德(Gauss-Kronrod)法的 quadgk 函数来求定积分,它支持无穷区间,并且能够处理端点包含奇点的情况. quadgk 函数的调用格式为

$$[I,err]=quadgk('fname',a,b),$$

其中 err 是返回近似误差范围,其他参数的意义与 quad 函数相同,积分上下限可以是有限数,也可以是-inf 或 inf,还可以是复数,若为复数,则在复平面上求积分.

例 13 用 quadgk 函数再计算例 11 中的定积分 $\int_0^\pi \frac{x\sin x}{1+\cos^2 x}dx$,并求出误差范围.

解 ≫f11=@(x)x.*sin(x)./(1+cos(x).*cos(x));

[I,err]=quadgk(f11,0,pi)↙

I=

    2.4674

err=

   9.1147e-13

例 14 计算无穷限广义积分 $\int_{-\infty}^{+\infty} e^{-x^2}dx$.

解 ≫f14=@(x)exp(-x.^2);

I=quadgk(f14,-inf,inf)↙

I=

1.7725

例 15 计算有奇点广义积分 $\int_0^1 e^x \ln x\, dx$.

这里要注意,奇点必须在端点上,否则需要先进行区间划分.

解 ≫f15=@(x)exp(x).*log(x);

I=quadgk(f15,0,1)↙

```
I=
－1.3179
```

4. 梯形积分法的 MATLAB 实现

对于被积函数以数表的形式给出的定积分问题常用梯形积分法，在 MATLAB 中，其对应函数是 trapz 函数，调用格式为

$$I=trapz(X,Y),$$

其中向量 X，Y 为等长的两组向量，定义函数关系 $Y=f(X)$. 一般地，$X=(x_1,x_2,\cdots,x_n)$ $(x_1<x_2<\cdots<x_n)$，$Y=(y_1,y_2,\cdots,y_n)$，积分区间是 $[x_1,x_n]$.

例 16 已知某次物理实验测得如表 4.8 所示的两组样本点.

表 4.8

x	1.38	1.56	2.21	3.97	5.51	7.79	9.19	11.12	13.39
y	3.35	3.96	5.12	8.98	11.46	17.63	24.41	29.83	32.21

现已知变量 x 和变量 y 满足一定的函数关系，但此关系未知，设 $y=f(x)$，求积分 $\int_{1.38}^{13.39} f(x)\mathrm{d}x$ 的数值.

解 ≫X=[1.38,1.56,2.21,3.97,5.51,7.79,9.19,11.12,13.39];

Y=[3.35,3.96,5.12,8.98,11.46,17.63,24.41,29.83,32.21];

I=trapz(X,Y)↙

I=

　217.1033

函数关系式已知的函数也可以用此命令求定积分的值，需要先生成 X，Y 的函数关系数据向量，这种命令求得的数值解不如命令 quad 和 quadl 求得的数值精确.

例 17 用 trapz 函数计算定积分 $\int_1^{2.5} \mathrm{e}^{-x}\mathrm{d}x$.

解 命令如下：

```
≫X=1:0.01:2.5;
    Y=exp(－X);        %生成函数关系数据向量
trapz(X,Y)↙
ans=
0.2858
```

5. 多重积分数值求解的 MATLAB 实现

使用 MATLAB 提供的 dblquad 函数和 triplequad 函数可以求出矩形区域上二重积分和长方体区域上三重积分的数值解. 这两个函数的调用格式分别为

$$I=dblquad(f,a,b,c,d,tol,trace),$$

$$q=triplequad(f,a,b,c,d,e,f,tol,trace),$$

前者求二元函数 $f(x,y)$ 在 $[a,b]\times[c,d]$ 区域上的二重积分，后者求三元函数 $f(x,y,z)$ 在 $[a,b]\times[c,d]\times[e,f]$ 区域上的三重积分. 参数 tol，trace 的用法与函数 quad 完全相同.

dblquad 函数和 triplequad 函数不允许返回调用的次数，如果需要知道函数调用的次数，

则可以在定义被积函数的 m 文件中增加一个计数变量，统计出被积函数被调用的次数.

例 18 计算二次积分 $\int_{-2}^{2}\mathrm{d}x\int_{-1}^{1}\mathrm{e}^{-\frac{x^2}{2}}\sin(x^2+y)\mathrm{d}y$.

解 （1）建立一个函数文件 fxy.m：

```
function f=fxy(x,y)
global ki;
ki=ki+1;                     %ki 用于统计被积函数的调用次数
f=exp(-x.^2/2).*sin(x.^2+y);
```

（2）调用 dblquad 函数求解：

```
≫global ki;ki=0;
I=dblquad('fxy',-2,2,-1,1)
ki↙
```

输出结果为：

```
I=
1.5745
   ki=
     1050
```

例 19 计算三次积分 $\int_{0}^{\pi}\int_{0}^{1}\int_{-1}^{1}(y\sin x+z\cos x)\mathrm{d}x\,\mathrm{d}y\,\mathrm{d}z$.

解 ≫F=@(x,y,z)y*sin(x)+z*cos(x);

```
Q=triplequad(F,0,pi,0,1,-1,1)↙
Q=
2.0000
```

二、数值微分

实际中常遇到仅给出了一系列离散点及相应函数值的列表型函数的求导问题，这就需要用这些离散点的函数值推算函数在某点的导数或高阶导数的近似值，这种方法称为数值微分. 对于难以求导的复杂函数，也可以用数值微分求导，不过需要先由函数表达式生成离散的数据列表. 通常用以下三种思路建立数值微分公式：

（1）差商近似数值微分：从导数定义出发，通过近似处理，得到数值微分；

（2）插值型数值微分：利用本章实验 4.1 介绍的插值公式得到近似代替该函数的较简单函数，对其求导得到要求导数的近似值.

（3）拟合型数值微分：利用本章实验 4.2 介绍的数据拟合的方法得到近似代替该函数的较简单函数，对其求导得到要求导数的近似值.

1. 差商近似数值微分

（1）数值微分与微商

导数定义为

$$f'(x)=\lim_{h\to 0}\frac{f(x+h)-f(x)}{h},$$

上式中假设 $h>0$，引进记号

$$\Delta f(x)=f(x+h)-f(x),$$

$\Delta f(x)$、$\dfrac{\Delta f(x)}{h}$ 分别称为函数 $f(x)$ 在 x 点处以 $h(h>0)$ 为步长的向前差分、向前差商. 当步长 h 足够小时，有

$$f'(x)\approx\frac{\Delta f(x)}{h},$$

上式称为向前差商数值微分公式.

导数定义还可以记作

$$f'(x)=\lim_{h\to 0}\frac{f(x)-f(x-h)}{h}=\lim_{h\to 0}\frac{f(x+h)-f(x-h)}{2h},$$

类似可得

$$f'(x)\approx\frac{f(x)-f(x-h)}{h},$$

$$f'(x)\approx\frac{f(x+h)-f(x-h)}{2h},$$

分别称为向后差商数值微分公式和中心差商数值微分公式，其中中心差商公式精度较高.

（2）差分的 MATLAB 实现

在 MATLAB 中，没有直接提供求数值导数的函数，只有计算向前差分的函数 diff，利用它可以求出微商，从而得到要求的近似导数. diff 的调用格式为

DX＝diff(X)：计算向量 X 的向前差分，DX(i)＝X(i+1)－X(i)，i＝1，2，…，n－1.

DX＝diff(X,n)：计算 X 的 n 阶向前差分. 例如，diff(X,2)＝diff(diff(X)).

DX＝diff(A,n,dim)：计算矩阵 A 的 n 阶差分，dim＝1 时（默认状态），按列计算差分；dim＝2，按行计算差分.

例 20　根据表 4.9 所示年份出生人口数，计算出生人口年增长率.

表　4.9

年份	1930	1935	1940	1945	1950	1955	1960	1965	1970
人口/万	650	781	914	1005	1471	1861	1468	2479	2801
年份	1975	1980	1985	1990	1995	2000	2005	2010	2015
人口/万	2114	1839	2043	2621	1693	1379	1617	1574	1655

解　差商近似求数值微分的程序如下：

```
≫t=[1930:5:2015];
p=[650 781 914 1005 1471 1861 1468 2479 2801 2114 1839 2043 2621 1693 1379 1617 1574 1655];
dt=diff(t);          %求时间 t 的差分
dp=diff(p);          %求人口 p 的差分
q=dp./dt            %利用差商求数值导数，即出生人口增长率
```

q=
   Columns 1 through 14
   26.2000   26.6000   18.2000   93.2000   78.0000   −78.6000   202.2000
64.4000   −137.4000   −55.0000   40.8000   115.6000   −185.6000   −62.8000
   Columns 15 through 17
    47.6000   −8.6000   16.2000

差商近似法是最简单的数值微分方法,在实际中十分常用,但其精确度不高,误差较大.最好将数据利用插值或拟合得到多项式,然后对近似多项式进行求导.

2. 插值型数值微分

插值型数值微分是差商近似法的推广.容易验证,对由两个节点确定的一次拉格朗日插值多项式求导,可以得到二点式数值微分公式,实际上就是差商近似公式.类似地,在等距节点的情况下,对由三个节点确定的二次拉格朗日插值多项式求导,可以得到三点式数值微分公式.这些内容可以自行推导,也可以参阅数值分析书籍.当函数可微性不太好时,利用样条插值进行数值微分要比多项式插值更适宜.以下仅就三次样条插值方法说明数值微分过程.

离散数据 $\xrightarrow{\text{spline ()}}$ 三次样条插值函数 p $\xrightarrow{\text{fnder ()}}$ p 的导数 pp $\xrightarrow{\text{fnval ()}}$ pp 在点 x_i 的导数值

函数 spline 和 polyval 前面都已经介绍过,fnder 是对样条函数求导,fnval 用来计算样条函数的函数值.

例 21 某液体冷却时,温度随时间的变化数据如表 4.10 所示.试分别计算 t=2,3,4min 及 t=1.5,2.5,4.5min 时的降温速率.

表 4.10

t/min	0	1	2	3	4	5
T/℃	92.0	85.3	79.5	74.5	70.2	67.0

分析:前者是计算节点处的一阶导数,后者是计算非节点处的一阶导数.

解 三次样条插值函数求数值微分的程序如下:
```
≫t=[0:5];
T=[92.0,85.3,79.5,74.5,70.2,67.0];
p=spline(t,T);          %生成三次样条插值函数
pp=fnder(p);            %生成三次样条插值函数的导函数
t1=[2,3,4,1.5,2.5,4.5];
dT=fnval(pp,t1);        %计算导函数在 t1 处的导数值
disp('相应时间时的降温速率:')
disp([t1;dT])
```
相应时间时的降温速率:
   2.0000   3.0000   4.0000   1.5000   2.5000   4.5000
−5.3722   −4.6722   −3.8389   −5.7972   −4.9889   −3.2222

由该例题可见，插值型数值微分不但适用于求节点处的导数，还可以求非节点处的导数.

3. 拟合型数值微分

如果离散点上的数据有不容忽视的随机误差，应该用曲线拟合代替函数插值，然后用拟合曲线的导数作为所求导数的近似值，这种做法可以起到减少随机误差的作用.

以下仅就多项式拟合方法说明数值微分过程.

离散数据 $\xrightarrow{\text{polyfit ()}}$ 多项式拟合函数 $\xrightarrow{\text{polyder ()}}$ 导函数 pp $\xrightarrow{\text{polyval ()}}$ pp 在点 x_i 的导数值

这里的函数 polyder 是对多项式求导.

例 22 一底面面积为常数 S 的正圆柱体水塔的某一天 0～9 点钟的水位测量记录（这一时段没有给水塔充水）如表 4.11 所示，根据该表估计这一时段任何时刻从水塔流出的水流量.

表　4.11

时间/h	0	0.92	1.84	2.95	3.87	4.98	5.90	7.01	7.93	8.97
水位/cm	968	948	931	913	898	881	869	852	839	822

分析：由于水塔截面积是常数，为简单起见，计算中将流量定义为单位时间流出水的高度，即水位对时间变化率的绝对值（水位是下降的）.

解 方法一 多项式拟合求数值微分的程序如下：

```
≫t=[0,0.92,1.84,2.95,3.87,4.98,5.90,7.01,7.93,8.97];
h=[968,948,931,913,898,881,869,852,839,822];
A=polyfit(t,h,3);          %3 次多项式拟合
B=polyder(A);              %对拟合多项式求导
tp=0:0.1:9;
x=-polyval(B,tp)          %求 tp 时刻的水流量
x=
    Columns 1 through 13
    22.1079    21.8385    21.5739    21.3139    21.0587    20.8082    20.5623
20.3212    20.0849    19.8532    19.6262    19.4040    19.1864
    Columns 14 through 26
    18.9736    18.7655    18.5621    18.3634    18.1695    17.9802    17.7957
17.6158    17.4407    17.2703    17.1046    16.9436    16.7873
    Columns 27 through 39
    16.6358    16.4889    16.3468    16.2094    16.0767    15.9487    15.8254
15.7068    15.5929    15.4838    15.3794    15.2796    15.1846
    Columns 40 through 52
    15.0943    15.0088    14.9279    14.8517    14.7803    14.7135    14.6515
14.5942    14.5416    14.4937    14.4506    14.4121    14.3784
```

Columns 53 through 65

    14.3493   14.3250   14.3054   14.2905   14.2803   14.2748   14.2741
14.2780   14.2867   14.3001   14.3182   14.3410   14.3685

Columns 66 through 78

    14.4007   14.4377   14.4793   14.5257   14.5768   14.6326   14.6931
14.7583   14.8282   14.9029   14.9822   15.0663   15.1551

Columns 79 through 91

    15.2485   15.3467   15.4497   15.5573   15.6696   15.7867   15.9085
16.0349   16.1661   16.3020   16.4427   16.5880   16.7380

我们可以用给定时段的用水量 $968-822=146$ 检验计算结果：

在上述程序下继续运行

≫y＝0.1 * trapz(x)↙   %用数值积分计算给定时段的总用水量，积分步长为 0.1

y＝

    146.1815

与用水量的绝对误差为 $146-146.1815=0.1815$.

方法二   差商近似求数值微分的程序如下：

≫t＝[0,0.92,1.84,2.95,3.87,4.98,5.90,7.01,7.93,8.97];

h＝[968,948,931,913,898,881,869,852,839,822];

dt＝diff(t);   %求时间 t 的差分

dh＝diff(h);   %求水位 h 的差分

q＝dh./dt↙   %利用差分求数值导数，即得已知时刻水流量

q＝

    −21.7391   −18.4783   −16.2162   −16.3043   −15.3153   −13.0435   −15.3153
−14.1304   −16.3462

≫u＝[0,0.92,1.84,2.95,3.87,4.98,5.90,7.01,7.93];

A＝polyfit(u,q,3);   %用 3 次多项式拟合流量函数的系数

t＝0:0.1:9;

s＝−polyval(A,t)↙   %输出 t 时刻的水流量值

s＝

Columns 1 through 13

    21.3398   21.0485   20.7639   20.4860   20.2148   19.9502   19.6921
19.4406   19.1956   18.9571   18.7249   18.4992   18.2798

Columns 14 through 26

    18.0666   17.8597   17.6591   17.4646   17.2762   17.0940   16.9178
16.7476   16.5833   16.4251   16.2727   16.1261   15.9854

Columns 27 through 39

    15.8504   15.7212   15.5976   15.4797   15.3675   15.2608   15.1596
15.0639   14.9737   14.8888   14.8094   14.7353   14.6664

Columns 40 through 52

14.6028   14.5444   14.4912   14.4431   14.4002   14.3622   14.3293
14.3013   14.2783   14.2601   14.2468   14.2383   14.2346
      Columns 53 through 65
      14.2355   14.2412   14.2515   14.2665   14.2860   14.3100   14.3385
14.3714   14.4088   14.4505   14.4966   14.5469   14.6015
      Columns 66 through 78
      14.6602   14.7232   14.7902   14.8614   14.9366   15.0158   15.0989
15.1860   15.2770   15.3718   15.4704   15.5727   15.6788
      Columns 79 through 91
      15.7886   15.9020   16.0190   16.1396   16.2637   16.3913   16.5223
16.6567   16.7944   16.9355   17.0799   17.2275   17.3783

我们仍然可以检验结果：

w＝0.1＊trapz(s)↙ ％用数值积分计算给定时段的总用水量,积分步长为 0.1

w＝

    144.0565

与用水量的 绝对误差为 146－144.0565＝1.9435.

比较两种方法发现,拟合法误差更小,更精确. 拟合法的不足之处在于：当给出等距节点时,不如差商近似法通用性强,拟合的多项式对这一组数据适用,对另一组数据可能就要用另外的多项式. 因此,在实际问题中使用哪种方法要视具体问题而定,有时几种方法都要用到.

需要注意的是：积分描述了一个函数的整体或者宏观性质,对函数的形状在小范围的改变不敏感,并且积分过程是对数据点进行求和,正的和负的随机误差倾向于相互抵消,因此,一般数值积分过程是稳定的,所得的解精确度也较高.

与积分相反,微分则描述了一个函数在一点处的斜率,是函数的微观性质,它很敏感,一个函数小的变化,容易产生相邻点的斜率的大的改变. 差商近似就是用给定函数 $f(x)$ 曲线上的割线斜率近似切线斜率,插值型数值微分和拟合型数值微分都是用近似多项式的曲线斜率近似给定函数 $f(x)$ 的曲线斜率. 无论是割线斜率,还是近似多项式的曲线斜率,都可能和给定函数 $f(x)$ 的曲线斜率有很大不同,特别是当 $f(x)$ 在给定区间内变化比较大时更是这样. 同时,微分过程是对数据点进行相减,正的和负的随机误差倾向于相加,这都使得数值微分的解不稳定,并且精度也较差.

实验任务

1. 分别用函数 quad 和 quadl 求定积分 $\int_{-1}^{1} \frac{\mathrm{d}x}{1+x^2}$ 的近似值,并在相同的积分精度下,比较函数的调用次数.

2. 现要根据某国地图计算其国土面积,于是对地图做如下的测量：以西东方向为横轴,以南北方向为纵轴,选适当的点为原点,将国土最西到最东边界在 x 轴上的区间划分足够多的分点 x_i,在每个分点处可测出南北边界点的对应坐标 y_1,y_2,用这样的方法得到表 4.12.

表 4.12

x	7.0	10.5	13.0	17.5	34.0	40.5	44.5	48.0	56.0
y_1	44	45	47	50	50	38	30	30	34
y_2	44	59	70	72	93	100	110	110	110
x	61.0	68.5	76.5	80.5	91.0	96.0	101.0	104.0	106.5
y_1	36	34	41	45	46	43	37	33	28
y_2	117	118	116	118	118	121	124	121	121
x	111.5	118.0	123.5	136.5	142.0	146.0	150.0	157.0	158.0
y_1	32	65	55	54	52	50	66	66	68
y_2	121	122	116	83	81	82	86	85	68

根据地图比例知 18mm 相当于 40km，试由表 4.12 计算该国国土的近似面积（精确值为 41288km²）.

（提示：数据实际上表示了两条曲线，我们要求由两曲线所围成的图形的面积，需要用数值积分的方法）.

3. 计算二重积分 $\int_{-\frac{\pi}{2}}^{\frac{\pi}{2}} \int_{-\frac{\pi}{2}}^{\frac{\pi}{2}} \sqrt{x^2 + y^2} \, \mathrm{d}x \mathrm{d}y$ 的值.

4. 用差商近似数值微分和拟合型数值微分两种不同的方法分别求函数
$$f(x) = \sqrt{x^3 + 2x^2 - x + 12} + \sqrt[6]{x + 5} + 5x + 2$$
的数值导数，并在同一个坐标系中作出 $f'(x)$ 的图形，并与 $f(x)$ 的精确导函数图形进行比较.

（提示：需要先由函数 $f(x)$ 的表达式生成离散的数据列表）

实验 4.4　常微分方程的数值解

实验目的

通过本实验了解常微分方程的数值解的概念，掌握利用 MATLAB 求常微分方程的数值解的方法.

一、几种求常微分方程数值解的方法

常微分方程是研究函数变化规律的有力工具，在生产实际中，我们可以根据实际情况列出函数所满足的常微分方程. 建立常微分方程只是解决问题的第一步，通常需要求出方程的解来说明实际现象. 如果能像第 1 章中求出解析形式的解固然便于分析和应用，但是我们知道，只有线性常系数微分方程，并且自由项是某些特殊类型的函数时，才可以得到这样的解，而绝大多数变系数方程、非线性方程都是所谓"解不出来"的，比如 $\dfrac{\mathrm{d}y}{\mathrm{d}x}=y^2+x^2$，即使看起来非常简单，也无法写出其解析解，于是常微分方程的数值解法就成为解常微分方程的主要手段.

常微分方程的求解问题主要有初值问题和边值问题两大类，本实验只考虑初值问题. 常微分方程数值解法的特点是：对解区间进行剖分，然后把微分方程离散成在节点上的近似公式或近似方程，最后结合初始条件求出近似解. 因此数值解法得到的近似解是一个离散的函数表.

常微分方程初值问题的提法是：设有一阶方程和初始条件

$$y'=f(x,y), \quad y(x_0)=y_0 \tag{4.19}$$

其中 f 适当光滑，对 y 满足利普希茨（Lipschitz）条件，即存在 L 使

$$|f(x,y_1)-f(x,y_2)| \leqslant L|y_1-y_2| \tag{4.20}$$

以保证方程（4.19）的解存在且唯一.

我们不去求方程（4.19）的解析解 $y=y(x)$（它难以求解或根本无解析解），而是在一系列离散点 $x_0<x_1<x_2<\cdots<x_n<\cdots$ 上，求 $y(x_n)$ 的近似值 $y_n(n=1,2,\cdots)$，通常取等步长 h，即 $x_n=x_0+nh(n=1,2,\cdots)$.

1. 欧拉（Euler）方法

欧拉方法是一种最古老、最简单而直观的解微分方程的数值方法，通过对这种方法的讨论，容易弄清常微分方程初值问题数值解法的一些基本概念和构造方法的思路. 其基本想法是在小区间 $[x_n,x_{n+1}]$ 上用差商 $\dfrac{y(x_{n+1})-y(x_n)}{h}$ 代替方程（4.19）左端的导数 y'，而方程右端已知函数 $f(x,y)$ 中的 x 在小区间 $[x_n,x_{n+1}]$ 上的哪一点取值，则有以下不同的方法：

（1）向前欧拉公式

如果用 $\dfrac{y(x_{n+1})-y(x_n)}{h}$ 代替方程（4.19）左端的导数 y'，$f(x,y)$ 中的 x 取小区间

$[x_n, x_{n+1}]$ 的左端点 x_n，以 y_n, y_{n+1} 分别代替 $y(x_n)$，$y(x_{n+1})$，就得到：

$$y_{n+1} = y_n + h f(x_n, y_n), \quad n = 0, 1, \cdots \qquad (4.21)$$

该公式称为向前欧拉公式.

（2）向后欧拉公式

如果用 $\dfrac{y(x_{n+1}) - y(x_n)}{h}$ 代替方程（4.19）左端的导数 y'，$f(x, y)$ 中的 x 取小区间 $[x_n, x_{n+1}]$ 的右端点 x_{n+1}，以 y_n，y_{n+1} 分别代替 $y(x_n)$，$y(x_{n+1})$，就得到

$$y_{n+1} = y_n + h f(x_{n+1}, y_{n+1}), \quad n = 0, 1, \cdots \qquad (4.22)$$

该公式称为向后欧拉公式，由于式（4.22）右端的 y_{n+1} 未知，故称为隐式公式，无法用它直接计算 y_{n+1}.

（3）梯形公式

将向前欧拉公式（4.21）和向后欧拉公式（4.22）加以平均，得到

$$y_{n+1} = y_n + \frac{h}{2}[f(x_n, y_n) + f(x_{n+1}, y_{n+1})], \quad n = 0, 1, 2, \cdots \qquad (4.23)$$

该公式称为梯形公式.

（4）改进的欧拉公式

先由向前欧拉公式（4.21）算出 y_{n+1} 的预测值 $\overline{y}_{n+1}$；再把它代入梯形公式（4.23）右端，作为校正，即

$$\overline{y}_{n+1} = y_n + h f(x_n, y_n)$$

$$y_{n+1} = y_n + \frac{h}{2}[f(x_n, y_n) + f(x_{n+1}, \overline{y}_{n+1})], \quad n = 0, 1, 2, \cdots \qquad (4.24)$$

称为改进的欧拉公式，它还可写作

$$\begin{cases} y_{n+1} = y_n + \dfrac{h}{2}(k_1 + k_2) \\ k_1 = f(x_n, y_n) \\ k_2 = f(x_{n+1}, y_n + h k_1) \end{cases} \qquad (4.25)$$

对于求微分方程数值解的欧拉方法，上面一共介绍了 4 个公式，我们常用的是便于计算的向前欧拉公式（4.21）和改进的欧拉公式（4.25）.

2. 龙格 - 库塔（Runge-Kutta）公式

欧拉方法的思想告诉我们，在区间 $[x_n, x_{n+1}]$ 内多取几个点，就可以构造出精度更高的计算公式，这就是龙格 - 库塔公式，它是欧拉方法的一种推广，也是应用最广的求解常微分方程数值问题的方法. 龙格 - 库塔方法是一类方法的总称，推导过程比较繁琐，下面我们只给出公式.

一般的龙格 - 库塔方法的形式为

$$\begin{cases} y_{i+1} = y_i + c_1 K_1 + c_2 K_2 + \cdots + c_p K_p, \\ K_1 = h f(x_i, y_i), \\ K_2 = h f(x_i + a_2 h, y_i + b_{21} K_1), \\ \quad\quad \vdots \\ K_p = h f(x_i + a_p h, y_i + b_{p1} K_1 + \cdots + b_{p, p-1} K_{p-1}), \end{cases}$$

称为 p 阶龙格 - 库塔方法. 其中 a_i, b_{ij}, c_i 为待定参数. 下面具体看二阶公式和四阶公式, 以便对这类方法有个直观了解.

（1）二阶龙格 - 库塔公式

$$\begin{cases} y_{n+1}=y_n+h(\lambda_1 k_1+\lambda_2 k_2), \\ k_1=f(x_n,y_n), \\ k_2=f(x_n+\alpha h,y_n+\beta h k_1),\ 0<\alpha,\beta<1, \end{cases} \tag{4.26}$$

其中 λ_1, λ_2, α, β 为待定系数. 满足:

$$\lambda_1+\lambda_2=1,\quad \lambda_2\alpha=\frac{1}{2},\beta=\alpha \tag{4.27}$$

的式（4.26）称为二阶龙格 - 库塔公式. 由于式（4.27）有 4 个未知数而只有 3 个方程, 所以解不唯一, 存在无穷多个解, 可见二阶龙格 - 库塔方法是一族公式. p 阶公式亦是如此. 我们不难发现, 若令 $\lambda_1=\lambda_2=\frac{1}{2}$, $\alpha=\beta=1$, 即为改进的欧拉公式.

实际应用中, 用得最多的是四阶龙格 - 库塔公式. 四阶龙格 - 库塔公式也不止一个, 下面给出最常用的经典的四阶龙格 - 库塔公式, 也叫标准四阶龙格 - 库塔公式.

（2）四阶经典（标准）龙格 - 库塔公式

$$\begin{cases} y_{n+1}=y_n+\dfrac{h}{6}(k_1+2k_2+2k_3+k_4), \\ k_1=f(x_n,y_n), \\ k_2=f\left(x_n+\dfrac{h}{2},y_n+\dfrac{hk_1}{2}\right), \\ k_3=f\left(x_n+\dfrac{h}{2},y_n+\dfrac{hk_2}{2}\right), \\ k_4=f(x_n+h,y_n+hk_3). \end{cases} \tag{4.28}$$

3. 龙格 - 库塔方法的 MATLAB 实现

常微分方程初值问题的数值求解十分繁杂, 在目前流行的数学软件中, 通常都是多个算法集成在一起. 在 MATLAB 中, 求微分方程数值解的一般命令是

$$[\mathrm{t,x}]=\mathrm{solver('f',ts,x0,options)},$$

其中 t 是自变量值, x 是函数值, solver 是 ode45、ode23、ode113、ode15s、ode23s 中的一个, f 是由待解方程写成的 m- 文件名, ts=[t0,tf], t0、tf 为自变量的初值和终值, x0 为函数的初值, options 用于设定误差限（默认相对误差为 10^{-3}, 绝对误差为 10^{-6}）, 设定命令为:

$$\mathrm{options}=\mathrm{odeset('reltol',rt,'abstol',at)}$$

rt, at 分别为设定的相对误差和绝对误差.

在诸多的 solver 命令中, ode23、ode45 都是基于龙格 - 库塔公式的函数, 是极其常用的求解一阶常微分方程的初值问题的命令. 具体来看: ode23 是采用的 2、3 阶龙格 - 库塔组合算法, ode45 是采用的 4、5 阶龙格 - 库塔组合算法. ode45 比 ode23 精度更高, 尤其成为大部分场合的首选算法.

注意:（1）在解 n 个未知函数的方程组时, x0 和 x 均为 n 维向量, m- 文件中的待解方程组应以 x 的分量形式写成.

(2) 使用 MATLAB 软件求数值解时, 高阶微分方程必须等价地变换成一阶微分方程组.

例 23 求微分方程 $y'=x+y$, $0<x<1$, $y(0)=1$ 的数值解, 已知精确解为 $y=2e^x-x-1$.

解 先编写函数文件:

```
function dx＝fun22(t,x)
    dx＝t＋x;
```

再求方程的解

```
≫ts＝0:0.1:1;
    x0＝1;
    [t,x]＝ode45('fun22',ts,x0);
y＝2＊exp(t)－t－1;
    [t,x,y]
    plot(t,x,'r―',t,y,'b―.'),grid,gtext('x(t)'),gtext('y(t)'),
    title('Solution of Example 3');
    xlabel('time t');
    ylabel('solution x');
    legend('x','y');↙
    ans＝
        0          1.0000       1.0000
        0.1000     1.1103       1.1103
        0.2000     1.2428       1.2428
        0.3000     1.3997       1.3997
        0.4000     1.5836       1.5836
        0.5000     1.7974       1.7974
        0.6000     2.0442       2.0442
        0.7000     2.3275       2.3275
        0.8000     2.6511       2.6511
        0.9000     3.0192       3.0192
        1.0000     3.4366       3.4366
```

输出结果中第一列为自变量 t 的取值, 第二列为数值解 x 在 t 对应点处的取值, 第三列为精确解 y 在 t 对应点处的取值.

画出的图形如图 4.11 所示.

例 24 求微分方程组 $\begin{cases} y'=3xy+6z, \\ z'=x^2+yz, \\ y(0)=1,\ z(0)=0 \end{cases}$ 的数值解.

解 先编写函数文件:

```
function dx＝fun23(t,x)
    dx＝[3＊t＊x(1)＋6＊x(2);t^2＋x(1)＊x(2)];
```

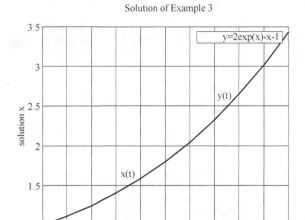

图 4.11

再求方程组的解

```
≫ts=0:0.1:1.5;x0=[1,0];
  [t,x]=ode45('fun23',ts,x0),
  plot(t,x(:,1),'r—',t,x(:,2),'b—.'),grid on
  ans=
```

t	y	z
0	1.0000	0
0.1000	1.0152	0.0003
0.2000	1.0627	0.0028
0.3000	1.1491	0.0098
0.4000	1.2865	0.0241
0.5000	1.4952	0.0494
0.6000	1.8079	0.0911
0.7000	2.2775	0.1585
0.8000	2.9920	0.2701
0.9000	4.1049	0.4707
1.0000	5.9041	0.8874
1.1000	9.0197	2.0069
1.2000	15.3248	6.7582
1.3000	37.9601	70.5533

结果如图 4.12 所示.

例 25 求解描述振荡器的经典的 Ver der Pol 微分方程：$\dfrac{\mathrm{d}^2 y}{\mathrm{d}t^2} - \mu(1-y^2)\dfrac{\mathrm{d}y}{\mathrm{d}t} + y = 0$，
$y(0)=1$，$y'(0)=0$，$\mu=7$.

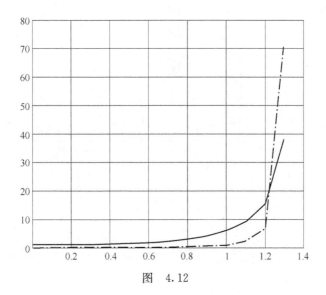

图 4.12

解　原方程等价为 $\begin{cases} x_1 = y, \\ x_2 = \dfrac{\mathrm{d}y}{\mathrm{d}t} = \dfrac{\mathrm{d}x_1}{\mathrm{d}t}, \\ \dfrac{\mathrm{d}x_2}{\mathrm{d}t} = \mu(1 - x_1^2)x_2 - x_1. \end{cases}$

首先编写函数文件 verderpol.m:

```
function xprime=verderpol(t,x)
global mu;
xprime=[x(2);mu*(1-x(1)^2)*x(2)-x(1)];
```

再在命令窗口中执行:

```
global mu;
mu=7;
y0=[1;0];
[t,x]=ode45('verderpol',[0,40],y0);
x1=x(:,1);x2=x(:,2);
plot(t,x1,t,x2)
```

图形结果如图 4.13 所示.

二、应用举例

导弹追踪问题

设位于坐标原点的甲舰向位于 x 轴上点 $A(1,0)$ 处的乙舰发射导弹,导弹头始终对准乙舰. 如果乙舰以最大的速度 v_0(是常数)沿平行于 y 轴的直线行驶,导弹的速度是 $5v_0$,求导弹运行的曲线方程. 又乙舰行驶多远时,导弹将它击中?

解法一 (解析法): 假设导弹在 t 时刻的位置为 $P(x(t),\ y(t))$,乙舰位于 $Q(1,v_0 t)$. 由于导弹头始终对准乙舰,故此时直线 PQ 就是导弹的轨迹曲线弧 $\overparen{OP}$ 在点 P 处的切线,如

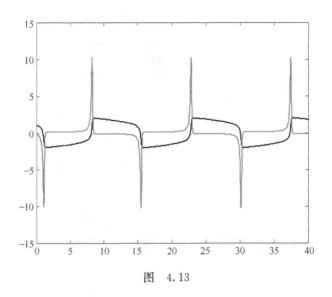

图 4.13

图 4.14 所示,即有

$$y' = \frac{v_0 t - y}{1 - x}$$

即

$$v_0 t = (1 - x) y' + y \qquad (4.29)$$

又根据题意,弧 $\overset{\frown}{OP}$ 的长度为 $|AQ|$ 的 5 倍,即

$$\int_0^x \sqrt{1 + y'^2} \, dx = 5 v_0 t \qquad (4.30)$$

由式 (4.29),式 (4.30) 消去 t 整理得模型:

$$(1 - x) y'' = \frac{1}{5} \sqrt{1 + y'^2} \qquad (4.31)$$

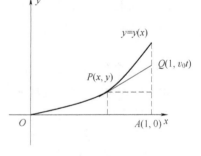

图 4.14

初值条件为: $y(0) = 0$.

上述初值问题的解即为导弹的运行轨迹:

$$y = -\frac{5}{8} (1 - x)^{\frac{4}{5}} + \frac{5}{12} (1 - x)^{\frac{6}{5}} + \frac{5}{24}$$

当 $x = 1$ 时 $y = \frac{5}{24}$,即当乙舰航行到点 $\left(1, \frac{5}{24}\right)$ 处时被导弹击中.

被击中时间为: $t = \frac{y}{v_0} = \frac{5}{24 v_0}$. 若 $v_0 = 1$,则在 $t = 0.21$ 处被击中.

编写以下程序可得轨迹图:

```
≫x=0:0.01:1;
y=-5*(1-x).^(4/5)/8+5*(1-x).^(6/5)/12+5/24;
plot(x,y,'*')
```

输出结果如图 4.15 所示.

解法二 (数值解):

(1) 建立 m-文件 eq1.m:

```
function dy=eq1(x,y)
```

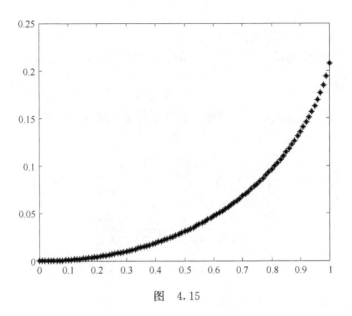

图　4.15

```
dy=zeros(2,1);
dy(1)=y(2);
dy(2)=1/5*sqrt(1+y(1)^2)/(1-x);
```
(2) 取 x0=0，xf=0.9999，求解如下：
```
≫x0=0;xf=0.9999;
[x,y]=ode15s('eq1',[x0 xf],[0 0]);
plot(x,y(:,1),'b.')
hold on
y=0:0.01:2;
plot(1,y,'b*')
```
输出结果如图 4.16 所示.

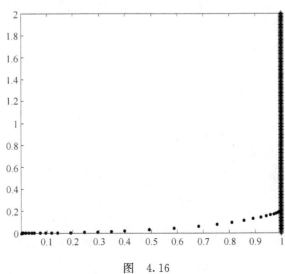

图　4.16

结论：导弹大致在 (1,0.2) 处击中乙舰.

解法三（建立参数方程求数值解）：

设时刻 t 乙舰的坐标为 $(X(t)，Y(t))$，导弹的坐标为 $(x(t)，y(t))$.

（1）设导弹速度恒为 w，则

$$\left(\frac{\mathrm{d}x}{\mathrm{d}t}\right)^2+\left(\frac{\mathrm{d}y}{\mathrm{d}t}\right)^2=w^2. \tag{4.32}$$

（2）由于弹头始终对准乙舰，故导弹的速度平行于乙舰与导弹头位置的差向量，即

$$\begin{pmatrix}\dfrac{\mathrm{d}x}{\mathrm{d}t}\\[2mm]\dfrac{\mathrm{d}y}{\mathrm{d}t}\end{pmatrix}=\lambda\begin{pmatrix}X-x\\Y-y\end{pmatrix},\lambda>0 \tag{4.33}$$

消去 λ 得：

$$\begin{cases}\dfrac{\mathrm{d}x}{\mathrm{d}t}=\dfrac{w}{\sqrt{(X-x)^2+(Y-y)^2}}(X-x)\\[4mm]\dfrac{\mathrm{d}y}{\mathrm{d}t}=\dfrac{w}{\sqrt{(X-x)^2+(Y-y)^2}}(Y-y)\end{cases} \tag{4.34}$$

（3）因乙舰以速度 v_0 沿直线 $x=1$ 运动，设 $v_0=1$，则 $w=5$，$X=1$，$Y=t$，因此导弹运动轨迹的参数方程为

$$\begin{cases}\dfrac{\mathrm{d}x}{\mathrm{d}t}=\dfrac{5}{\sqrt{(1-x)^2+(t-y)^2}}(1-x)\\[4mm]\dfrac{\mathrm{d}y}{\mathrm{d}t}=\dfrac{5}{\sqrt{(1-x)^2+(t-y)^2}}(t-y)\\[4mm]x(0)=0,y(0)=0\end{cases}$$

（4）解导弹运动轨迹的参数方程

建立 m- 文件 eq2.m 如下：

```
function dy=eq2(t,y)
dy=zeros(2,1);
dy(1)=5*(1-y(1))/sqrt((1-y(1))^2+(t-y(2))^2);
dy(2)=5*(t-y(2))/sqrt((1-y(1))^2+(t-y(2))^2);
```

取 t0=0，tf=2，求解如下：

```
≫[t,y]=ode45('eq2',[0 2],[0 0]);
Y=0:0.01:2;
plot(1,Y,'—')
hold on
plot(y(:,1),y(:,2),'*')
```

输出结果如图 4.17 所示.

（5）结论：导弹大致在 (1,0.2) 处击中乙舰，与前面的结论一致.

实验任务

1. 分别用函数 ode23 和 ode45 求下列微分方程的数值解，画出解的图形，并对结果进行分析比较：

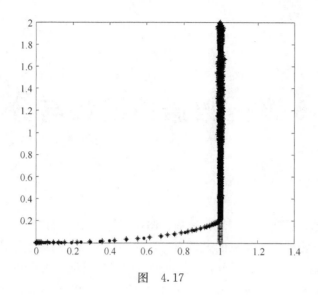

图 4.17

(1) $y'=\dfrac{3y}{1+x}$, $0\leqslant x\leqslant 1$, $y(0)=1$, 精确解 $y=(1+x)^3$;

（2） $x^2 y'' + xy' + (x^2 - n^2) y = 0$, $y\left(\dfrac{\pi}{2}\right)=2$, $y'\left(\dfrac{\pi}{2}\right)=-\dfrac{2}{\pi}$

$\left(\text{Bessel 方程, 令 } n=\dfrac{1}{2} \text{ 的精确解为 } y=\sin x\sqrt{\dfrac{2\pi}{x}}\right)$.

2. 考虑单摆运动. 图 4.18 所示为一根长为 l 的（无弹性的）细线, 一端固定, 另一端悬挂一质量为 m 的小球, 在重力作用下小球处于竖直的平衡位置. 使小球偏离平衡位置一个小的角度, 然后让它自由运动, 小球就会沿圆弧摆动. 以 $\theta=0$ 为平衡位置, 以右边为正方向建立摆角 θ 的坐标系. 在小球摆动的任一位置 θ, 小球所受重力沿运动方向的分力为

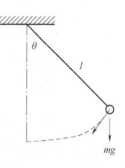

图 4.18

$$-mg \sin\theta,$$

利用牛顿第二定律即得微分方程:

$$ml\theta'' = -mg \sin\theta,$$

设小球初始偏离角度为 θ_0, 且无初速度, 试用数值方法在 $\theta_0=10°$ 和 $30°$ 两种情况下求解（设 $l=25\text{cm}$）, 画出 $\theta(t)$ 的图形.

第 5 章　数据的统计与分析

数据也称观测值，是实验、测量、观察、调查等的结果，常以数量的形式给出. 数据分析是指用适当的统计方法对收集来的大量第一手资料和第二手资料进行分析，以求最大化地开发数据资料的功能，发挥数据的作用. 数据分析的目的是把隐没在一大批看来杂乱无章的数据中的信息集中、萃取和提炼出来，以找出所研究对象的内在规律. 本章涉及数理统计中的有关理论，主要介绍应用 MATLAB 软件，由给定的数据对所研究的随机现象的一般概率特征做出推断、对概率分布中的未知参数进行估计及对已做出的假设进行检验的方法及应用.

实验 5.1　统 计 作 图

实验目的

通过实验复习常用统计量及概率分布的相关知识，学会用 MATLAB 对给定数据进行初步整理和直观描述. 掌握统计量的求法及常见概率分布的图形，了解常见概率分布中参数的意义.

一、频数直方图

在实际问题中，要求某一随机变量的概率分布，往往建立在试验的基础上. 即根据随机变量的部分观测值用频率或频数直方图、样本分布函数图，分别近似代替概率密度图和分布函数图. 在这次实验中，我们用 MATLAB 软件来实现统计量观测值的计算，作出频数直方图.

将数据的取值范围等分为若干个小区间，以每一个小区间为底，以落在这个区间内数据的个数（频数）为高作小矩形，这若干个小矩形组成的图形称为频数直方图. 用 MATLAB 作频数直方图，首先将数据按行或列写入一个数据文件备用，然后用 hist 函数（见表 5.1）作出图形.

表 5.1　常用函数

函　　数	功　　能
figure(h)	figure(h) 有两种情况，当 h 为已存在图形的句柄时，则打开这一图形作为当前图形，供后续绘图命令输出. 当 h 不为句柄且为整数时，则 figure(h) 可建立一图形窗口，并给它分配句柄 h

（续）

函　　数	功　　能
hist(s,k)	s 表示数组（行或列），k 表示将以数组 s 中的最大值和最小值为端点的区间等分为 k 份．hist(s,k) 可以绘制出以每个小区间为底，以这个小区间的频数为高的小矩形组成的直方图
cdfplot(X)	绘制样本数据 X 的经验分布函数

下面举例说明频数直方图的做法．

例 1　某教师为检查利用多媒体合堂教学效果，对所授课程成绩进行分析，已知该合堂班共有学生 144 名，成绩（用 A 表示）如下：

64	83	87	67	81	66	60	67	82	84	80	82	68	84	75	38	42
73	75	78	12	67	54	80	93	66	45	51	76	67	94	75	82	68
45	64	71	78	85	72	41	61	31	76	80	76	70	56	65	81	67
74	67	71	74	61	73	49	35	56	74	76	50	76	56	52	90	68
88	79	66	91	51	81	86	83	65	67	80	68	68	67	50	59	79
39	35	61	70	61	81	74	58	81	72	71	80	71	81	74	58	81
72	71	61	67	50	90	95	74	54	62	73	35	74	84	97	74	82
78	85	83	72	91	84	83	66	70	92	81	96	92	79	95	75	78
61	39	62	55	50	85	68	60									

根据以上数据作出该门课程成绩 A 的频数直方图和样本分布函数图．

解　(1) 将以上述数组中的最大值和最小值为端点的区间等分为 10（见图 5.1）、12（见图 5.2）、20（见图 5.3）等份，分别作频数直方图．

输入：

A=[64	83	87	67	81	66	60	67	82	84	80	82	68	84	75	38	
42	73	75	78	12	67	54	80	93	66	45	51	76	67	94	75	82	68
45	64	71	78	85	72	41	61	31	76	80	76	70	56	65	81	67	74
67	71	74	61	73	49	35	56	74	76	50	76	56	52	90	68	88	79
66	91	51	81	86	83	65	67	80	68	68	67	50	59	79	39	35	61
70	61	81	74	58	81	72	71	80	71	81	74	58	81	72	71	61	67
50	90	95	74	54	62	73	35	74	84	97	74	82	78	85	83	72	91
84	83	66	70	92	81	96	92	79	95	75	78	61	39	62	55	50	85
68	60]																

≫figure(1),hist(A,10) ↙

≫figure(2),hist(A,12) ↙

≫figure(3),hist(A,20) ↙

由图 5.1～图 5.3 可见，k 的大小要根据数据的取值范围而定．为了更清楚地反映出总体 A 的特性，通常每个小区间至少包含 2～4 个数据．另外，把频数直方图的纵坐标上的频数换为相应小区间上的频率，频数直方图即为频率直方图．

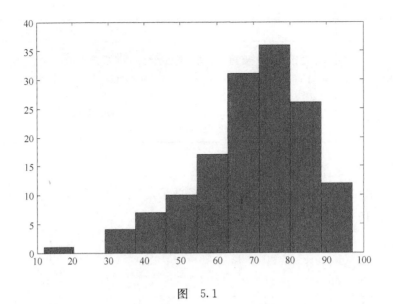

图 5.1

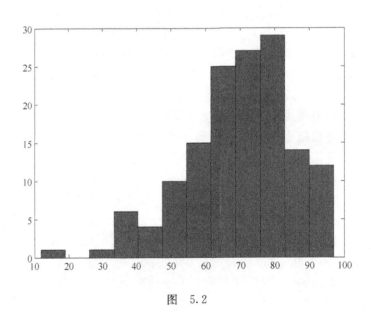

图 5.2

（2）样本经验分布函数图

在命令窗口输入：

≫cdfplot(A)↙

得到数据 A 的经验分布函数，如图 5.4 所示.

也可以使用 dfittool 工具箱来绘制数据 A 的经验分布函数. 如下：

≫dfittool↙

分布拟合
工具的用法

在工具箱窗口导入数据 A，按照提示操作即可得到图 5.5 所示的经验分布
函数.

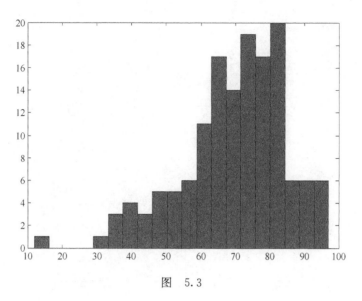

图 5.3

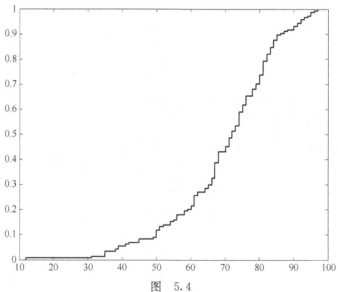

图 5.4

二、统计量

1. 数理统计中常用的统计量

（1）样本均值和中位数

样本均值
$$\overline{x} = \frac{1}{n} \sum_{i=1}^{n} x_i$$

将 x_1，x_2，…，x_n 由小到大排序后位于中间的那个数称为**中位数**. 若 n 为偶数，中位数是中间两个数的平均值.

（2）样本方差、样本标准差和极差

样本方差
$$s^2 = \frac{1}{n-1} \sum_{i=1}^{n} (x_i - \overline{x})^2$$

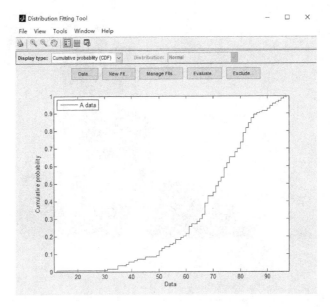

图　5.5

样本标准差

$$s = \left[\frac{1}{n-1} \sum_{i=1}^{n} (x_i - \overline{x})^2 \right]^{\frac{1}{2}}$$

极差

$$R = \max\{x_1, x_2, \cdots, x_n\} - \min\{x_1, x_2, \cdots, x_n\}$$

数理统计中常用统计量的函数，见表5.2.

表5.2　常用的函数

函　　　数	功能及格式
mean(x)	求 x 阵列的均值；调用格式 M＝mean(x)
median(x)	求 x 阵列的中值；调用格式 M＝median(x)
range(x)	求 x 阵列的极差；调用格式 R＝range(x)
var(x)，var(x,1)	求 x 阵列的方差；调用格式 V＝var(x)
std(x)，std(x,1)	求 x 阵列的标准差；调用格式 S＝std(x)

例2　求例1中 A 的均值、中位数、极差、方差、标准差.

解　在命令窗口输入：

M＝[mean(A) median(A) range(A) var(A) std(A)]↵
M＝

　69.8472　72.0000　85.0000　228.7877　15.1257

由例1的频数直方图及统计量的观测值可见，均值和中位数表示数据分布的位置；方差、标准方差、极差表示数据对均值的离散程度.

2. 几个重要概率分布

（1）正态分布

随机变量 X 的概率密度为

$$f(x) = \frac{1}{\sqrt{2\pi}\sigma} e^{-\frac{(x-\mu)^2}{2\sigma^2}} \qquad (-\infty < x < +\infty)$$

当 $\mu=0$，$\sigma=1$ 时，称 X 服从标准正态分布，记作 $X \sim N(0,1)$. 它的分布函数记作

$$\Phi(x) = \frac{1}{\sqrt{2\pi}} \int_{-\infty}^{x} e^{-\frac{x^2}{2}} \mathrm{d}x$$

（2）χ^2 分布

若随机变量 X_1，X_2，$\cdots$，X_n 相互独立，且均服从标准正态分布，则 $Y = \sum_{i=1}^{n} X_i^2$ 服从自由度为 n 的 χ^2 分布，记作 $Y \sim \chi^2(n)$.

（3）t 分布

若随机变量 $X \sim N(0,1)$，$Y \sim \chi^2(n)$，且它们相互独立，则称随机变量 $Y = X/\sqrt{Y/n}$ 为服从自由度为 n 的 t 分布，记作 $T \sim t(n)$.

（4）F 分布

若随机变量 $X \sim \chi^2(n_1)$，$Y \sim \chi^2(n_2)$，且它们相互独立，则称随机变量 $Y = \dfrac{X/n_1}{Y/n_2}$ 服从第一自由度为 n_1，第二自由度为 n_2 的 F 分布，记作 $F \sim F(n_1, n_2)$.

统计工具箱
概率分布函数
的用法

三、常用概率分布的 MATLAB 实现

在统计中，正态分布、χ^2 分布、t 分布、F 分布是经常用到的四种分布，在 MATLAB 统计工具箱，给出它们的概率密度和分布函数（见表 5.3）.

表 5.3　常用函数

函　数	功　　能
normpdf(x,mu,sigma)	均值为 mu、标准差为 sigma 的正态分布的密度函数，其中 x 可以是标量、数组或矩阵. 当 mu=0，sigma=1 可以缺省
normcdf(x,mu,sigma)	均值为 mu、标准差为 sigma 的正态分布的分布函数，其中 x 可以是标量、数组或矩阵. 当 mu=0，sigma=1 可以缺省
chi2pdf(x,n)	自由度为 n 的 χ^2 分布的密度函数，其中 x 可以是标量、数组或矩阵
chi2cdf(x,n)	自由度为 n 的 χ^2 分布的分布函数，其中 x 可以是标量、数组或矩阵
tpdf(x,n)	自由度为 n 的 t 分布的密度函数，其中 x 可以是标量、数组或矩阵
tcdf(x,n)	自由度为 n 的 t 分布的分布函数，其中 x 可以是标量、数组或矩阵
fpdf(x,n1,n2)	第一自由度为 n1，第二自由度为 n2 的 F 分布的概率密度
fcdf(x,n1,n2)	第一自由度为 n1，第二自由度为 n2 的 F 分布函数

例 3　分别在同一张图上做出：

（1）正态分布 $N(0, 0.6^2)$、$N(0, 1^2)$、$N(-1, 1^2)$、$N(1, 2^2)$ 的概率密度图；

（2）$\chi^2 \sim \chi^2(5)$、$\chi^2 \sim \chi^2(10)$ 分布的概率密度图；

（3）$T \sim t(5)$、$T \sim t(50)$、$X \sim N(0,1)$ 分布的概率密度图；

（4）$F \sim F(5,10)$、$F \sim F(10,5)$、$F \sim F(10,10)$ 分布的概率密度图.

解　(1) 在命令窗口输入:

```
x=-4:0.1:4;
p1=normpdf(x,0,0.6);p2=normpdf(x,0,1);
p3=normpdf(x,-1,1);p4=normpdf(x,1,2);
figure(1),plot(x,p1,x,p2,x,p3,x,p4)↙
```

作出的四个正态分布的概率密度如图 5.6 所示. 比较图 5.6 中这四条曲线, 观察参数 mu 及 sigma 的意义各是什么.

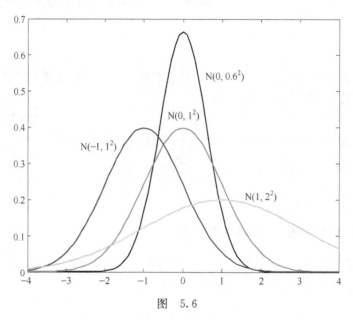

图　5.6

(2) 输入:

```
x=0:0.1:30;
p1=chi2pdf(x,5);p2=chi2pdf(x,10);
figure(1),plot(x,p1,x,p2)↙
```

$Y \sim \chi^2(n)$ 分布的数学期望 $EY=n$, 方差 $DY=2n$, 当自由度 n 增加时, 数学期望、方差增大, 因此概率密度曲线向右移动, 且变平, 做出的两个 χ^2 分布的概率密度图如图 5.7 所示.

(3) 输入:

```
x=-4:0.1:4;
p1=tpdf(x,1);p2=tpdf(x,10);
p3=tpdf(x,20);
p4=normpdf(x,0,1);
figure(1),plot(x,p1,x,p2,x,p3,x,p4)↙
```

结果如图 5.8 所示. 在图 5.8 中, 按概率密度曲线的峰值由小到大依次是 $t(1)$、$t(10)$、$t(20)$、$N(0,1)$. 此图从直观上验证了统计理论中的结论: 当 $n \to \infty$ 时, $T \sim t(n) \to N(0,1)$. 实际上, 由图 5.8 可见, 当 $n \geqslant 20$ 时, 它与 $N(0,1)$ 就相差无几了.

(4) 输入:

```
x=0:0.01:4;
```

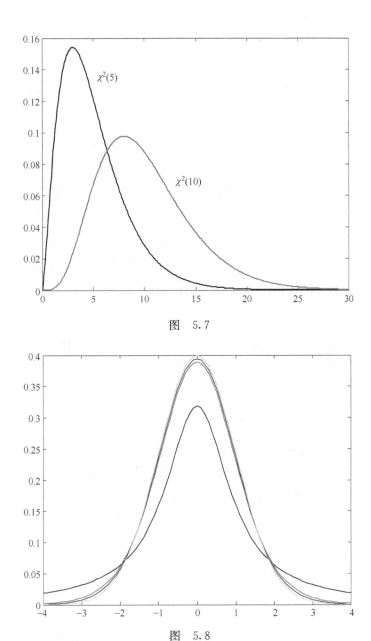

图　5.7

图　5.8

```
p1＝fpdf(x,5,10);p2＝fpdf(x,10,10);
P3＝fpdf(x,10,5);
figure(1),plot(x,p1,x,p2,x,p3)
结果如图 5.9 所示.
```

四、应用举例

计算机模拟掷硬币实验

通过计算机模拟掷硬币实验. 用 1 代替硬币国徽一面向上，0 代替国徽一面向下，n 表示试验次数.

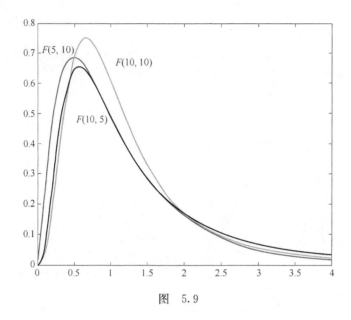

图 5.9

(1) 随着试验次数的增加，观察国徽一面向上的频率的变化情况.

(2) 进行 n 次重复独立的掷硬币实验，分别用 x_1，x_2，$\cdots$，x_n 表示这 n 次试验的结果，求它们的均值及方差.

(3) 设 $\xi = \dfrac{(x_1 + x_2 + \cdots + x_n - \mu n)}{\sqrt{n}\sigma}$，其中 $\mu = 0.5$，$\sigma = 0.5$. 进行 n 次重复独立的掷硬币试验，对 ξ 来说称为一次试验，得到的结果称为这次试验的结果. 做 N 次这样的试验，将所得结果记为 ξ_1，ξ_2，$\cdots$，ξ_N，取足够大的 N 和 n，观察随机变量 ξ 的分布函数的变化情况并与标准正态分布函数相比较.

解 (1) $n = 100$

在命令窗口输入：

```
x=rand(1,100);y=fix(2*x);p=0;
fori=1:100;
    p=p+y(1,i);
end
    disp(p/100)↙
0.4400
```

把上述程序中的 n 换为 1000，10000，100000 分别得 p=0.4880，p=0.5059，p=0.5007.

通过模拟试验可见，随着试验次数的增大，国徽向上的频率逐渐逼近它的概率 0.5，从直观上验证了频率的稳定性.

(2) $n = 10000$

```
x=rand(1,10000);y=fix(2*x);
a=[mean(y) var(y)]↙
a=
   0.5059   0.2500
```

（3）$n = 2500$

当 $N = 500$ 时，取 ξ 的 500 个样本观测值：

```
x＝zeros(1,500);
y＝fix(2*rand(500,2500));
    for i＝1:500;
        for j＝1:2500;
            x(1,i)＝x(1,i)＋y(i,j);
        end
        x(1,i)＝(2*((x(1,i)－1250))/50;
    end
```

```
disp(x)↙
```

将 ξ 的 500 个样本观测值排序：

```
for i＝1:499;
    for j＝500:－1:i+1;
        if x(1,j)>x(1,j－1);
        t＝x(1,j);x(1,j)＝x(1,j－1);x(1,j－1)＝t;
        end
    end
end
    disp(x)↙
```

取适当的数 d，对任意实数 x（最好不超出样本观测值的最大值和最小值），计算出落在区间 $\left[x - \dfrac{d}{2},\ x + \dfrac{d}{2} \right)$ 内的样本观测值的频数 N_x. 用 $\dfrac{N_x}{N}$ 作为随机变量 ξ 的概率密度，作 ξ 的概率密度与标准正态分布的概率密度图（见图 5.10）.

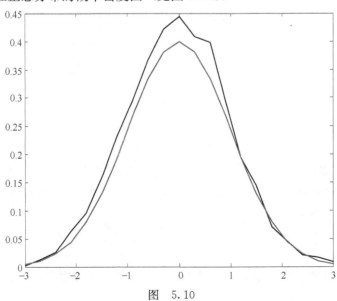

图　5.10

在命令窗口输入：

x＝－3:0.3:3;

y1＝[1 6 13 32 48 79 117 147 183 211 222 204 199 146 97 72 35 23 10 8 4]/500;

y2＝normpdf(x);

plot(x,y1,x,y2)

当 $n=10000$，$N=500$ 时，ξ 的概率密度及标准正态分布的概率密度如图 5.11 所示；$n=40000$，$N=500$ 时，ξ 的概率密度和标准正态分布的概率密度如图 5.12 所示.

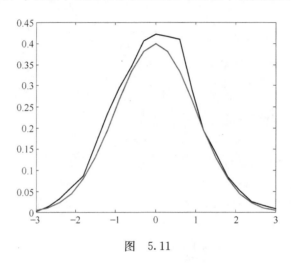

图　5.11

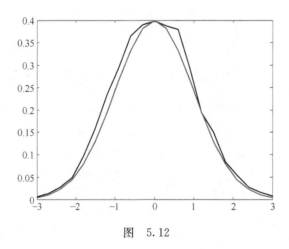

图　5.12

观察图 5.10～图 5.12，当样本容量 $N=500$ 不变，而 ξ 中所含随机变量的个数 n 由 2500 增大至 40000 时，ξ 的概率密度函数逐渐逼近标准正态分布的概率密度函数. 这一事实从直观上验证了中心极限定理. 而当 n 及 N 足够大时，ξ 的概率密度函数与标准正态分布的概率密度函数逼近程度会更好.

实验任务

1. 求出下列分布的均值、方差，并分别在同一坐标系中做出它们概率密度图.

(1) $N(0,1)$，$N(0,2^2)$；

(2) $\chi^2(4)$，$\chi^2(8)$；

(3) $t(2)$，$t(25)$；

(4) $F(10,50)$，$F(10,2)$.

2. 计算机进行加法运算时，把每个加数取为最接近于它的整数来计算. 设所有的取整误差是相互独立的随机变量，并且都在区间 $[-0.5,0.5]$ 上服从均匀分布. 在 $[-0.5,0.5]$ 上取出 n 个随机数，记作 x_1，x_2，$\cdots$，x_n，设

$$\xi = \frac{\sqrt{12}(x_1 + x_2 + \cdots + x_n)}{\sqrt{n}}$$

则 ξ 为随机变量. 现在在 $[-0.5,0.5]$ 上取 N 组这样的随机数 ξ_1，ξ_2，$\cdots$，ξ_N，得 ξ 的一组样本观测值.

(1) 求 ξ 的样本均值与样本方差（$n=100,N=500$）.

(2) 作 ξ 的频率直方图及 ξ 的样本分布函数图（$n=100$，$N=500$）.

(3) 参考应用举例，在同一坐标系下作出随机变量 ξ 与标准正态分布的概率密度图，并观察随 N 与 n 逐渐增大 ξ 的概率密度的变化（$n=100,1000;N=1000,2500$）.

实验 5.2　参数估计

功勋卓著的
师徒统计学家

实验目的

通过实验复习参数估计的相关知识，掌握应用 MATLAB 软件进行参数估计的方法，并能用这种方法解决一些简单的实际问题.

一、参数的估计

参数估计问题分为两类，一类是用某一函数值作为总体未知参数的估计值，即点估计. 点估计又分为矩估计和最大似然估计，这里我们主要介绍最大似然估计. 另一类是区间估计，就是对于未知参数给出一个范围，并且在一定的可靠度下使这个范围包含未知参数的真值.

1. 参数的点估计

设 X_1, X_2, $\cdots$, X_n 是取自总体 X 的一个简单随机样本，x_1, x_2, $\cdots$, x_n 是相应的一个样本观测值. 最大似然估计是利用样本观测值构造似然函数

$$L(x_1,x_2,\cdots,x_n;\theta)=\prod_{i=1}^{n} p(x_i;\theta)$$

其中 $p(x_i;\theta)$ 是离散型随机变量 X 在 $X=x_i$ 处的概率，θ 是概率函数中的未知参数. 或

$$L(x_1,x_2,\cdots,x_n;\theta)=\prod_{i=1}^{n} f(x_i;\theta)$$

其中 $f(x;\theta)$ 是连续型随机变量 X 的概率密度，θ 是概率密度中的未知参数. 通过求解使似然函数取得最大值的 $\hat{\theta}$，而 $\hat{\theta}$ 便是 θ 的最大似然估计值.

2. 参数的区间估计

参数的点估计虽然给出了待估计参数的一个数值，但是我们并不知道用这个数值代替未知参数的精确性与可靠性. 既然不能从样本观测值确定未知参数的真值，一般地，在给定样本容量的条件下，给出真值所在的一个取值范围. 记总体的待估计参数为 θ，由样本算出的估计量 $\hat{\theta}$，通常使 θ 满足

$$P(\hat{\theta}_1<\theta<\hat{\theta}_2)=1-\alpha$$

其中 $0<\alpha<1$，称随机区间 $(\hat{\theta}_1,\hat{\theta}_2)$ 为 θ 的置信区间，$\hat{\theta}_1$，$\hat{\theta}_2$ 分别称为置信下限和置信上限，$1-\alpha$ 称为置信概率或置信水平，α 称为显著性水平. 置信区间 $(\hat{\theta}_1,\hat{\theta}_2)$ 的大小给出了估计的精度，置信水平 $1-\alpha$ 给出了可靠性.

二、参数估计的 MATLAB 实现

在 MATLAB 统计工具箱中，给出了计算总体均值、标准差和区间估计函数，见表 5.4.

表 5.4　常用函数

函　　数	功　　能
［mu,sigma,muci,sigmaci］=normfit (x,alpha)	显著性水平为 alpha 时，正态分布的均值、标准差的最大似然估计值为 mu 和 sigma，它们的置信区间为 muci 和 sigmaci. 其中 x 是样本（数组或矩阵）. alpha 的默认值为 0.05

（续）

函　　数	功　　能
[mu,muci]=expfit(x,alpha)	显著性水平为 alpha 时，指数分布均值的最大似然估计值为 mu，置信区间为 muci. 其中 x 是样本（数组或矩阵）. alpha 的默认值为 0.05
[a,b,aci,bci]=unifit(x,alpha)	显著性水平为 alpha 时，均匀分布区间两个端点的最大似然估计值为 a、b，它们的置信区间为 aci, bci. 其中 x 是样本（数组或矩阵）. alpha 的默认值为 0.05
[p,pci]=binofit(x,n,alpha)	显著性水平为 alpha 时，二项分布的最大似然估计值为 p，置信区间为 pci. 其中 x 是样本（数组或矩阵）. alpha 的默认值为 0.05
[lambda, lambdaci]=poissfit(x, alpha)	显著性水平为 alpha 时，泊松分布的最大似然估计值 λ，置信区间为 lambdaci. 其中 x 是样本（数组或矩阵）. alpha 的默认值为 0.05

例 4　从一批零件中，抽取 9 个零件，测得其直径（单位：mm）为

19.7　20.1　19.8　19.9　20.2　20.0　19.9　20.2　20.3

设零件直径服从正态分布 $N(\mu,\sigma^2)$，求这批零件的直径的均值 μ，标准差 σ 的最大似然估计值及置信水平为 0.95 和 0.99 的置信区间.

解　当置信水平为 0.95 时，在命令窗口输入：

x=[19.7　20.1　19.8　19.9　20.2　20.0　19.9　20.2　20.3];

[mu,sigma,muci,sigmaci]=normfit(x)↙

mu=

　　20.0111

sigma=

　　　0.2028

muci=

　　　19.8553

　　　20.1670

sigmaci=

　　　　0.1370

　　　　0.3884

置信水平为 0.95 时，均值及标准差的最大似然估计值分别是 $\hat{\mu}=20.0111$，$\hat{\sigma}=0.2028$. 均值及标准差的置信区间分别为 (19.8553,20.1670)，(0.1370,0.3884).

当置信水平为 0.99 时，在命令窗口输入：

x=[19.7　20.1　19.8　19.9　20.2　20.0　19.9　20.2　20.3];

[mu,sigma,muci,sigmaci]=normfit(x,0.01)↙

mu=

　　20.0111

sigma=

```
        0.2028
muci=
        20.0102
        20.0120
sigmaci=
        0.2109
        0.2123
```

置信水平为 0.99 时，均值及标准差的最大似然估计值分别是 $\hat{\mu}=20.0111$，$\hat{\sigma}=0.2028$.
均值及标准差的置信区间分别为 (20.0102, 20.0120)，(0.2109, 0.2123)．

三、应用举例

1. 产品质量问题

某厂一流水线生产大批 220V，25W 的白炽灯泡，其光通量（单位：lm）用 X 表示，X
即是总体．现在从总体 X 中抽取容量为 $n=120$ 的样本（由于个体数量很大，可以不放回抽
样），进行一次观测得到光通量的 120 个数据，它们就是容量为 $n=120$ 的样本观测值，数据
如下：

216	203	197	208	206	209	206	208	202	203
206	213	218	207	208	202	194	203	213	211
193	213	208	208	204	206	204	206	208	209
213	203	206	207	196	201	208	207	213	208
210	208	211	211	214	220	211	203	216	224
211	209	218	214	219	211	208	221	211	218
218	190	219	211	208	199	214	207	207	214
206	217	214	201	212	213	211	212	216	206
210	216	204	221	208	209	214	214	199	204
211	201	216	211	209	208	209	202	211	207
202	205	206	216	206	213	206	207	200	198
200	202	203	208	216	206	222	213	209	219

根据以上数据分析这批灯泡的质量．

（1）灯泡的质量，可以从灯泡的光通量所服从的分布、均值、方差进行分析．为此首先
做出总体 X 的频率直方图，根据直方图初步假设出光通量所服从的分布．

在命令窗口输入：

A=[	216	203	197	208	206	209	206	208	202	203	206	213
	218	207	208	202	194	203	213	211	193	213	208	208
	204	206	204	206	208	209	213	203	206	207	196	201
	208	207	213	208	210	208	211	211	214	220	211	203
	216	224	211	209	218	214	219	211	208	221	211	218
	218	190	219	211	208	199	214	207	207	214	206	217
	214	201	212	213	211	212	216	206	210	216	204	221

208	209	214	214	199	204	211	201	216	211	209	208
209	202	211	207	202	205	206	216	206	213	206	207
200	198	200	202	203	208	216	206	222	213	209	219]

figure(1),hist(A,10)↙

X 的频率直方图如图 5.13 所示.

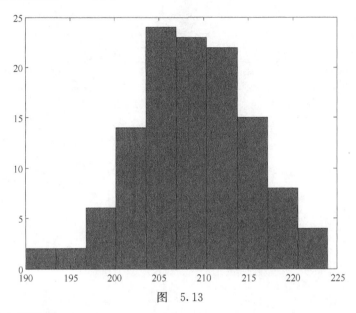

图　5.13

（2）样本分布函数图

为了深入理解样本分布函数，这里不直接使用 MATLAB 函数绘图. 首先对数据按升序排序：

≫sort(A)↙

作频数累积图（见图 5.14）：

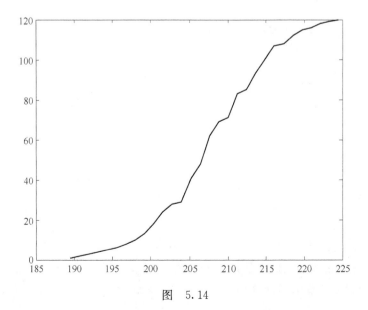

图　5.14

```
X=linspace(189.5,224.5,30);
n=histc(A,X)          (统计 X 区间内的数据个数)
Ny=cumsum(n)          (求每个区间的样本个数的累加值)
plot(X,Ny)
```

最后，作样本分布函数图（见图 5.15）：

```
c=Ny/120;
plot(X,c)
```

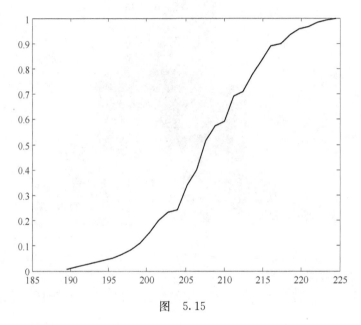

图　5.15

根据频率直方图及样本分布函数图，假设灯泡的光通量服从 $X \sim N(\mu, \sigma^2)$. 求均值 μ、标准差 σ 的最大似然估计及置信水平为 0.99 的置信区间.

在命令窗口输入：

```
[mu,sigma,muci,sigmaci]=normfit(A,0.01)
mu=
      208.8167
sigma=
      6.3232
muci=
      208.8094
      208.8239
sigmaci=
        6.3358
        6.3461
```

均值 μ、标准差 σ 的最大似然估计值分别为 $\hat{\mu}=208.8167$，$\hat{\sigma}=6.3232$. 均值 μ、标准差 σ 的置信水平为 0.99 的置信区间分别为 （208.8094,208.8239），（6.3358,6.3461）.

为验证根据频率直方图及样本分布函数图做出的假设，将以 $\hat{\mu} = 208.8167$，$\hat{\sigma} = 6.3232$ 为均值和标准差的正态分布图，及样本分布函数图作在同一坐标系中，进行比较. 继续在命令窗口输入：

```
p＝normcdf(X,208.8167,6.3232);
figure(2),
plot(X,c,'b－',X,p,'g－') ↙
```

比较图 5.16 两条概率函数曲线，我们可以认为灯泡的光通量服从正态分布. 因为任意抽取 n 个样本，得到 n 组样本观测值，根据这 n 组样本观测值就可以得到总体参数的 n 个置信区间，而这 n 个置信区间中有 99% 的包含总体参数的真值，而精确度可以根据置信区间的长度来确定. 所以选取 $\hat{\mu} = 208.8167$ 及 $\hat{\sigma} = 6.3232$ 作为总体的均值、标准差的估计值，精确度和可靠性都是很高的.

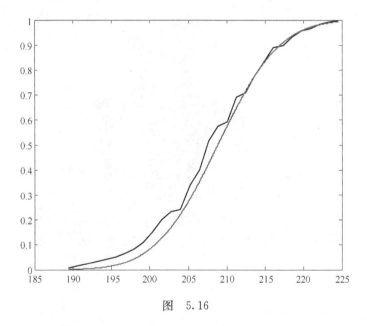

图　5.16

通过上述分析，就灯泡的光通量而言，根据灯泡光通量的分布、均值及方差，灯泡的质量还是稳定的，机器工作正常. 根据标准差的估计值，如果再进一步改进技术，使标准差变小，产品的质量会更好.

2. 学生身体素质问题

青少年的身高是评价身体素质的重要指标之一. 某地为了解当地高一学生的身高情况，随机抽取 100 名学生测量其身高，所得数据如下（单位：cm）：

154.0	173.3	177.4	157.9	171.2	156.8	150.9	157.6	172.0
174.1	170.5	172.4	158.3	174.7	165.8	148.8	152.9	163.8
165.2	168.7	167.2	167.6	154.1	170.6	183.2	166.9	145.8
151.6	176.1	167.6	184.2	175.1	172.2	168.4	155.4	164.3
171.5	178.0	175.1	172.3	151.8	161.7	161.9	176.2	180.1
166.0	169.0	156.9	165.2	171.6	167.3	164.8	167.0	171.0

164.9	161.2	173.7	159.0	165.5	156.8	174.2	176.1	150.9
166.7	156.2	162.9	180.0	168.2	178.3	175.2	166.4	181.0
161.4	171.6	186.0	183.0	165.3	167.7	170.0	168.5	168.1
167.4	160.9	159.5	173.2	159.0	165.5	161.7	170.3	163.2
181.3	174.2	158.5	181.0	172.5	171.0	180.1	171.5	181.4
174.4	158.9	181.0	172.4	171.2	161.9	167.0	150.8	180.1
175.0	174.2	154.3	162.7	173.4	155.8	174.7	184.2	167.9
174.1	182.0	178.6						

根据这些数据估计当地高一学生的平均身高，并给出估计的误差范围.

由以上数据做出学生身高 X 的频率直方图，如图 5.17 所示.

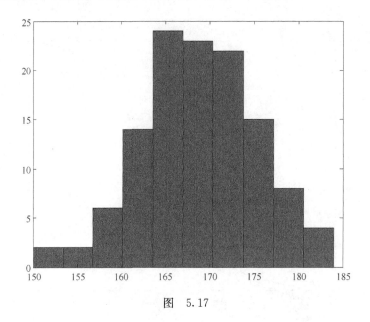

图 5.17

根据学生身高 X 的频率直方图，假设 $X \sim N(\mu, \sigma^2)$. 记由学生身高数据组成的数据组为 S，求均值 μ、标准差 σ 的最大似然估计及置信水平为 0.99 的置信区间.

数据组为 S，输入格式与产品质量问题中 A 相同，这里不再输入. 输入：

[mu,sigma,muci,sigmaci]＝normfit(S,0.01) ↙

mu＝

 168.0800

sigma＝

 8.9359

muci＝

 168.0698

 168.0902

sigmaci＝

 8.9537

 8.9683

仿照产品质量问题，验证学生身高 X 服从均值、标准差分别为 168.0800 和 8.9359 的正态分布．用 168.0800cm 代替高一学生的平均身高，误差小于 0.01 的概率为 99%．

实验任务

　　从一批零件中，抽取 9 个零件，测得其直径（单位：mm）为

　　$19.7\quad 20.1\quad 19.8\quad 19.9\quad 20.2\quad 20.0\quad 19.9\quad 20.2\quad 20.3$

　　设零件直径服从正态分布 $N(\mu,\sigma^2)$，求

　　（1）均值 μ、标准差 σ 的最大似然估计；

　　（2）均值 μ 和标准差 σ 的置信水平为 0.95 及 0.99 的置信区间．

实验 5.3 假设检验

实验目的

通过实验复习假设检验的相关知识，掌握应用 MATLAB 软件进行假设检验的方法，并能应用这种方法解决一些简单的实际问题.

一、参数的假设检验

统计推断的另一个问题是假设检验. 在总体分布未知或虽知其类型但含有未知参数时，为推断总体的某些特性，提出关于总体的某些假设. 假设检验是根据样本所提供的信息，对所提出的假设做出接受还是拒绝的判断.

假设检验的基本思想是检验所做出的假设 H_0 是否正确. 在假定 H_0 正确的条件下，利用样本的统计量构造一个小概率事件，根据样本观测值验证这个小概率事件是否发生. 如果一次抽样使得小概率事件发生了，则认为不合理的现象发生了，拒绝假设 H_0，否则接受假设 H_0. 例如，利用统计量 $U \sim N(0,1)$，构造小概率事件为 $\{|U| > u_{\frac{\alpha}{2}}\}$，使 $P(|U| > u_{\frac{\alpha}{2}}) = \alpha$，如图 5.18 所示，称这种检验方法为双侧 U 检验法. 若构造小概率事件为 $\{U < -u_\alpha\}$，使 $P(U < -u_\alpha) = \alpha$，则称为左侧 U 检验法，如图 5.19 所示. 类似可定义右侧 U 检验法.

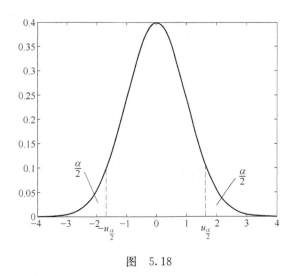

图 5.18

在假设检验中，把要检验的假设 H_0 称为原假设，把假设 H_0 的对立面称为备择假设，记作 H_1. 常见的假设有以几种情况：

（1）单个正态总体均值的假设检验

双侧检验 $H_0: \mu = \mu_0, \qquad H_1: \mu \neq \mu_0$

左侧检验 $H_0: \mu \geqslant \mu_0, \qquad H_1: \mu < \mu_0$

右侧检验 $H_0: \mu \leqslant \mu_0, \qquad H_1: \mu > \mu_0$

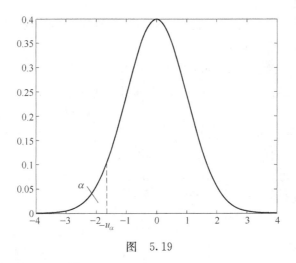

图　5.19

（2）单个正态总体方差的假设检验

双侧检验　$H_0: \sigma^2 = \sigma_0^2$,　　　$H_1: \sigma^2 \neq \sigma_0^2$

左侧检验　$H_0: \sigma^2 \geqslant \sigma_0^2$,　　　$H_1: \sigma^2 < \sigma_0^2$

右侧检验　$H_0: \sigma^2 \leqslant \sigma_0^2$,　　　$H_1: \sigma^2 > \sigma_0^2$

对于两个正态总体的情况，假设两个总体的均值、方差相等或不等关系情况与上面类似.

这里强调一点，在进行假设检验时，不能拒绝原假设，并不意味着接受原假设，还要进行其他侧的假设检验，最好能得出拒绝原假设的检验结果.

二、参数假设检验的 MATLAB 实现

1. 单个正态总体均值的假设检验

总体方差 σ^2 已知时，均值的检验用 U 检验法，在 MATLAB 中由函数 ztest 来实现，调用格式为

$$[\text{h},\text{p},\text{ci}] = \text{ztest}(\text{x},\text{mu},\text{sigma},\text{alpha},\text{tail})$$

其中，输入样本 x（数组或矩阵），mu 是原假设 H_0 中的 μ_0，sigma 是总体的标准差 σ，alpha 是显著性水平 α，tail 是对备择假设 H_1 的选择.

原假设 $H_0: \mu = \mu_0$

当 tail=0 时，备择假设 $H_1: \mu \neq \mu_0$；

当 tail=−1 时，备择假设 $H_1: \mu < \mu_0$；

当 tail=1 时，备择假设 $H_1: \mu > \mu_0$.

p 为当原假设 H_0 为真时，样本均值出现的概率 p 越小，H_0 越值得怀疑. ci 是 μ_0 的置信区间.

输出参数 h=0 表示"在显著性水平 alpha 的情况下，接受 H_0".

输出参数 h=1 表示"在显著性水平 alpha 的情况下，拒绝 H_0".

总体方差 σ^2 未知时，均值的检验用 t 检验法. 在 MATLAB 中，由函数 ttest 来实现，调用格式为

$$[\text{h},\text{p},\text{ci}] = \text{ttest}(\text{x},\text{mu},\text{alpha},\text{tail})$$

与上面的函数 ztest 比较，除了不需要输入总体的标准差外，其余参数完全一样.

例5 某工厂用自动包装机包装葡萄糖，规定每袋500g. 现在随机抽取10袋，测得个到葡萄糖的质量（单位：g）为

$$485 \quad 510 \quad 505 \quad 488 \quad 503 \quad 482 \quad 502 \quad 505 \quad 487 \quad 506$$

设每袋葡萄糖的质量服从正态分布 $N(\mu, \sigma^2)$. 如果已知 $\sigma = 5(g)$，问包装机是否能工作正常？（取显著性水平 $\alpha = 0.05$）

解 假设 $H_0: \mu = 500$，$H_1: \mu \neq 500$

用双侧 U 检验法，已知 $\sigma = 5$，$\alpha = 0.05$. 输入：

x＝[485　510　505　488　503　482　502　505　487　506]

[h,p,ci]＝ztest(x,500,5,0.05,0)↙

h＝

　0

p＝

　0.0877

ci＝

　494.2010　500.3990

从输出结果来看，h＝0接受 H_0，p＝0.0877说明均值 $\mu = 500$ 可能出现，所以 H_0 不能拒绝. 如果取 $\alpha = 0.1$ 时，其结果如下：

[h,p,ci]＝ztest(x,500,5,0.1,0)↙

h＝

　1

p＝

　0.0877

ci＝

　494.6993　499.9007

输出结果，h＝1拒绝 H_0，p＝0.0877说明在原假设 H_0 下，均值 $\mu = 500$ 几乎不可能出现，所以拒绝 H_0.

请思考以上输出的两个不同结果说明什么问题？

2. 单个正态总体方差的假设检验

设总体 $X \sim N(\mu, \sigma^2)$，X_1，X_2，$\cdots$，X_n 是取自总体 X 的一个简单随机样本，x_1，x_2，$\cdots$，x_n 是相应的一个样本观测值. 在 MATLAB 中，方差的检验由函数 vartest 来实现，调用格式为

$$[h,p,ci,stats]＝vartest(x,v,'Alpha',a,'Tail','right')$$

输入参数 x 是样本的数据向量，v 是已知的方差；'Alpha'，a 是给定显著性水平为 a，默认情况下，显著性水平默认 0.05；最后两个参数'Tail'，'right'是给定检验方式，'right'是右侧检验，'left'是左侧检验，默认情况下是双侧检验.

输出结果中，h＝1拒绝原假设，h＝0不能拒绝原假设；p 是原假设成立时统计量的检验概率，p 小于给定的显著性水平时拒绝原假设，其值越小说明原假设越值得怀疑；ci 是 v 的 1－a 的置信区间；stats 中有统计量卡方的值和自由度.

例 6 在例 5 中能否认为每袋葡萄糖质量的标准差 $\sigma=5(g)$？

解 检验假设 $H_0: \sigma^2=25$，$H_1: \sigma^2\neq25$，这是一个方差的双侧检验，输入：

x=[485 510 505 488 503 482 502 505 487 506];
[h,p,ci,sta]=vartest(x,25)↙

输出结果是

h=

    1

p=

  1.8531e−05

ci=

  51.9430 365.9102

sta=

  chisqstat:39.5240

        df:9

由输出结果 h=1 知，拒绝 H_0，即每袋葡萄糖的标准差不等于 5(g)，再由置信区间知 x 的方差大于 25.

大家也可以用右侧检验，重新检验该结果，看看是否一致.

3. 两个正态总体均值的假设检验

设总体 $X\sim N(\mu_1,\sigma_1^2)$，$Y\sim N(\mu_2,\sigma_2^2)$，通常需要检验两个总体均值是否相等或不等关系. 在 MATLAB 中两个正态总体均值的检验由函数 ttest2 来实现，调用格式为

$$[h,p,ci]=ttest2(x,y,alpha,tail,var).$$

输入参数 var='equal' or 'unequal'区分两个正态分布的方差相等否，默认为相等；输出参数 ci 是 x，y 均值之差的 1-alpha 的置信区间；其他参数意义同前.

例 7 某种物品在处理前与处理后分别抽样分析其含脂率如下：

处理前 x_i： 0.19 0.18 0.21 0.30 0.41 0.12 0.27

处理后 y_j： 0.15 0.13 0.07 0.24 0.19 0.06 0.08 0.12

假定处理前后的含脂率都服从正态分布，且标准差不变，问处理后含脂率的均值是否显著降低？（取显著性水平 $\alpha=0.05$）

解 已知 $\sigma_1=\sigma_2$，检验假设 $H_0: \mu_1\leq\mu_2$，$H_1: \mu_1>\mu_2$. 输入：

x=[0.19 0.18 0.21 0.30 0.41 0.12 0.27]
y=[0.15 0.13 0.07 0.24 0.19 0.06 0.08 0.12]
[h,p,ci]=ttest2(x,y,0.05,1)↙

输出结果是

h=

    1

p=

  0.0095

ci=

0.0372　　　Inf

由输出结果可知，拒绝 H_0，接受 H_1，即处理后含脂率的均值显著降低了．

4. 两个正态总体方差的假设检验

设总体 $X \sim N(\mu_1, \sigma_1^2)$，$Y \sim N(\mu_2, \sigma_2^2)$，在 MATLAB 中，两个正态总体方差的检验由函数 vartest2 来实现，调用格式为

　　　　　　[h,p,ci,stats]=vartest2(x,y,'Alpha',a,'Tail','right')

输入参数 x，y 是样本的数据向量；'Alpha'，a 是给定显著性水平为 a，这两个参数缺省时，显著性水平默认为 0.05；最后两个参数 'Tail'，'right' 是给定检验方式，'right' 是右侧检验，'left' 是左侧检验，这两个参数缺省时默认为双侧检验．

输出结果中，h=1 拒绝原假设，h=0 不能拒绝原假设；p 是原假设成立时统计量的检验概率，p 小于给定的显著性水平时拒绝原假设，其值越小说明原假设越值得怀疑；ci 是 x 的方差与 y 的方差比的 $1-a$ 的置信区间；stats 中有统计量 F 的值和自由度．

例 8　在例 7 中能否认为处理前后方差是相等的？

解　检验假设 $H_0: \sigma_1^2 = \sigma_2^2$，$H_1: \sigma_1^2 \neq \sigma_2^2$．这是两个方差相等的检验，是双侧检验．输入：

[h,p,ci,sta]=vartest2(x,y)↙

结果是

h=

　　0

p=

　　0.2882

ci=

　　0.4592　13.3871

sta=

　　fstat:2.3505

　　　df1:6

　　　df2:7

根据输出结果 h=0 可知，不能拒绝原假设，即方差相等．一般来说，不能拒绝原假设，不意味着接受原假设，所以请大家接着再进行左侧或右侧的检验．

三、应用举例

质量控制图

在假设检验中，如果已知总体 $X \sim N(\mu, \sigma_0^2)$，$\mu$ 未知，要检验 $H_0: \mu = \mu_0$ 是否成立，就是根据样本观测值来判别小概率事件 $\left| \dfrac{\overline{X} - \mu_0}{\sigma_0 / \sqrt{n}} \right| > u_{\frac{\alpha}{2}}$ 在一次实验中是否发生．在生产过程中做这种检验，一般在控制图上进行．通常取 $u_{\frac{\alpha}{2}} = 3$，样本均值 $\overline{X}$ 的控制图上的中心线

$$CL = \mu_0$$

$\overline{X}$ 的控制上限　　　　　　　　　　　　　　　　$$UCL = \mu_0 + \frac{3\sigma_0}{\sqrt{n}}$$

$\overline{X}$ 的控制下限
$$LCL = \mu_0 - \frac{3\sigma_0}{\sqrt{n}}$$

由 $P\left\{\dfrac{|\overline{x} - \mu_0|}{\sigma_0/\sqrt{n}} > 3\right\} \approx 0.003$ 可知，样本均值 $\overline{X}$ 有 99.7% 的机会落在上述控制限之间.
当从抽取的样本中算得的 $\overline{X}$ 超出上述控制限时，就有理由认为均值发生了显著变化.

1. 均值的控制图

在实际问题中，总体的质量指标 X 的均值和方差一般是未知的，为了较准确地绘制出样本均值 $\overline{X}$ 控制图，从 X 中抽取 k 个样本容量为 n 的样本，第 i 个样本为 X_{i1}，X_{i2}，$\cdots$，X_{in}，样本均值和极差分别为

$$\overline{X_i} = \frac{1}{n}\sum_{j=1}^{n} X_{ij}$$

$$R_i = \max\{X_{i1}, X_{i2} \cdots, X_{in}\} - \min\{X_{i1}, X_{i2}, \cdots, X_{in}\}, i = 1, 2, \cdots, k$$

k 个样本均值的均值为
$$\overline{\overline{X}} = \frac{1}{k}\sum_{i=1}^{k} \overline{X_i}$$

极差的均值为
$$\overline{R} = \frac{1}{k}\sum_{i=1}^{k} R_i$$

用 μ 和 σ 的无偏估计 $\hat{\mu} = \overline{\overline{X}}$，$\hat{\sigma} = \dfrac{\overline{R}}{d_2}$ 来近似代替 μ 和 σ，其中 d_2（见表 5.6）是与 n 有关的常数. 在均值 $\overline{X}$ 的控制图上取中心线
$$CL = \overline{\overline{X}}$$

$\overline{X}$ 的控制上限
$$UCL = \overline{\overline{X}} + \frac{3}{\sqrt{n}d_2}\overline{R}$$

$\overline{X}$ 的控制下限
$$LCL = \overline{\overline{X}} - \frac{3}{\sqrt{n}d_2}\overline{R}$$

做出样本均值的控制图后，还需要进行修正，检查 $\overline{X_i}(i = 1, 2, \cdots, k)$ 是否都落在控制限内. 如果有个别的 $\overline{X_i}$ 在控制限外，将该样本剔除，再重新计算 $\overline{\overline{X}}$ 和 $\overline{R}$，并根据它们计算出新的 $\overline{X}$ 的控制限. 重复上述步骤，直至剩下的每一个 $\overline{X_i}$ 都落在控制限内时为止. 下面举例说明均值质量图的做法.

例 9 某厂一流水线生产大批 $220\mathrm{V}$，$25\mathrm{W}$ 的白炽灯泡，其光通量（单位：lm）用 X 表示，现在要制订灯泡的光通量的质量控制图，从 20 批灯泡中各抽取 6 个灯泡测得光通量的数见表 5.5：

表 5.5

批号	1	2	3	4	5	6	7	8	9	10
光通量	216	203	197	208	206	209	206	208	202	203
	206	213	218	207	208	202	194	203	213	211
	193	213	208	208	204	206	204	206	208	209
	213	203	206	207	196	201	208	207	213	208
	210	208	211	211	214	220	211	203	216	224
	211	209	218	214	219	211	208	221	211	218
$\overline{X_i}$	208	208	210	209	207	208	205	208	211	212
R_i	23	10	21	7	15	19	17	18	14	21

（续）

批号	11	12	13	14	15	16	17	18	19	20
光通量	218	190	219	211	208	199	214	207	207	214
	206	217	214	201	212	213	211	212	216	206
	210	216	204	221	208	209	214	214	199	204
	211	201	216	211	209	208	209	202	211	207
	202	205	206	216	206	213	206	207	200	198
	200	202	203	208	216	206	222	213	209	219
$\overline{X}_i$	208	205	210	211	210	208	212	209	207	208
R_i	18	27	16	20	10	14	8	12	16	21

解　均值 $\overline{X}$ 的控制图绘制方法：

（1）计算 $\overline{\overline{X}}$ 和 $\overline{R}$

在命令窗口输入：

x＝[208 208 210 209 207 208 205 208 211 212 208 205 210 211 210 208 212 209 207 208];

R＝[23 10 21 7 15 19 17 18 14 21 18 27 16 20 10 14 8 12 16 21];

M＝[mean(x) mean(R)]

M＝

　　208.7000　16.3500

$\overline{\overline{X}}$＝208.7000，$\overline{R}$＝16.3500.

（2）计算 $\overline{X}$ 的控制限

由 $n=6$ 查表 5.6 得 $d_2＝2.5344$，中心线 $CL＝\overline{\overline{X}}=208.7000$，在命令窗口输入：

UCL＝mean(x)＋(3 * mean(R))/(6^(1/2) * 2.5344)

UCL＝

　　216.6011

LCL＝mean(x)－(3 * mean(R))/(6^(1/2) * 2.5344)

LCL＝

　　200.7989

（3）在坐标平面上做出均值控制图（见图 5.20）

在命令窗口输入：

x＝1:1:20;

y1＝200.7989;y2＝208.7;

y3＝216.6011;

y4＝[208 208 210 209 207 208 205 208 211 212 208 205 210 211 210 208 212 209 207 208];

plot(x,y1,x,y2,x,y3,x,y4),

axis([1,20,200.7989,216.6011])

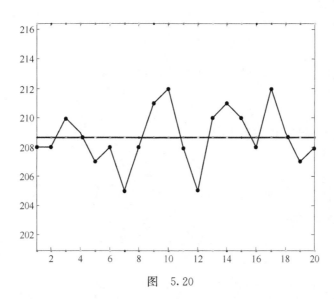

图　5.20

绘制结果见图 5.20. 由图 5.20 可见，所有的都落在控制限内，这个图就可以作为样本均值的质量控制图.

2. 极差 R 的控制图

为了控制产品质量的均匀程度，通常利用反映数据离散程度的极差 R 的控制图进行控制，做法如下：

在极差 R 的控制图上中心线　　　　　　$CL = \overline{R}$

控制上限　　　　　　　　　　$UCL = \overline{R} + 3\dfrac{d_3}{d_2}\overline{R}$

控制下限　　　　　　　　　　$LCL = \overline{R} - 3\dfrac{d_3}{d_2}\overline{R}$

其中 $\overline{R}$ 和 $\dfrac{d_3}{d_2}\overline{R}$ 分别是 μ_R 和 σ_R 的无偏估计，这里 d_3 是与 n 有关的常数. 用极差作为统计量时，样本容量 n 一般不超过 10，否则用极差所做的统计推断逐渐失效.

为了使用方便已编制了 d_2 和 d_3 的数值，见表 5.6.

表　5.6

样本容量 n	2	3	4	5	6	7	8	9	10
d_2	1.1284	1.6926	2.0588	2.3259	2.5344	2.7044	2.8472	2.9700	3.0775
d_3	0.8525	0.8884	0.8798	0.8641	0.8480	0.8330	0.8200	0.8080	0.7970

例 10　根据例 8 的数据制定极差 R 的控制图，根据质量控制图判断生产是否处于正常状态.

解　(1) 计算 $\overline{R}$ 及控制限

由例 8 知中心线 $CL = \overline{R} = 16.3500$. 当 $n=6$ 时，由表 5.6，$d_2 = 2.5344$，$d_3 = 0.8480$. 在命令窗口输入：

```
UCL=mean(R)+(3*0.8480*mean(R))/2.5344↙
```

173

数学实验　第 3 版

UCL＝
　　32.7619
LCL＝mean(R)－(3 * 0.8480 * mean(R))/2.5344
LCL＝
　　－0.0619

（2）在坐标平面上作出极差控制图

在命令窗口输入：

```
x＝1:1:20;
y1＝－0.0619;
y2＝16.35;y3＝32.7619;
y4＝[23 10 21 7 15 19 17 18 14 21 18 27 16 20 10 14 8 12 16 21];
plot(x,y1,x,y2,x,y3,x,y4)
axis([1,20,－0.0619,32.7619])
```

结果见图 5.21. 由图 5.21 可见，所有的都落在控制限内，所以这个图就可以作为样本均值的质量控制图.

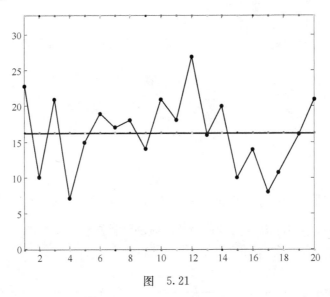

图　5.21

由图 5.20 和图 5.21 可知，$\overline{X}_i$，$R_i(i=1,2,\cdots,20)$ 分别落在均值和极差的控制限内，且没有同侧链（连续 7 点或 7 点以上位于中心线的同侧）和单调链（连续 7 点或 7 点以上连续单调上升或下降），所以这时认为生产处于正常状态.

一般来讲，数据的离散程度越小越好，为什么还要控制极差的下限呢？事实上，我们当然希望极差尽可能小. 但极差太小时，可能是由于使用质量过高的原材料所造成的，这也未必符合合理使用资源的原则，不一定是最合理的. 另外测量仪器不灵敏或失灵时，也可能使极差小于控制下限. 从上述两种意义上来讲，都有必要对极差的下限加以控制.

3. 控制图的应用

由控制图原理和专家经验可知，生产过程处于正常状态，只要具备下列条件：

（1）样点落在控制界限内的概率超过 0.99，即 100 个点中最多有 1 个点超出控制界限.

174

（2）样点连续落在中心线的同侧的个数小于 7.

（3）不出现同侧链和单调链.

（4）不出现连续 3 点中至少有两点落在"2σ"之外；或连续 7 点中至少有 3 点落在"2σ"之外.

控制图不仅能应用于产品的质量控制，对于计划、统计工作中的一些指标，如果需要控制时，也可以借助控制图加以控制.

实验任务

1. 已知在正常生产情况下，某种汽车零件的质量服从正态分布 $N(54, 0.75^2)$. 在某日生产的零件中抽取出 10 件，测得质量（单位：g）如下：

54.0　55.1　53.8　54.2　52.1　54.2　55.0　55.8　55.1　55.3

如果标准差不变，该日生产的零件质量的均值是否有显著的差异？（取 $\alpha = 0.05$）

2. 对两批同类电子元件的电阻（单位：Ω）进行测试，各抽取 6 件，测得结果如下：

第一批：0.140　0.138　0.143　0.141　0.144　0.137；

第二批：0.135　0.140　0.142　0.136　0.138　0.140.

设电子元件的电阻服从正态分布，且两批电子元件的方差相同，检验这两批电子元件电阻的均值是否有显著的差异.（取 $\alpha = 0.05$）

3. 从某汽车零件制造厂 20 天生产的气缸螺栓中，每天随机抽取 5 个，测量它们的口径（单位：cm），得数据表，见表 5.7.

表　5.7

时间	1	2	3	4	5	6	7	8	9	10
螺栓直径尺寸	10.39	10.45	10.47	10.39	10.42	10.48	10.32	10.41	10.40	10.43
	10.39	10.47	10.42	10.40	10.45	10.44	10.45	10.41	10.42	10.41
	10.46	10.42	10.37	10.42	10.42	10.43	10.34	10.42	10.30	10.35
	10.45	10.38	10.40	10.37	10.48	10.27	10.32	10.37	10.45	10.36
	10.40	10.37	10.38	10.52	10.39	10.48	10.00	10.44	10.48	10.41
时间	11	12	13	14	15	16	17	18	19	20
螺栓直径尺寸	10.37	10.39	10.42	10.44	10.36	10.38	10.31	10.38	10.46	10.41
	10.41	10.34	10.42	10.37	10.53	10.43	10.45	10.40	10.37	10.42
	10.44	10.41	10.41	10.37	10.39	10.36	10.45	10.35	10.42	10.40
	10.43	10.40	10.39	10.37	10.50	10.39	10.39	10.41	10.41
	10.49	10.36	10.42	10.34	10.46	10.45	10.36	10.36	10.40	10.34

（1）计算每天的样本均值、极差.

（2）计算 $\overline{X}$ 控制图中的中心线和控制限，并在坐标平面上画出均值 $\overline{X}$ 的控制图.

（3）计算 R 控制图中的中心线和控制限，并在坐标平面上画出极差 R 的控制图.

（4）判断生产是否处于正常状态.

（5）求气缸螺栓口径的均值、标准差的最大似然估计及区间估计.

第6章 方差分析

在生产实践和科学实验中，常需要探讨不同试验条件或不同的处理方法对结果的影响，这通常是比较不同试验条件下总体均值之间的差异. 方差分析是在假设多个正态总体方差相等的条件下，推断它们的均值是否相等，并对其中的参数进行估计的一种常用的统计分析方法. 利用方差分析能推断试验中所考察的哪些因素对试验指标影响显著，哪些影响不显著. 本章简单介绍方差分析的基本概念、基本理论，主要介绍 MATLAB 软件在方差分析中的应用.

实验 6.1　单因素方差分析

实验目的

通过本实验了解方差分析的基本理论和单因素方差分析的方法，学会如何利用 MATLAB 软件处理实际中的单因素方差分析问题.

一、方差分析概述

方差分析（Analysis of Variance，ANOVA）是 20 世纪 20 年代由英国统计学家费雪（Ronald Aylmer Fisher）首先提出的，最初主要应用于生物和农业田间试验，以后推广到诸多的领域应用. 它是对多个正态总体的均值是否相等进行检验，这样不但可以减少工作量，而且可以增加检验的稳定性.

例 1　某公司采用四种方式销售其产品. 为检验不同方式销售产品的效果，随机抽样如下（见表 6.1）：

表 6.1　某公司产品销售方式所对应的销售量

销售方式	序号					均值
	1	2	3	4	5	
方式一	77	86	81	88	83	83
方式二	95	92	78	96	89	90
方式三	71	76	68	81	74	74
方式四	80	84	79	70	82	79
总均值						81.5

例 1 中要研究的问题是检验这四种销售方式销售量的均值之间是否有显著差异. 本问题正是多个正态总体均值是否相等的假设检验问题, 所以适合采用方差分析的方法进行检验. 当然, 我们可以采用假设检验的方法对每两个总体进行两两的多次检验, 但显然工作效率低.

1. 方差分析中的常用术语

试验指标是指试验中所要考察的指标. 在例 1 中产品的销售量就是试验指标.

因素是指影响试验指标的条件、因素等. 在例 1 中, 要分析不同销售方式对销售量是否有影响, 销售方式是可能影响销售量这个试验指标的因素.

在实际问题中, 影响试验指标的因素可能不止一种. 如果方差分析只针对影响试验指标的一个因素进行, 称为**单因素方差分析**. 如果同时针对多个因素进行, 称为**多因素方差分析**. 本章介绍单因素方差分析和双因素方差分析, 它们是方差分析中最常用的.

水平指因素的具体表现, 如销售的四种具体方式就是销售方式这个因素的不同水平. 有时水平是人为划分的, 比如质量被评定为好、中、差.

单元指因素水平之间的组合. 如销售方式一中就包含五个不同的销售业绩, 就是五个单元.

如果一个试验设计中任一因素各水平试验数据的个数相同, 则称该试验为**均衡 (Balance) 试验**, 否则, 就被称为**不均衡试验**. 例 1 是均衡的.

2. 方差分析的基本假定

在方差分析中通常要有以下假定：

(1) 对于因素的每一个水平, 其观测值是来自正态分布总体的简单样本.

(2) 每一种因素服从的正态分布的方差都必须相同.

(3) 所有观测数据都是独立的, 即每个因素的不同个水平的数据之间是独立的.

在上述假设条件成立的情况下, 数理统计证明, 因素水平之间的方差 (也称为组间方差) 与水平内部的方差 (也称组内方差) 之间的比值定义一个服从 F 分布的统计量, 可以通过这个统计量的检验做出拒绝或不能拒绝原假设的决策.

二、单因素方差分析

1. 单因素方差分析的数学模型

取因素 A 的 r 个水平 A_1, A_2, $\cdots$, A_r, 每个水平 $A_i (i=1,2,\cdots,r)$ 下要考察的指标看作一个总体 X_i, 并假定这 r 个总体 X_1, X_2, $\cdots$, X_r 相互独立且 $X_i \sim N(\mu_i,\sigma)$, $i=1$, 2, $\cdots$, r, 即

(1) 每个总体均服从正态分布, 均值可能不同, 也可以未知；

(2) 每个正态总体的方差相同, 但方差可以未知；

(3) 这 r 个总体相互独立.

对每个水平 A_i 进行 n_i 次独立试验, $i=1$, 2, $\cdots$, r, 得到样本 X_{ij}, 其观测值见表 6.2.

表　6.2

水　平	A_1	A_2	$\cdots$	A_r
样本观测值	x_{11} x_{12} $\vdots$ x_{1n_1}	x_{21} x_{22} $\vdots$ x_{2n_2}	$\cdots$ $\cdots$ $\cdots$	x_{r1} x_{r2} $\vdots$ x_{rn_r}

表中的 n_1，n_2，$\cdots$，n_r 可以相等，也可以不等，记所有样本的总个数为 $n = \sum\limits_{i=1}^{r} n_i$．

由假设知每个样本 $X_{ij} \sim N(\mu_i, \sigma^2)$（$\mu_i$ 和 σ^2 未知），$i = 1, 2, \cdots, r$，$j = 1, 2, \cdots,$ n_i，且相互独立，即有 $X_{ij} - \mu_i \sim N(0, \sigma^2)$，故 $X_{ij} - \mu_i$ 可视为随机误差．记 $X_{ij} - \mu_i = \varepsilon_{ij}$，从而得到如下数学模型：

$$\begin{cases} X_{ij} = \mu_i + \varepsilon_{ij}, & i = 1, 2, \cdots, r, \quad j = 1, 2, \cdots, n_i \\ \varepsilon_{ij} \sim N(0, \sigma^2), & \text{各个 } \varepsilon_{ij} \text{ 相互独立} \end{cases}$$

称其为单因素方差分析的数学模型．

2. 模型的统计检验

方差分析的目的是根据这组样本观测值来检验因素 A 对试验的结果的影响是否显著，即不同的水平下各个总体的均值是否相等．如果因素 A 对试验结果的影响不显著，即，各个总体的均值相等，则所有样本 X_{ij} 就可以看作是来自同一个正态总体 $N(\mu, \sigma^2)$，因此，要检验的原假设是：

$$H_0: \mu_1 = \mu_2 = \cdots = \mu_r$$

备择假设是

$$H_1: \mu_1, \mu_2, \cdots, \mu_r \text{ 不全相等}$$

如果 H_0 成立，则 r 个总体间无显著差异，也就是说因素 A 对指标没有显著影响，则所有的 X_{ij} 可以认为来自同一个总体 $N(\mu, \sigma^2)$，各个 X_{ij} 间的差异只是由随机因素引起的．若 H_0 不成立，则在总偏差中，除随机因素引起的差异外，还包括由因素 A 的不同水平的作用而产生的差异，为此，可将总偏差中的这两种差异分开，从平方和分解入手．

记在水平 A_i 下数据的样本均值为

$$\overline{x}_{i.} = \frac{1}{n_i} \sum_{j=1}^{n_i} x_{ij}, i = 1, 2, \cdots, r$$

因素 A 下的所有水平的样本总均值为

$$\overline{x} = \frac{1}{n} \sum_{i=1}^{r} \sum_{j=1}^{n_i} x_{ij} = \frac{1}{r} \sum_{i=1}^{r} \overline{x}_{i.}$$

为了分析对比样本之间产生的差异，引入偏差平方和来度量各个体间的差异程度

$$Q_T = \sum_{i=1}^{r} \sum_{j=1}^{n_i} (x_{ij} - \overline{x})^2$$

Q_T 反映了全部试验数据之间的差异，又称为**总偏差平方和**．把 Q_T 分解如下：

$$Q_T = Q_E + Q_A$$

其中

$$Q_A = \sum_{i=1}^{r} n_i (\overline{x}_{i.} - \overline{x})^2$$

它反映了在每个水平下的样本均值与样本总均值的差异之和，是由因素 A 取不同水平引起的，称为**组间（偏差）平方和**，也称为因素 A 的**偏差平方和**．

$$Q_E = \sum_{i=1}^{r} \sum_{j=1}^{n_i} (x_{ij} - \overline{x}_{i.})^2$$

它表示在水平 A_i 下样本值与该水平下的样本均值之间的差异之和，它是由随机误差引起

的，称为**误差（偏差）平方和**，也称为**组内（偏差）平方和**. $\dfrac{Q_E}{n-r}$ 是 σ^2 的无偏估计量.

在模型的假定下可得 F 分布

$$F=\frac{Q_A/\sigma^2(r-1)}{Q_E/\sigma^2(n-r)}=\frac{(n-r)Q_A}{(r-1)Q_E}\sim F(r-1,n-r).$$

对于给定的显著性水平 α，查得临界值 $F_\alpha(r-1, n-r)$ 的值. 由样本观测值计算得到统计量 F 的观测值，如果

(1) $F>F_\alpha(r-1,n-r)$，则应拒绝 H_0，说明组间差异的影响显著地胜过随机误差的影响，认为因素 A 的各水平下的效应有显著差异；

(2) $F<F_\alpha(r-1,n-r)$，则接受 H_0，认为因素 A 的各水平下的效应无显著差异.

实际应用中，常采用如下做法：

(1) 当 $F<F_{0.05}(r-1,n-r)$ 时，认为影响不显著；

(2) 当 $F_{0.05}(r-1,n-r)<F<F_{0.01}(r-1,n-r)$ 时，认为影响显著，用记号 "$*$" 表示；

(3) 当 $F>F_{0.01}(r-1,n-r)$ 时，认为影响特别显著，用记号 "$**$" 表示.

为表达的方便和直观，将上面的分析过程和结果制成一个表格，如表 6.3 所示.

表 6.3　单因素方差分析表

方差来源	平方和	自由度	F 值	临界值	显著性
组间	Q_A	$r-1$	$F=\dfrac{Q_A/(r-1)}{Q_E/(n-r)}$	$F_{0.05}(r-1,n-r)$	
误差	Q_E	$n-r$		$F_{0.01}(r-1,n-r)$	
总计	Q_T	$n-1$			

如例 1 的计算结果如表 6.4 所示.

表 6.4　某公司产品销售方式的方差分析表

方差来源	平方和	自由度	F 值	临界值	显著性
列间（因素）	685	3	7.34	$F_{0.05}(3,16)=3.24$	$**$
列内（误差）	498	16		$F_{0.01}(3,16)=5.29$	
总计	1183	19			

由于 $F>F_{0.01}(3,16)=5.29$，故应拒绝原假设，推销方式对销售量有特别显著影响.

软件中大都使用 P 值法进行结论判断，这里对 P 值的计算方法不做深究. 给定显著性水平 α 后，当 $P<\alpha$ 拒绝原假设，认为有显著性差异.

3. 单因素方差分析的 MATLAB 实现

在 MATLAB 统计工具箱中，单因素方差分析的相关函数有

$$[\mathrm{p,t,s}]=\mathrm{anova1(x,group)},$$

anova 是 analysis of variance （方差分析）的缩写；输入变量 x 是 n×r 数据矩阵，n 是每个水平数据个数（注意，每个水平的数据必须写成一列的形式），r 是水平个数，group 是用于

标识不同水平的数据的向量，均衡实验可以缺省；输出变量 p 是大于统计量 F 的观测值的概率，当 $p < \alpha$ 时，原拒绝 H_0. t 是方差分析表的文本数据，s 是箱体图.

$$c = multcompare(s)$$

其中输入变量 s 是 anova1 的输出结果 s；输出结果 c 是两两显著性差异的比较.

如再解例 1 的程序：

x＝[77　86　81　88　83；95　92　78　96　89

71　76　68　81　74；80　84　79　70　82]';↙

p＝anova1(x)↙

结果为 p 值，方差分析表见表 6.5，箱体图见图 6.1：

p＝

0.0026

表 6.5　ANOVA Table

Source	SS	df	MS	F	Prob>F
Columns	685	3	228.333	7.34	0.0026
Error	498	16	31.125		
Total	1183	19			

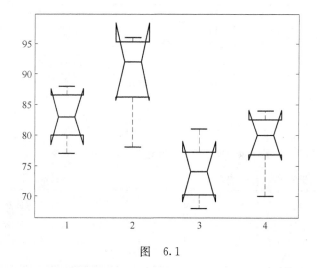

图　6.1

从方差分析表可以看出，组间平方和 $S_A = 685$，组内平方和 $S_E = 498$，总偏差平方和是 1183. 方差的无偏估计量是 31.125. 由于 $p = 0.0026 < 0.01$，故应拒绝原假设，认为推销方式对销售量有特别显著影响. 从箱体图可知水平二的销售量最大. 但是它们之间的这种差异是显著的吗？通过多重比较可以知道.

在命令窗口接着输入：

c＝multcompare(s)↙

得到：

c＝

```
1.0000   2.0000   -17.0950   -7.0000    3.0950
1.0000   3.0000    -1.0950    9.0000   19.0950
1.0000   4.0000    -6.0950    4.0000   14.0950
2.0000   3.0000     5.9050   16.0000   26.0950
2.0000   4.0000     0.9050   11.0000   21.0950
3.0000   4.0000   -15.0950   -5.0000    5.0950
```

矩阵 c 中前两列是对比的因素水平号，第三列和第五列是差异的置信区间，第四列是区间中值. 比如第一行：1.000，2.000 是指水平一和水平二比较，它们均值之差的置信区间是 $[-17.0950 \quad 3.0950]$，区间中值是 -7.0000. 置信区间包含 0 点，可以认为这两种销售方式没有显著性差异. 通过对比可知销售方式二和三，销售方式二和四差异是显著的. 也可以通过单击交互图（图 6.2）来看结果. 综合判断可知销售方式二的销售量显著地大于其他方式.

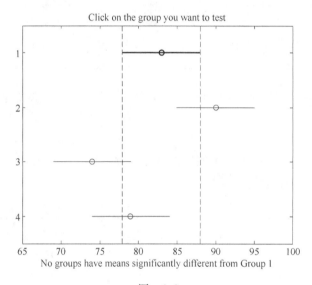

图　6.2

下面举一个非均衡的例子.

例 2　用四种不同的工艺生产灯泡，从各种工艺生产的灯泡中分别抽取样品，并测的样品的使用寿命（单位：h）如表 6.6 所示.

表　6.6

工　艺	A_1	A_2	A_3	A_4
	1620	1580	1460	1500
	1670	1600	1540	1550
样本观测值	1700	1640	1620	1610
	1750	1720		1680
	1800			
平均值	1708	1635	1540	1585

检验这四种不同的工艺生产灯泡的使用寿命是否有显著的差异.

解　每个水平的数据个数不同，这是一个非均衡的试验. 其程序为

x=[1620 1670 1700 1750 1800 1580 1600 1640 1720 1460 1540 1620 1500 1550 1610 1680];

g=[1 1 1 1 1 2 2 2 2 3 3 3 4 4 4 4];

anova1(x,g)

输出结果（方差表见表6.7，箱体图省略）为：

ans=

　　0.0331

表 6.7　ANOVA Table

Source	SS	df	MS	F	Prob>F
Groups	62820	3	20940	4.06	0.0331
Error	61880	12	5156.67		
Total	124700	15			

从输出结果可知，因为 $0.01 < p = 0.0331 < 0.05$，所以几种工艺制成的灯泡寿命有显著的差异.

实验任务

1. 某灯泡厂用4种不同配料方案制成的灯丝，分别生产了4批灯泡. 在每批灯泡中随机抽取若干灯泡，测得其使用寿命数据见表6.8.

表　6.8　　　　　　　　　　　　　　　　　　　（单位：h）

灯丝	序号							
	1	2	3	4	5	6	7	8
甲	1600	1610	1650	1680	1700	1720	1800	
乙	1580	1640	1640	1700	1750			
丙	1460	1550	1600	1640	1660	1740	1820	1820
丁	1510	1520	1530	1570	1600	1680		

试问这4种灯丝生产的灯泡使用寿命有无显著性差异（显著性水平为0.05)？

2. 某轮胎生产厂家设计了3种型号的轮胎，要检验这些轮胎在平均制动距离方面是否有显著性差异，以便分别对各型号轮胎定价. 数据见表6.9.（显著性水平为0.05）

表　6.9　　　　　　　　　　　　　　　　　　　（单位：m）

型号	序号									
	1	2	3	4	5	6	7	8	9	10
A 型号	281	268	271	279	274	273	285	265	268	280
B 型号	284	281	275	271	279	265	284	268	263	359
C 型号	271	258	259	254	268	267	259	268	264	259

3. 某湖水在不同季节氯化物含量测定值如表 6.10 所示. 问不同季节氯化物含量有无差别? 若有差别，进行 32 个水平的两两比较. ($\alpha=0.05$)

表 6.10 某湖水不同季节氯化物含量 （单位：mg/L）

春	夏	秋	冬
22.6	19.1	18.9	19.0
22.8	22.8	13.6	16.9
21.0	24.5	17.2	17.6
16.9	18.0	15.1	14.8
20.0	15.2	16.6	13.1
21.9	18.4	14.2	16.9
21.5	20.1	16.7	16.2
21.2	21.2	19.6	14.8

4. 将 18 名原发性血小板减少症患者按年龄相近的原则每 3 人一组分配为 6 个单位组，每个单位组中的 3 名患者又随机分配到 A、B、C 3 个治疗方法相互不同的治疗组中，治疗后的血小板升高见表 6.11，问 3 种治疗方法的疗效有无差别？($\alpha=0.05$)

表 6.11 不同人用鹿茸草后血小板的升高值 （单位：$10^4/mm^3$）

年龄组	A	B	C
1	3.8	6.3	8.0
2	4.6	6.3	11.9
3	7.6	10.2	14.1
4	8.6	9.2	14.7
5	6.4	8.1	13.0
6	6.2	6.9	13.4

5. 某研究人员以 0.3mL/kg 剂量纯苯给大鼠皮下注射染毒，每周 3 次，经 45 天后，使实验动物白细胞总数下降至染毒前的 50% 左右，同时设置未染毒组. 两组大鼠均按照是否给予升高白细胞药物分为给药组和不给药组，试验结果见表 6.12，试做统计分析. ($\alpha=0.05$)

表 6.12 试验效应指标（吞噬指数）数据

未染毒组		染毒组	
不给药	给药	不给药	给药
3.80	3.88	1.85	1.94
3.90	3.84	2.01	2.25
4.06	3.96	2.10	2.03
3.85	3.92	1.92	2.10
3.84	3.80	2.04	2.08

6. 某研究所对 31 名自愿者进行某项生理指标测试，结果如表 6.13 所示：

表 6.13

患者	1.8	1.4	1.5	2.1	1.9	1.7	1.8	1.9	1.8	1.8	2.0
疑似者	2.3	2.1	2.1	2.1	2.6	2.5	2.3	2.4	2.4		
非患者	2.9	3.2	2.7	2.8	2.7	3.0	3.4	3.0	3.4	3.3	3.5

问：(1) 这 3 类人的该项生理指标有差别吗？($\alpha = 0.05$)

(2) 如果有差别，请进行多重比较分析. ($\alpha = 0.05$)

7. 将 24 家生产产品大致相同的企业，按资金分为 3 类，每个公司的每 100 元销售收入的生产成本（单位：元）如表 6.14 所示. 这些数据能否说明 3 类公司的市场生产成本有差异（假定生产成本服从正态分布，且方差相同）？($\alpha = 0.05$)

表 6.14

20~30	30~50	50 以上
69	75	77
72	76	80
70	72	75
76	70	86
72	80	74
72	68	86
66	80	80
72	74	83

实验 6.2 双因素方差分析

实验目的

了解无交互作用的方差分析和有交互作用的方差分析的基本理论，学会利用 MATLAB 软件处理实际中的双因素方差分析问题.

一、无交互作用的双因素方差分析

在现实中，常常会遇到两个因素同时影响试验指标的情况. 这就需要检验究竟一个因素起作用，还是两个因素都起作用，或者两个因素的影响都不显著.

双因素方差分析有两种类型：一种是无交互作用的双因素方差分析，它假定因素 A 和因素 B 的效应之间是相互独立的，不存在相互关系；另一种是有交互作用的方差分析，它假定 A、B 两个因素不是独立的，而是相互起作用的，两个因素同时起作用的结果不是两个因素分别作用的简单相加，两者的结合会产生一个新的效应. 这种效应的最典型的例子是，耕地深度和施肥量都会影响产量，但同时深耕和适当的施肥可能使产量成倍增加，这时，耕地深度和施肥量就存在交互作用. 两个因素结合后就会产生出一个新的效应，属于有交互作用的方差分析问题. 首先来看无交互作用的双因素方差分析.

设因素 A 取 r 个水平 A_1，A_2，$\cdots$，A_r，因素 B 取 s 个水平 B_1，B_2，$\cdots$，B_s，我们假定在 (A_i, B_j) 水平组合下的总体 $X_{ij} \sim N(\mu_{ij}, \sigma^2)$，$i = 1, 2, \cdots, r$，$j = 1, 2, \cdots, s$，方差都等于 σ^2（可以是未知的），但总体均值（也是未知的）可能不相等，并假定所有的试验是相互独立的. 若每一种因素组合仅做一次试验，则称**双因素无重复试验**.

设水平 (A_i, B_j) 得到的样本观测值为 x_{ij}，试验结果列表 6.15.

表 6.15 无交互作用双因素方差分析样本值表

i		j 因素 B				
		B_1	B_2	$\cdots$	B_s	均值
因 素 A	A_1	x_{11}	x_{12}	$\cdots$	x_{1s}	$\overline{x}_1.$
	A_2	x_{21}	x_{22}	$\cdots$	x_{2s}	$\overline{x}_2.$
	$\vdots$	$\vdots$	$\vdots$		$\vdots$	$\vdots$
	A_r	x_{r1}	x_{r2}	$\cdots$	x_{rs}	$\overline{x}_r.$
	均值	$\overline{x}._1$	$\overline{x}._2$	$\cdots$	$\overline{x}._s$	

其中

行平均值
$$\overline{x}_i. = \frac{1}{s} \sum_{j=1}^{s} x_{ij}$$

列平均值
$$\overline{x}._j = \frac{1}{r} \sum_{i=1}^{r} x_{ij}$$

方差分析的目的是判断两个因素 A 和 B 对试验指标的影响是否显著. 为此提出如下假设：

判读因素 A 对试验指标影响是否显著，就是要检验下列假设：

H_{0A}：$\mu_1. = \mu_2. = \cdots = \mu_r.$，$i = 1, 2, \cdots, r$

H_{1A}：$\mu_1.$，$\mu_2.$，$\cdots$，$\mu_r.$ 不全相等

判断因素 B 的影响是否显著，就要检验下列假设：

H_{0B}：$\mu._1 = \mu._2 = \cdots = \mu._s$，$j = 1, 2, \cdots, s$

H_{1B}：$\mu._1$，$\mu._2$，$\cdots$，$\mu._s$ 不全相等

下面构造统计量进行检验.

设总的样本均值

$$\overline{x} = \frac{1}{rs} \sum_{i=1}^{r} \sum_{j=1}^{s} x_{ij} = \frac{1}{r} \sum_{i=1}^{r} \overline{x}_i. = \frac{1}{s} \sum_{j=1}^{s} \overline{x}._j$$

双因素方差分析同样对总偏差平方和 $Q = \sum_{i=1}^{r} \sum_{j=1}^{s} (x_{ij} - \overline{x})^2$ 进行分解为三部分：

$$Q = Q_A + Q_B + Q_E$$

Q_A、Q_B 和 Q_E 分别反映因素 A 的组间差异、因素 B 的组间差异和随机误差的离散状况. 它们的计算公式分别为

$$Q_A = \sum_{i=1}^{r} s(\overline{x}_i. - \overline{x})^2 ; Q_B = \sum_{j=1}^{s} r(\overline{x}._j - \overline{x})^2$$

$$Q_E = \sum_{i=1}^{r} \sum_{j=1}^{s} (x_{ij} - \overline{x}_i. - \overline{x}._j + \overline{x})^2 = Q - Q_A - Q_B$$

为检验因素 A 的影响是否显著，采用下面的统计量：

$$F_A = \frac{Q_A/(r-1)}{Q_E/(r-1)(s-1)} \sim F_\alpha(r-1, (r-1)(s-1))$$

为检验因素 B 的影响是否显著，采用下面的统计量：

$$F_B = \frac{Q_B/(s-1)}{Q_E/(r-1)(s-1)} \sim F_\alpha(s-1, (r-1)(s-1))$$

由平方和与自由度可以计算出均方，从而计算出 F 检验值，如表 6.16 所示.

表 6.16　无交互作用的双因素方差分析表

方差来源	平方和	自由度	F 值	临界值	显著性
因素 A	Q_A	$r-1$	$F_A = \dfrac{Q_A/(r-1)}{Q_E/(r-1)(s-1)}$	$F_{A0.05}$ $F_{A0.01}$	
因素 B	Q_B	$s-1$	$F_B = \dfrac{Q_B/(s-1)}{Q_E/(r-1)(s-1)}$	$F_{B0.05}$ $F_{B0.01}$	
误差	Q_E	$(r-1)(s-1)$			
总计	Q	$rs-1$			

根据给定的显著性水平 α 在 F 分布表中查找相应的临界值 F_α，将统计量 F 与 F_α 进行比较，做出拒绝或不能拒绝原假设 H_0 的决策.

若 $F_A > F_\alpha$，则拒绝原假设 H_{OA}，表明均值之间有显著差异，即因素 A 对试验指标有显著影响；反之，则说明因素 A 对试验指标没有显著影响；

若 $F_B > F_\alpha$，则拒绝原假设 H_{OB}，表明均值之间有显著差异，即因素 B 对试验指标有显著影响. 反之，这说明因素 B 对观察值没有显著影响；

软件中常通过 F 统计量对应的 p 值小于显著性水平，来拒绝原假设.

在 MATLAB 统计工具箱中双因素方差分析的命令是：p＝anova2，下面举例说明其用法.

例3　某公司想知道产品销售量与销售方式及销售地点是否有关，随机抽样得如表 6.17 所示资料，以 0.05 的显著性水平进行检验.

表 6.17　某公司产品销售方式及销售地点所对应的销售量

	地点一	地点二	地点三	地点四	地点五
方式一	77	86	81	88	83
方式二	95	92	78	96	89
方式三	71	76	68	81	74
方式四	80	84	79	70	82

解　这是一个双因素方差分析问题. 在命令窗口输入：

x＝[77　86　81　88　83 ;95　92　78　96　89
71　76　68　81　74 ;80　84　79　70　82];

注意：这里要记住表中行列上摆放的数据. 销售方式的数据写在矩阵的行上，销售地点的数据写在矩阵的列上.

p＝anova2(x)

结果（见表 6.18）为：

　　p＝　　0.2881　　0.0032

表 6.18　ANOVA Table

Source	SS	df	MS	F	Prob>F
Columns	159.5	4	39.875	1.41	0.2881
Rows	685	3	228.333	8.09	0.0032
Error	338.5	12	28.208		
Total	1183	19			

结论：因为列检验的概率 $p_1 = 0.2881 > 0.05$，即销售地点对销售量的影响不显著.

因为行检验的概率 $p_2 = 0.0032 < 0.05$，即销售方式对销售量有影响.

二、有交互作用的双因素方差分析

如果一个因素的效应大小在另一个因素不同水平下明显不同，则称为两因素间存在**交互作用**（Interaction）. 当存在交互作用时，单纯研究某个因素的作用是没有意义的，必须分析另一个因素的不同水平对该因素的作用大小. 这就需要进行有交互作用的双因素方差分析.

设两个因素分别是 A 和 B，因素 A 共有 r 个水平，因素 B 共有 s 个水平，为对两个因素的交互作用进行分析，每组试验条件的试验至少要进行两次，若对每个水平组合下（A_j，B_i）重复 t 次试验，假定每种组合的总体 $X_{ij} \sim N(\mu_{ij}, \sigma^2)$ 且相互独立，每个水平（A_i，B_j）下的样本 X_{ijk} 与总体 X_{ij} 服从同一分布，即

$$x_{ijk} \sim N(\mu_{ij}, \sigma^2), (i=1,2,\cdots,r; j=1,2,\cdots,s; k=1,2,\cdots,t)$$

每次试验的结果用 x_{ijk} 表示，那么有交互作用的双因素方差分析的数据结构如表 6.19 所示.

表 6.19　有交互作用双因素方差分析的数据结构

i		j			
		因　素　B			
		B_1	$\cdots$	B_s	均值
因素 A	A_1	$x_{111}, x_{112}, \cdots, x_{11t}$	$\cdots$	$x_{1s1}, x_{1s2}, \cdots, x_{1st}$	$\overline{x}_1.$
	A_2	$x_{211}, x_{212}, \cdots, x_{21t}$	$\cdots$	$x_{2s1}, x_{2s2}, \cdots, x_{2st}$	$\overline{x}_2.$
	$\vdots$	$\vdots$		$\vdots$	$\vdots$
	A_r	$x_{r11}, x_{r12}, \cdots, x_{r1t}$	$\cdots$	$x_{rs1}, x_{rs2}, \cdots, x_{rst}$	$\overline{x}_r.$
	均值	$\overline{x}._1$		$\overline{x}._s$	

水平的均值

$$\overline{x}_{ij} = \frac{1}{t}\sum_{k=1}^{t} x_{ijk}, \overline{x}._i = \frac{1}{st}\sum_{j=1}^{s}\sum_{k=1}^{t} x_{ijk}, \overline{x}_j. = \frac{1}{rt}\sum_{i=1}^{r}\sum_{k=1}^{t} x_{ijk}$$

总均值

$$\overline{x} = \frac{1}{rst}\sum_{i=1}^{r}\sum_{j=1}^{s}\sum_{k=1}^{t} x_{ijk} = \frac{1}{r}\sum_{i=1}^{r}\overline{x}._r = \frac{1}{s}\sum_{j=1}^{s}\overline{x}_j.$$

其任务就是要根据这些样本观测值来检验因素 A、B 及其交互作用 $I = A \times B$ 对试验的结果的影响是否显著. 因此我们提出如下假设：

对于因素 A 提出假设：

　　　　H_{0A}：因素 A 的各个水平的影响无显著差异，

　　　　H_{1A}：因素 A 的各个水平的影响有显著差异.

对于因素 B 提出假设：

　　　　H_{0B}：因素 B 的各个水平的影响无显著差异，

　　　　H_{1B}，因素 B 的各个水平的影响有显著差异.

对于因素 A、B 的交互作用提出假设：

　　　　H_{0I}：因素 A、B 的各个水平的交互作用无显著影响，

　　　　H_{1I}：因素 A、B 的各个水平的交互作用有显著影响.

与无交互作用的双因素方差分析不同，总变差平方和

$$Q = \sum_{i=1}^{r}\sum_{j=1}^{s}\sum_{k=1}^{t}(x_{ijk} - \overline{x})^2$$

将被分解为四个部分　　　　$$Q = Q_A + Q_B + Q_{A \times B} + Q_E$$

其中，Q_A、Q_B、$Q_{A \times B}$ 和 Q_E 分别反映因素 A 的组间差异、因素 B 的组间差异、因素 A、B 的交互效应和随机误差的离散状况.

由平方和与自由度可以计算出均方差，从而计算出 F 检验值，如表 6.20 所示.

表 6.20 有交互作用的双因素方差分析表

方差来源	平方和	自由度	F 值	临界值	显著性
因素 A	Q_A	$r-1$	$F_A = \dfrac{Q_A/(r-1)}{Q_E/rs(t-1)}$	$F_{A0.05}$ $F_{A0.01}$	
因素 B	Q_B	$s-1$	$F_B = \dfrac{Q_B/(s-1)}{Q_E/rs(t-1)}$	$F_{B0.05}$ $F_{B0.01}$	
交互作用 I	Q_I	$(r-1)(s-1)$	$F_{A\times B} = \dfrac{Q_{A\times B}/(r-1)(s-1)}{Q_E/rs(t-1)}$	$F_{I0.05}$ $F_{I0.01}$	
误差	Q_E	$rs(t-1)$			
总计	Q	$rst-1$			

根据给定的显著性水平 α 在 F 分布表中查找相应的临界值 F_α，将统计量 F 与 F_α 进行比较，做出拒绝或不能拒绝原假设 H_0 的决策.

若 $F_A > F_\alpha(r-1, rs(t-1))$，则拒绝原假设 H_{0A}，表明因素 A 对试验指标有显著影响；

若 $F_B > F_\alpha(s-1, rs(t-1))$，则拒绝原假设 H_{0B}，表明因素 B 对试验指标有显著影响；

若 $F_{AB} > F_\alpha((r-1)(s-1), rs(t-1))$，则拒绝原假设 H_{0I}，表明因素 A、B 的交互效应对试验指标有显著影响.

软件中常通过 F 统计量对应的 p 值小于显著性水平，来拒绝原假设.

在 MATLAB 统计工具箱中，双因素方差分析的命令是

$$p = anova2(x, rep),$$

其中，x 数据矩阵，rep 给出重复试验的次数 t.

例 4 电池的板极材料与使用的环境温度对电池的输出电压均有影响. 今材料类型与环境温度都取了三个水平，测得输出电压数据如表 6.21 所示，分析不同材料、不同温度及它们的交互作用对输出电压有无显著影响（$\alpha = 0.05$）.

表 6.21 材料与环境温度的输出电压影响的测试表

材料类型	环 境 温 度					
	15℃		25℃		35℃	
1	130	155	34	40	20	70
	174	180	80	75	82	58
2	150	188	136	122	25	70
	159	126	106	115	58	45
3	138	110	174	120	96	104
	168	160	150	139	82	60

解 这是重复 4 次双因素方差分析问题.

x=[130 34 20;155 40 70;174 80 82;180 75 58;150 136 25;188 122 70;
159 106 58;126 115 45;138 174 96;110 120 104;168 150 82;160 139 60];

注意：数据输入时，重复试验的数据写在数据矩阵的列上，先后顺序无关.

p=anova2(x,4)

p=

0.0000　　0.0043　　0.0008

结果如表 6.22 所示.

表 6.22　ANOVA Table

Source	SS	df	MS	F	Prob>F
Columns	47535.4	2	23767.7	47.25	0
Rows	6767.1	2	3383.5	6.73	0.0043
Interaction	13180.4	4	3295.1	6.55	0.0008
Error	13580.7	27	503		
Total	81063.6	35			

结论：因为行数据检验的 P-value＝0.0043＜0.05，拒绝原假设，即材料对输出电压的影响显著；

因为列数据检验的 P-value＝0.0000＜0.05，所以拒绝原假设，即环境温度对输出电压的影响显著；

因为交互作用检验 P-value＝0.0008＜0.05，拒绝原假设，即材料与温度的交互作用对输出电压的影响显著.

实验任务

1. 为了解三种不同配比的饲料对仔猪影响的差异，对三种不同品种的猪各选三头进行试验，分别测得其三个月间体重增加量如表 6.23 所示. 假定其体重增加量服从正态分布，且方差相同. 试分析不同饲料与不同品种对猪的生长有无显著差异（$\alpha=0.05$）.

表　6.23

体重增量		仔　　猪		
		B_1	B_2	B_3
饲料	A_1	30	31	32
	A_2	31	36	32
	A_3	27	29	28

2. 比较 3 种化肥（A、B 两种新型化肥和传统化肥）施撒在三种类型（酸性、中性和碱性）的土地上对作物的产量情况有无差别，将每块土地分成 6 块小区，施用 A、B 两种新型化肥和传统化肥. 收割后，测量各组作物的产量，得到的数据如表 6.24 所示. 化肥、土地类型及其它们的交互作用对作物产量有影响吗？（$\alpha=0.05$）

表　6.24

化肥种类	土　　地		
	酸性	中性	碱性
A	30，35	31，32	32，30
B	31，32	36，35	32，30
传统	27，25	29，27	28，25

3. 一种火箭使用了四种燃料，三种推进器做射程试验，每种组合试验了两次得到射程数据如表 6.25 所示.

表 6.25

燃料种类	射程/n mile		
	推进器 A	推进器 B	推进器 C
燃料 1	58.2	56.2	65.3
	52.6	41.2	60.8
燃料 2	49.1	54.1	51.6
	42.8	50.5	48.4
燃料 3	60.1	70.9	39.2
	58.3	73.2	40.7
燃料 4	75.8	58.2	48.7
	71.5	51	41.4

试检验燃料和推进器以及它们之间的交互效应对火箭的射程有无显著的影响（显著性水平为 0.05）.

第 7 章　回 归 分 析

回归分析是处理变量之间相关关系最常用的数理统计方法，解决科学研究和工农业生产中预测、控制、生产工艺最优化等诸多问题．本章简单介绍回归分析的基本理论和回归建模的基本方法，着重介绍如何利用 MATLAB 软件进行回归建模、分析和预测的方法．

实验 7.1　一元回归分析

回归分析的
前世和今生

实验目的

通过本实验了解一元回归模型的建立和回归方程显著性检验的方法及应用一元回归方程进行预测的方法，学会应用 MATLAB 软件进行一元回归分析和建模的方法．

一、一元线性回归分析

1. 数学模型

首先看下面的例子．

为考察某个时期对照相机的需求，设 x 为该时期的家庭人均收入，y 为该时期内平均每十户拥有照相机的数量．统计数据如表 7.1 所示．

表 7.1　家庭人均收入与拥有照相机数的关系

家庭人均收入 x_i/百元	1.5	1.8	2.4	3.0	3.5	3.9	4.4	4.8	5.0
有照相机 y_i/(台/十户)	2.8	3.7	5.0	6.3	8.8	10.5	11.0	11.6	13.2

试分析拥有相机数量 y 与家庭收入 x 的关系，并求出关系式．

为了研究 x 与 y 的规律性，以 x 为横坐标，y 为纵坐标将这些数据对 (x_i, y_i) 绘制在平面直角坐标系上，如图 7.1，称为**散点图**．直观地分析可以看出 y 随着 x 的增大而增大，且大致在一条直线附近波动，可知 y 与 x 之间存在着相关关系，且大致是线性关系．

因为这里只涉及两个变量之间的线性关系，可以用一元线性回归分析处理．设家庭收入 x 是可以测量的自变量，没有随机性，而本试验关注的变量拥有照相机数量 y 的值由两部分构成：一部分由自变量 x 的线性影响所致，表示为 x 的线性函数 $a + bx$．另一部分则由众多其他因素，包括随机因素的影响所致，可以视为随机误差项，记为 ε，可得

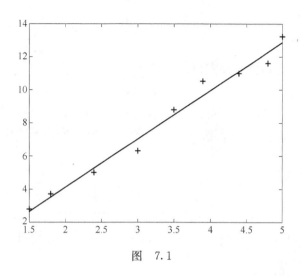

图　7.1

$$y = a + bx + \varepsilon \tag{7.1}$$

称之为**一元线性回归模型**. 其中自变量 x 是可以控制的非随机变量，称为**回归变量**，固定的未知参数 a，b 称为**回归系数**，y 称为**响应变量**或**因变量**. 由于 ε 是**随机误差**，根据中心极限定理，通常假定 $\varepsilon \sim N(0, \sigma^2)$，$\sigma^2$ 是未知参数. 因变量 y 的数学期望 $E(y) = a + bx$ 称为**回归方程**，它是一条直线，称为**回归直线**.

一元线性回归模型用到了以下假定：

（1）因变量 y 与自变量 x 有线性关系；

（2）随机误差项 $\varepsilon \sim N(0, \sigma^2)$，不同的 x 对应误差独立. 独立性意味着一个特定的 x 对应的误差与其他的 x 对应的误差不相关；方差相同意味着对于所有的 x，y 的方差都是 σ^2，该值越小，意味着 y 的观测值越靠近回归直线.

一元线性回归分析的主要任务是：用试验值（样本观测值）对未知参数 a，b，σ^2 做出估计；对建立的回归方程进行显著性检验；给定 x，利用模型对 y 做预测，或给定 y 值，对 x 做控制.

2. 回归系数的估计

由于回归系数 a，b 是未知的，为了估计回归系数，假定试验得到两个变量 x 与 y 的 n 个样本观测值 (x_i, y_i)，$i = 1, 2, \cdots, n$. 将这 n 对观测值代入模型（7.1）中，得

$$y_i = a + bx_i + \varepsilon_i, \quad i = 1, 2, \cdots, n.$$

这里 ε_1，ε_2，$\cdots$，ε_n 是相互独立的随机误差，且均服从正态分布，即 $\varepsilon_i \sim N(0, \sigma^2)$，$i = 1$，$2$，$\cdots$，$n$.

回归系数估计的方法有多种，其中使用最广泛的是最小二乘方法，即要求选取的 a，b 的值使得上述随机误差 ε_i 的平方和达到最小. 即求使得函数

$$Q(a, b) = \sum_{i=1}^{n} \varepsilon_i^2 = \sum_{i=1}^{n} (y_i - a - bx_i)^2$$

取得最小值的 a，b.

由于 $Q(a, b)$ 是 a，b 的二元函数，利用微积分知识可求得参数 a，b 估计值：

$$\hat{a}=\frac{1}{n}\sum y_i-\hat{b}\frac{1}{n}\sum x_i, \quad \hat{b}=\frac{n\sum x_i y_i-\sum x_i\sum y_i}{n\sum x_i^2-\left(\sum x_i\right)^2}.$$

由此得到（样本的）**一元线性回归方程**

$$\hat{y}=\hat{a}+\hat{b}x. \tag{7.2}$$

注意，这里得到的回归方程，是由本次实验数据估计出来的，故也称为**经验回归方程**. 该方程的直线称为**回归直线**. 代入观测值 x_i，得到的值 $\hat{y}_i$ 称为**回归预测值**，它实际是 $E(y)$ 的**预测值**.

3. 回归方程统计检验

在实际工作中，我们不一定能事先断定 y 与 x 之间有线性关系，式（7.1）只是一种假设，虽然这种假设我们可以通过专业知识和散点图做粗略的判断. 但是在求出回归方程后，还必须对求得的线性回归方程进行统计检验. 这里要进行回归方程的拟合优度检验和线性关系的显著性检验.

首先引入检验中常用的几个统计量：

偏差平方和 $\quad S_T=\sum_{i=1}^{n}(y_i-\overline{y})^2$，它表示观测值 y_i 总的分散程度.

回归平方和 $\quad\quad\quad S_R=\sum_{i=1}^{n}(\hat{y}_i-\overline{y})^2,$

它是由回归变量 x 的变化引起的，反映了回归变量 x 对变量 y 线性关系的密切程度.

剩余（残差）平方和 $\quad S_e=\sum_{i=1}^{n}(y_i-\hat{y}_i)^2,$

它是由观测误差等其他因素引起的误差，它的值越小，说明回归方程与原数据拟合得越好.

剩余标准差（RMSE） $\quad s=\sqrt{\dfrac{S_e}{n-2}},$

它表示观测值 y_1，y_2，…，y_n 偏离回归直线的平均误差，s^2 是方差 σ^2 的无偏估计.

可以证明下面的关系式成立

$$S_T=S_R+S_e.$$

（1）拟合优度检验

该检验是检验样本观测点与回归直线的接近程度，拟合程度越高说明回归方程对样本的代表程度越高.

回归平方和在偏差平方和中所占的比重，记为 $R^2=\dfrac{S_R}{S_T}$ （$0\leqslant R\leqslant 1$）称 R^2 为**决定系数**.

用 R^2 的大小来说明模型的拟合优度. 它测度了回归直线对观测数据的拟合程度. R^2 越大说明回归平方和所占的比例越大，说明回归直线与各观测点越接近，用 x 的变化来解释 y 的变差的部分就越多，回归直线的拟合程度就越高。反之拟合程度就越差. 在一元回归分析中相关系数就是决定系数的算术平方根.

（2）回归方程的显著性检验

为进一步检验模型中线性关系的显著性，引入 F 统计量.

定义 $F=\dfrac{S_R}{S_e/(n-2)}$，可知 $F\sim F(1,n-2)$. 对于给定的显著性水平 α，查表可得临界值

$F_\alpha(1,n-2)$（一般这里 α 取 0.05 或 0.01）.

如果 $F>F_\alpha(1,n-2)$，则认为 y 与 x 之间的线性相关性显著；如果 $F\leqslant F_\alpha(1,n-2)$，则认为 y 与 x 之间的线性相关性不显著，或者不存在线性相关关系. 在实际应用中也可通过 F 的统计值对应的概率 $P<\alpha$ 来说明 y 与 x 之间的线性相关性显著.

当 $P<0.01$ 时，称回归方程高度显著；

当 $0.01\leqslant P<0.05$ 时，称回归方程显著；

当 $P\geqslant 0.05$ 时，称回归方程不显著.

在一元回归分析中，自变量只有一个，回归方程的显著性检验与回归系数的显著性检验是等价的.

4. 利用回归方程进行预测

建立回归方程（7.2）的目的不仅是描述变量之间的关系，更重要的是回归方程的应用. 所建立的回归方程通过线性相关性显著检验之后，就可以运用该回归方程进行分析预测. 把自变量 x 的每一个给定值 x_0 代入回归方程，就可以求得一个对应的回归预测值 $\hat{y}_0$，$\hat{y}_0$ 称为模型的**点估计值**. 当然也可利用方程对预测目标进行区间估计. 对给定的置信度 $1-\alpha$，其预测区间为

$$\left(\hat{y}_0 - t_{\alpha/2}(n-2) \cdot s \cdot \sqrt{1+\frac{1}{n}+\frac{(x_0-\overline{x})^2}{\sum (x_i-\overline{x})^2}}, \hat{y}_0 + t_{\alpha/2}(n-2) \cdot s \cdot \right.$$

$$\left. \sqrt{1+\frac{1}{n}+\frac{(x_0-\overline{x})^2}{\sum (x_i-\overline{x})^2}} \right).$$

特别地，当 n 很大时 95% 和 99% 的预测区间可分别近似为 $[\hat{y}_0-1.96s,\hat{y}_0+1.96s]$ 和 $[\hat{y}_0-2.58s,\hat{y}_0+2.58s]$.

一般情况下，建立模型后还要对模型的假定——随机误差 ε_i 服从正态分布且相互独立进行一定的检验，以进一步优化和改进模型. 常用的方法是残差的分析法.

观测值与回归值之差 $e_i=y_i-\hat{y}_i$ 称为**残差**. 其数学期望 $E(e_i)=0$，且所有残差之和等于 0. 如果模型的假定成立，那么残差数据散点图应该以 0 为均值，呈宽度一致的带状分布. 如果分布呈现出一定的趋势则说明回归模型的假定不成立，可考虑加入二次项等来改进方程，或剔除异常数据后再回归，也可能是其他因素所致，需要进一步改进模型. 如果确定是某种已知的非线性关系，也可以直接利用非线性回归模型.

最后说明一点，因为回归的前提是变量间有线性关系！由于实际问题的复杂性和数据的多样性，即使模型通过了检验也仅能说明变量之间有统计学关系而不是因果关系！还需要利用专业知识和数学建模的经验，最后回到实践中去检验模型的实际价值.

二、一元非线性回归分析

在实际问题中，经常会出现两个变量之间的相关关系不是线性的，而是非线性的. 在这种情况下，显然不能用直接用直线去拟合，而只能用相应的曲线了，这就是**一元非线性回归问题**. 匹配曲线的一般方法是：先对两个变量 x 与 y 做 n 次试验得到数据 (x_i,y_i)，$i=1$，2，…，n，在没有相关知识来确定相关关系的前提下，可根据散点图确定需要匹配的曲线的类型，然后，利用数据确定这一类曲线的参数. 其中，有相当一类非线性回归问题可通过

变量替换化为线性回归问题，并建立形如 $\hat{y} = \hat{a} + \hat{b}x$ 的回归方程，从而应用上述一元线性回归模型计算和分析的方法及步骤进行分析与预测. 最后，通过变量替换的逆替换还原原来的数据.

常见的可化为一元线性回归的非线性（即曲线型）问题，主要有以下几种情形：

（1）双曲线 $\dfrac{1}{y} = a + \dfrac{b}{x}$ $(a > 0)$ 型

化为一元线性回归的方法是：令 $u = \dfrac{1}{x}$，$v = \dfrac{1}{y}$，则有

$$v = a + bu.$$

（2）幂函数 $y = kx^b$ 型

化为一元线性回归的方法是：对 $y = kx^b$ 两边取自然对数，有 $\ln y = \ln k + b \ln x$，令 $u = \ln x$，$v = \ln y$，$a = \ln k$，则有

$$v = a + bu.$$

（3）指数函数 $y = d\mathrm{e}^{bx}$ $(-\infty < x < +\infty)$ 型

化为一元线性回归的方法是：对 $y = d\mathrm{e}^{bx}$ 两边取自然对数，有 $\ln y = \ln d + bx$，令 $v = \ln y$，$a = \ln d$，则有

$$v = a + bu.$$

（4）对数函数 $y = a + b \ln x (-\infty < x < +\infty)$ 型

化为一元线性回归的方法是：令 $u = \ln x$，$v = y$ 则有

$$v = a + bu.$$

（5）S 曲线 $y = \dfrac{1}{a + b\mathrm{e}^{-x}}$ 型

化为一元线性回归的方法是：令 $v = \dfrac{1}{y}$，$u = \mathrm{e}^{-x}$，则有

$$v = a + bu.$$

三、回归分析的 MATLAB 实现

MATLAB 2013 版的工具箱中提供了一系列回归分析的相关函数，现将几个常用函数列于表 7.2.

表 7.2 常用函数

函 数	功 能
regress(y,x,alpha)	计算回归系数及其区间估计，残差及其置信区间，并检验回归模型（决定系数 R^2，F 统计量等），alpha 的默认值为 0.05
rcoplot(r,rint)	画出残差及其置信区间
nlinfit(x,y,'model' beta0)	计算非线性回归的系数，残差，估计预测误差的数据
nlintool(x,y,'model',beta0,alpha)	产生拟合曲线和 y 的置信区间等信息的交互画面
nlpredci('model',x,beta,r,J)	求回归函数在 x 处的预测值 y 及其置信区间
nlparci(beta,r,J)	计算回归系数的置信区间

（续）

函　数	功　能
LinearModel.fit(x,y,modelspec)	以 x 为数据矩阵，以 y 为响应变量，用 modelspec 的方式建立一个线性回归模型. Modelspec 方式见软件说明，可缺省
NonLinearModel.fit(x,y,fun,beta0)	与 nlinfit 函数采用相同算法的另一个非线性回归命令
plotSlice(mdl)	作用等同于 nlintool
plotDiagnostics(mdl,plottype)	以 plottype 选项的方式显示数据与回归模型的数据诊断图
plotResiduals(mdl,plottype)	以 plottype 指定选项的方式显示数据与回归模型的误差图
predict(mdl,Xnew,alpha)	返回（线性、非线性）模型 mdl 在 Xnew 的预测值和（1－alpha）置信区间，alpha 缺省是 0.05

用法说明：

（1）[b,bint,r,rint,stats]＝regress(Y,X,alpha)

1）参数 b 是回归系数的估计值，bint 是回归系数的 100(1－alpha)% 置信区间；

2）r 是残差；rint 是残差的 100(1－alpha)% 置信区间.

3）stats 中用于检验回归模型的统计量的四个数值：决定系数 R^2、F 值、与 F 对应的概率 P 以及误差方差的估计值（剩余标准差的平方）s^2 的值.

4）Y 是因变量的观测值列向量，X 是回归变量的观测值列向量（或数据矩阵）在第一列前面加了一列 1 组成的矩阵.

（2）rcoplot(r,rint) 画出残差 r 及其置信区间的图像，用于残差分析和模型的诊断.

（3）[b,r,J]＝nlinfit(x,y,'model', beta0)

1）参数 b 是回归系数的估计值，r、J 是估计预测误差需要的数据；

2）x，y 分别是回归变量的观测值列向量（矩阵），因变量的观测值列向量；

3）model 是事先用 M 文件定义的非线性函数；beta0 回归系数的初值；该初值的选取直接影响到计算和拟合的质量，在没有相关信息的情况下可用 beta0＝randn(nVars, 1).

值得一提的是，NonLinearModel.fit（x，y，fun，beta0）命令中模型函数 fun 不能用 fun. m 的文件名 'fun' 的方式，但可以用 @fun 或者匿名函数方式.

（4）nlintool(x,y,'model',beta0,alpha)

各参数意义同 nlinfit.

（5）[y,DELTA]＝nlpredci('model',x,beta,r,J)

与 nlinfit 配合使用，求得模型 model 函数在 x 处的预测值 y 及其置信区间 [y－DELTA,y＋DELTA].

（6）表 7.2 中的 LinearModel. fit 及以下几个函数有多种选项并且在 MATLAB 7.0 及以前版本中没有，具体差异见软件的说明. 它们在 MATLAB 2013 中的具体用法见例题，并注意命令字母的大小写.

下面通过例子说明其用法.

例 1　设 x 为该时期的家庭人均收入，y 为该时期内平均每十户拥有照相机的数量. 统计数据见表 7.1. 试分析拥有照相机数量 y 与家庭收入 x 的关系，并求出关系式.

解　这是一个一元回归分析问题. 自变量是 x，因变量是 y.

（1）输入数据. 观察 x 与 y 的线性关系

在命令窗口输入：

```
x=[1.5  1.8  2.4  3.0  3.5  3.9  4.4  4.8  5.0]';
Y=[2.8  3.7  5.0  6.3  8.8  10.5  11.0  11.6  13.2]';
plot(x,Y,'*')
```

生成图 7.2，可以看出 x 与 y 的大体成线性关系，考虑建立一元线性模型.

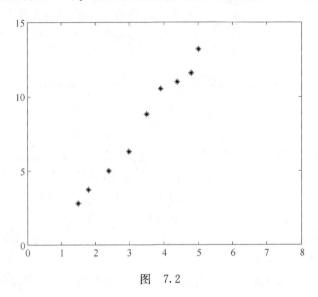

图　7.2

（2）回归与检验

在命令窗口输入：

```
X=[ones(9,1)  x];
[b,bint,r,rint,stats]=regress(Y,X)
b=
    -1.7070
    2.9130
bint=
    -2.9748   -0.4393
    2.5585    3.2675
r=(略)（r=(yᵢ-ŷᵢ),9*1 阶残差向量）
stats=
    0.9818  377.5799   0.0000  0.2944
```

得到回归系数为 -1.7070、2.9130，其 95% 置信区间分别为 $[-2.9748, -0.4393]$，$[2.5585, 3.2675]$，且两个置信区间都不包 0，说明两个系数都通过了显著性水平为 0.05 的显著性检验；决定系数 $R^2 = 0.9818$，说明回归方程对原数据拟合程度很高；$F = 377.5799$，$s^2 = 0.2944$，F 值对应的概率 $P = 0.0000 < 0.01$，可知回归方程：

$$\hat{y} = -1.7070 + 2.9130x$$

线性相关性高度显著.

（3）残差分析

在命令窗口输入：

```
rcoplot(r,rint)
```

生成残差图 7.3，从图中可以看出，数据的残差离零点均较近，且残差的置信区间均包含零点，说明模型关于误差项的假定成立. 进一步可以利用正态概率图 normplot(r) 函数进行进一步检验. 发现数据点的"＋"基本在直线附近，见图 7.4. 说明模型假定成立.

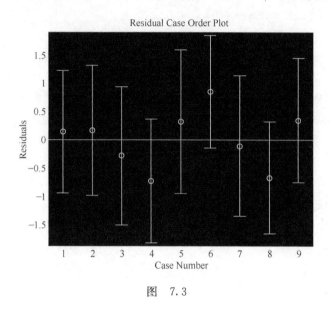

图 7.3

再考虑到剩余标准差 $s=\sqrt{0.2944}\approx0.543$ 相对 y 值较小，这说明回归模型 $\hat{y}=-1.7070+2.9130x$ 能很好地拟合原始数据.

（4）点预测及作图

在命令窗口输入：

```
z=b(1)+b(2)*x;
plot(x,Y,'k+',x,z,'r')
```

生成图 7.1. 给定 $x=4.5$，利用回归方程可以预测：

$$\hat{y}=-1.7070+2.9130*4.5=11.4015 \text{（台）}.$$

接下来，仍利用例 1 来说明另一个线性回归函数及相关函数的用法. 运行 MATLAB 2013.

（1）x，Y 的数据输入，同上.

（2）作回归与检验

在命令窗口输入：

```
lmf=LinearModel.fit(x,Y)        （注意，此处是 x,而非 X,否则出错.）
lmf=
Linear regression model:
    y~ 1+x1
```

（这是回归模型的说明：y＝a＋bx 型的一元线性回归模型.）

```
Estimated Coefficients:
```

```
            Estimate      SE       tStat     pValue
(Intercept)   -1.707    0.53613   -3.184    0.015405
x1             2.913    0.14991   19.431    2.3846e-07
```

（说明：Estimate 下面的数据是常数项和 x 的系数. 最后两列是估计的回归系数检验所用的 t 统计量的统计值和对应的概率 P. 当 P 值小于显著性水平时，对应的系数通过显著性检验.）

Number of observations:9, Error degrees of freedom:7

Root Mean Squared Error:0.543

R-squared:0.982, Adjusted R-Squared 0.979

F-statistic vs. constant model:378, p-value=2.38e-07

（说明：最后一部分的输出结果中剩余标准差 $s=0.543$，决定系数 $R^2=0.982$，F 统计量的值是：378，对应的概率是：2.38e-07. 注意，在用 regress 中得到的是 $s^2=0.2944$.）

从以上运行结果可知，决定系数 $R^2=0.9818$，$F=378$，对应的概率 $P=2.38\text{e}-07<0.01$，可知回归方程：

$$\hat{y}=-1.7070+2.9130x$$

线性相关性高度显著. 在 0.05 的默认显著性水平下，两个回归系数对应的概率值 P 都小于 0.05，都通过显著性检验，且回归方程拟合优度达到 0.982.

还以可以通过下列命令获得 F 统计值以及对应概率、剩余平方和 S_e 与误差方差的估计值 s^2 如下：

anova(lmf)↙

ans=

```
        SumSq    DF    MeanSq     F        pValue
 x1     111.16    1    111.16   377.58    2.3846e-07
Error   2.0608    7    0.2944
```

（其中剩余平方和 $S_e=2.0608$；回归平方和 $S_R=111.16$，$s^2=0.2944$.）

（3）残差分析

在命令窗口输入：

plotResiduals(lmf,'probability')↙

该命令可画出残差的正态拟合分布图，如图 7.4 所示. 可见没有残差明显偏离正态拟合直线. 说明关于误差的模型假定成立.

在命令窗口输入：

plotResiduals(mdl,'fitted')↙

可以看到残差的分布图，没有数据严重偏离 0 值（图此处略）. 可以断定模型的假设成立.

（4）点预测与 95% 的置信区间

预测 $x=4.5$ 的值. 在命令窗口输入：

[Newlmf NewCI]=predict(lmf, 4.5)↙

Newlmf=

　　　11.4014

NewCI=

　　　10.8146　11.9881

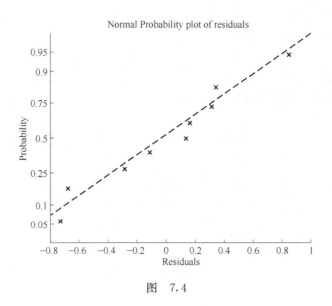

图 7.4

可得到回归预测值为 11.4014，其 95% 的置信区间为 [10.8146, 11.9881]. 此外，也可以用 feval(lmf, 4.5) 计算.

如果想深入了解 LinearModel. fit 输出结果中的其他结果，可在 MATLAB 窗口的 Workspace 中双击 lmf 变量即可看到全部输出结果. 也可以用 lmf. SSR 的方式获得回归平方和.

例 2 在彩色显影中，根据经验，形成燃料光学密度 y 与析出银的光学密度 x 由公式 $y = Ae^{b/x}(b < 0)$ 表示，测得实验数据如表 7.3 所示.

表 7.3 光学密度与析出银的光学密度实验数据

x_i	0.05	0.06	0.07	0.10	0.14	0.20	0.25	0.31	0.38	0.43	0.47
y_i	0.10	0.14	0.23	0.37	0.59	0.79	1.00	1.12	1.19	1.25	1.29

求 y 关于 x 的回归方程.

解 （1）对要拟合对非线性模型建立 M 文件 volum. m 如下：

```
function yhat＝volum(beta,x)
yhat＝beta(1) * exp(beta(2) ./x);
```

（2）输入数据

```
x＝[0.05 0.06 0.07 0.10 0.14 0.20 0.25 0.31 0.38 0.43 0.47]';
y＝[0.10 0.14 0.23 0.37 0.59 0.79 1.00 1.12 1.19 1.25 1.29]';
beta0＝[0.1 0.1];  %这里初始残数的设定没有一般的方法,这里是估计值.
```

（3）求回归系数

```
[beta,r,J]＝nlinfit(x,y,'volum',beta0);
beta＝
      1.7924
     －0.1534
```

可得非线性回归方程 $y=1.7924\mathrm{e}^{-0.1534/x}$ $(b<0)$.

（4）用回归方程预测及作图

```
[yy,delta]=nlpredci('volum',x,beta,r,J);
plot(x,y,'k+',x,yy,'r')
```

生成图 7.5. 可见回归曲线与原始数据拟合得很好.

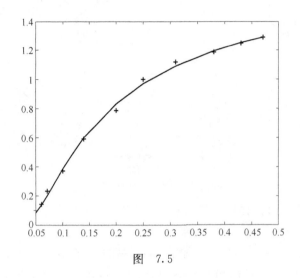

图 7.5

下面利用 NonLinearModel.fit 命令执行该例题的非线性回归.

（1）模型选择

模型也可以用匿名函数. 在命令窗口输入：

```
yhat=@(b,x)b(1)*exp(b(2)./x);
```

（2）输入数据

在命令窗口输入 x，y 的数据，同上.

（3）回归与检验

在命令窗口输入：

```
nlf=NonLinearModel.fit(x,y,yhat,beta0)
nlf=
```

Nonlinear regression model:

    y~ b1 * exp(b2/x)

Estimated Coefficients:

	Estimate	SE	tStat	pValue
b1	1.7924	0.030261	59.231	5.6151e−13
b2	−0.15339	0.0043739	−35.069	6.1601e−11

    Number of observations:11,Error degrees of freedom:9

    Root Mean Squared Error:0.0236

    R-Squared:0.998,Adjusted R-Squared 0.997

F-statistic vs. zero model:7.25e+03,p-value=3.68e−15

    可得非线性回归方程

$$y = 1.7924e^{-0.1534/x}.$$

决定系数 $R^2 = 0.998$，F 统计值对应概率 $P = 3.68e-15 < 0.01$. 系数的统计值对应概率很小. 此外，剩余标准差为 0.0236 相比 y 的数据范围小得多，也说明模型拟合较好.

（4）用回归方程预测

在命令窗口输入：

```
[yhat,yci]=predict(nlf,x);
plot(x,y,'k+',x,yhat,'r')
```

效果如图 7.5 所示.

四、应用举例

生产消费函数

表 7.4 所示为 1980～1991 年间以 1987 年不变价计算的美国个人消费支出 Y 与国内生产支出 X 数据（单位：10 亿美元）.

表 7.4

年份	Y	X	年份	Y	X
1980	2447.1	3776.3	1986	2969.1	4404.5
1981	2476.9	3843.1	1987	3052.2	4539.9
1982	2503.7	3760.3	1988	3162.4	4718.6
1983	2619.4	3906.6	1989	3223.3	4838.0
1984	2746.1	4148.5	1990	3260.4	4877.5
1985	2865.8	4279.8	1991	3240.8	4821.0

（1）在直角坐标系下，作 X 与 Y 的散点图，并判断 Y 与 X 是否存在线性相关关系；

（2）试求 Y 与 X 的一元线性回归方程；

（3）对所得回归方程作显著性检验（$\alpha = 0.05$）；

（4）若国内生产支出为 x0＝4500，试求对应的消费支出 y0 的点预测和包含概率为 95% 的区间预测.

解 （1）输入数据，观察散点图

```
x=[3776.3 3843.1 3760.3 3906.6 4148.5 4279.8 4404.5 4539.9 4718.6 4838.0 4877.5 4821.0]';
y=[2447.1 2476.9 2503.7 2619.4 2746.1 2865.8 2969.1 3052.2 3162.4 3223.3 3260.4 3240.8]';
plot(y,x,'+')
```

生成图 7.6，可见数据间存在线性关系.

（2）求回归方程

```
lmf=LinearModel.fit(x,y)
```

```
lmf=
```

```
Linear regression model:
    y~ 1+x1
```

```
Estimated Coefficients:
                    Estimate   SE       tStat      pValue
    (Intercept)     -231.8     94.528   -2.4521    0.034132
    x1              0.71943    0.02175   33.078    1.5052e-11
```

```
Number of observations:12,Error degrees of freedom:10
Root Mean Squared Error:31.4
R-squared:0.991,Adjusted R-Squared 0.99
F-statistic vs. constant model:1.09e+03,p-value=1.51e-11
```

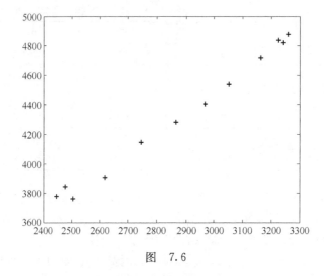

图　7.6

可知回归系数 $\hat{a}=-231.8$，$\hat{b}=0.7193$，故回归方程为

$$y=-231.7951+0.7194x.$$

（3）回归方程的检验

$R^2=0.991$，$F=1.09e+03$，$P=1.51e-11$，可知回归方程的拟合优度很高，由 $P=1.51e-11<0.01$ 知回归方程线性关系高度显著. 此外，$\hat{a}$ 和 $\hat{b}$ 的统计量对应概率均小于 0.05，说明回归系数通过显著性检验.

（4）残差分析

在命令窗口输入：

```
plotResiduals(lmf,'probability')
```

发现有一个残差大于40的数据偏离正态分布（此处图省略）.

再输入：

```
plotResiduals(lmf,'fitted')
```

可见残差分布在 0 均值附近，并无明显的规律性.

可以认为模型的假定成立.

（5）模型预测

当 x0＝4500 时，点预测：

y0＝feval(lmf,4500)↙

y0＝

　3005.7.

概率为 95％的区间预测的 MATLAB 实现：

[a,b]＝predict(lmf,x);↙

plot(x,y,'.',x,a,'r',x,b,'b－')↙

legend('原始数据','回归数据','置信区间')↙

图 7.7 为加画了回归直线及 95％预测区间的图.

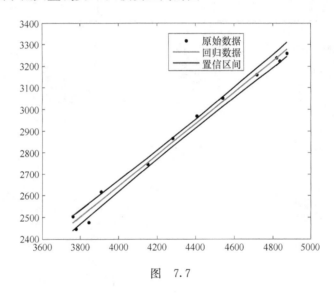

图　7.7

感兴趣的同学可以试试 plotSlice(lmf) 函数.

实验任务

1. 表 7.5 是某公司 10 个月的产品销售量与气温的关系. 要求：

（1）画出数据的散点图，判断两者之间的关系；

（2）试建立气温与销售量的关系模型；

（3）分析模型的显著性.

表 7.5　销售量与气温变化的关系

时　　间	1	2	3	4	5	6	7	8	9	10
气温℃	30	21	35	42	37	20	8	17	35	25
销售量	430	335	520	490	470	210	195	270	400	480

2. 混凝土的抗压强度随养护时间的延长而增加，现将一批混凝土做成 12 个试块，记录

了养护时间 x（日）及抗压强度 $y(\text{kg/cm}^2)$ 的数据，如表 7.6 所示：

表 7.6 养护时间与抗压强度关系

养护时间 x	2	3	4	5	7	9	12	14	17	21	28	56
抗压强度 y	35	42	47	53	59	65	68	73	76	82	86	99

试求 $\hat{y}=a+b\ln x$ 型回归方程，分析并预测 $x=40$ 时的抗压强度.

3. 测得 16 名成年女子的身高和腿长的数据如表 7.7 所示：

表 7.7 身高和腿长的关系

身高 x/cm	143	145	146	147	149	150	153	154	155	156	157	158
腿长 y/cm	88	85	88	91	92	93	93	95	96	98	97	96
身高 x/cm	159	160	162	164								
腿长 y/cm	98	99	100	102								

试求：身高和腿长的回归方程，并检验回归方程的显著性、回归系数的显著性；分析残差并讨论如何改进模型，比如建立 $\ln x$ 曲线回归.

实验 7.2　多元回归分析

实验目的

了解多元回归模型的建立、回归方程的显著性检验、回归系数的显著性检验及应用多元回归方程进行预测的方法，掌握应用 MATLAB 软件进行多元回归分析和建模的方法.

一、多元线性回归分析

一般地，影响实验关注的变量 y 的因素往往不止一个，这就需要考虑建立多元回归模型. 假设关注变量 y 与 m 个影响因素 x_1，x_2，x_3，$\cdots$，x_m 之间有以下线性关系：

$$y = b_0 + b_1 x_1 + b_2 x_2 + \cdots + b_m x_m + \varepsilon \tag{7.3}$$

$(m \geqslant 2)$，称方程（7.3）为**多元线性回归模型**，其中 y 称为**因变量（响应变量）**，x_1，x_2，$\cdots$，x_m 称为**回归变量**，b_0，b_1，$\cdots$，b_m 是未知的待定系数，称为回归**系数**. ε 是随机误差，一般假设 $\varepsilon \sim N(0, \sigma^2)$，$\sigma^2$ 是未知参数.

更一般地，有

$$y = b_0 + b_1 f_1(x) + b_2 f_2(x) + \cdots + b_m f_m(x) + \varepsilon \tag{7.4}$$

其中 $f_1(x)$，$f_2(x)$，$\cdots$，$f_m(x)$ 是已知的函数，因为 y 对它们是线性的，故也称为**多元线性回归模型**. 式（7.4）经过变量代换可化为式（7.3）.

多元线性回归分析实验的主要任务是：用试验值（样本观测值）对待定系数 b_0，b_1，$\cdots$，b_m 做出估计；对建立的回归方程和每个回归变量进行显著性检验；给定回归变量数据后，利用回归方程对 y 做预测.

下面，首先对回归系数做出估计.

1. 回归系数的估计

为了估计回归系数，做了 n 组实验得到数据 $(y_i; x_{i1}, x_{i2}, \cdots, x_{im})$，$i = 1$，$2$，$\cdots$，$n$，代入多元线性回归模型得到矩阵形式为

$$\boldsymbol{Y} = \boldsymbol{X}\boldsymbol{B} + \boldsymbol{\varepsilon}$$

其中

$$\boldsymbol{Y} = \begin{bmatrix} y_1 \\ y_2 \\ \vdots \\ y_n \end{bmatrix}, \boldsymbol{X} = \begin{bmatrix} 1 & x_{11} & x_{12} & \cdots & x_{1m} \\ 1 & x_{21} & x_{22} & \cdots & x_{2m} \\ \vdots & \vdots & \vdots & & \vdots \\ 1 & x_{n1} & x_{n2} & \cdots & x_{nm} \end{bmatrix}, \boldsymbol{B} = \begin{bmatrix} b_0 \\ b_1 \\ \vdots \\ b_m \end{bmatrix}, \boldsymbol{\varepsilon} = \begin{bmatrix} \varepsilon_1 \\ \varepsilon_2 \\ \vdots \\ \varepsilon_n \end{bmatrix}$$

矩阵 $\boldsymbol{X}$ 为已知的样本数据矩阵，称为**资料矩阵**；$\boldsymbol{B}$ 为未知的列向量（回归系数）；ε_1，ε_2，$\cdots$，ε_n 服从独立的同分布，即 $\varepsilon_i \sim N(0, \sigma^2)$，$i = 1$，$2$，$\cdots$，$n$.

应用最小二乘法估计可得到回归系数的估计值，设为 $\hat{b}_0$，$\hat{b}_1$，$\cdots$，$\hat{b}_m$. 因此可得（样本）**多元线性回归方程**：

$$\hat{y} = \hat{b}_0 + \hat{b}_1 x_1 + \hat{b}_2 x_2 + \cdots + \hat{b}_m x_m.$$

代入一组观测值 $(x_{i1}, x_{i2}, \cdots, x_{im})$，通过回归方程可计算出 $\hat{y}_i$，称之为**回归预测值**.

2. 线性回归方程的统计检验

建立的多元线性回归模型是否符合实际？所选的变量之间是否具有显著的线性相关关系？线性回归方程同实际观测数据拟合的效果好不好？这就需要对建立的回归模型进行显著性检验. 多元线性回归模型的检验要比一元的情况复杂得多，既要检验自变量整体与因变量之间的相关程度，也要检验每个回归变量与因变量之间的相关程度，还要检验模型本身是否存在自相关等. 常用的检验方法有：R 检验，F 检验，t 检验和 DW 检验.

多元线性回归分析选取的统计量与一元回归分析时所用的统计量类似. 这里 S_R，S_T，S_e 的定义见实验 7.1.

（1）回归方程的拟合优度（R^2 检验）

R 在这里被称为**复相关系数**或**全相关系数**，即**多重判定系数** $R^2 = \dfrac{S_R}{S_T}$ 的算术平方根. 复相关系数 R 用来解释 x_1，x_2，$\cdots$，x_m 这一组影响因素与 y 的线性相关程度，用来评价模型的有效性. R 值越接近 1，说明因变量 y 与回归变量 x_1，x_2，$\cdots$，x_m 之间的函数关系越密切；反之，则说明因变量 y 与回归变量 x_1，x_2，$\cdots$，x_m 之间的函数关系不密切或不存在线性关系. 通常 R 大于 0.8（或 0.9）才认为相关关系成立.

多重判定系数 R^2 在多元线性回归分析是度量多元回归方程拟合程度的一个统计量，反映了在因变量 y 的变差中被估计的回归方程所解释的比例. 使用时需要注意的是，如果增减变量的个数，前后模型对比时，一般使用调整的多重判定系数判定拟合优度.

调整的多重判定系数公式是

$$R_J^2 = 1 - (1 - R^2)\frac{n-1}{n-k-1}.$$

此外，剩余标准差（RMSE）$s = \sqrt{\dfrac{S_e}{n-m-1}}$ 表示观测值偏离回归直线的平均误差，利用它也可以判断回归方程拟合的效果. 显然，s 越接近 0，说明回归预测值与原始数据拟合得越好.

（2）回归方程的线性显著性检验（F 检验）

F 检验是定量地检验因变量与回归变量之间是否显著地有线性关系. 构造统计量 F 为

$$F = \frac{S_R/m}{S_e/(n-m-1)} = \frac{n-m-1}{m} \cdot \frac{R^2}{1-R^2}.$$

F 服从第一自由度为 m，第二自由度为 $n-m-1$ 的 F 分布，给定显著水平 α，查 F 分布表得 $F_\alpha(m, n-m-1)$. 如果 $F > F_\alpha(m, n-m-1)$，则认为因变量与全体回归变量之间显著地有线性关系，可以利用所建立的多元线性回归方程进行预测；否则认为因变量与全体回归变量之间不存在显著的线性关系. 常通过概率 F 的统计值对应的概率 $P < \alpha$ 来说明因变量 y 与全体回归变量之间的线性相关性显著. 注意，这里是指因变量 y 与至少一个回归变量有显著的线性关系，而不是与每一个回归变量都有显著的线性关系.

当 $P < 0.01$ 时，称回归方程高度显著；

当 $0.01 \leqslant P < 0.05$ 时，称回归方程显著；

当 $P \geqslant 0.05$ 时，称回归方程不显著.

3. 每个变量的显著性检验

即使回归方程的整体线性相关性显著，但每个回归变量对因变量的影响却不同，因此要对每个回归变量与因变量之间的线性相关的显著性进行检验. 常用 t- 检验法. 可以根据软件计算出的 t 统计量的统计值对应的概率大小来判断该回归变量的显著性. 回归方程的回归系数 $\hat{b}_0$, $\hat{b}_1$, $\cdots$, $\hat{b}_m$ 是一个估计值，给定置信水平 $1-\alpha$ 后，可得到它们的对应的置信区间，具体数学结果可参看其他资料，这里就不赘述了.

如果软件没有直接给出 t-检验的结果，可以通过对回归系数的置信区间分析来直观判断每个变量的影响. 方法如下：如果某个回归系数的置信区间包含 0 点，则说明该回归变量对因变量的影响不显著. 若存在不显著的回归变量，剔除后，再进行其余变量的回归，直至余下的变量全部显著为止. 如果同时有多个回归变量没有通过检验，剔除的原则是，先剔除 t 值最小的那个自变量，一次只能剔除一个，剔除后重新回归计算一次. 这里要注意的是，剔除一个变量时，不能完全根据统计的数量指标决定，还要考虑它对所研究问题的实际影响后再最终确定其去留.

4. 残差分析与模型诊断

观测值与回归值之差 $e_i = y_i - \hat{y}_i$ 称为**残差**. 我们经常通过残差图或残差的散点图来进行观察、分析残差分布情况. 在回归模型定义中，假设随机误差 $\varepsilon \sim N(0, \sigma^2)$，如果残差不服从正态分布，则说明建立回归模型不够好，可考虑加入交叉项、二次项等来改进回归方程，也可能是数据存在自相关等其他因素所致，需要进一步改进模型.

对于通过检验的模型，残差图中置信区间不经过 0 直线的残差所对应的个别数据，可从原数据中删除后再重新进行回归，这一点有时候很重要，直接影响到模型的结构，如后面例 5 中建立的模型.

在多元线性回归模型中，一些回归变量之间彼此相关时，则称回归模型中**存在多重共线性**. 存在多重共线性是很平常的事，多重共线性会使回归系数没有价值，严重时会使回归失去意义. 如果出现下列情况，暗示存在多重共线性：

（1）模型中各对自变量之间显著相关.

（2）F 检验通过时，几乎所有的回归系数检验通不过.

（3）回归系数的正负与实际预期相反.

最后提醒一下，在建立多元线性回归模型时，不要试图引入更多的自变量，除非必要。特别是社会科学研究中，很多数据是非实验数据，质量不好，即使结果不满意，也不一定是模型不合适. 建立的模型只有经得起实践的检验才是好模型.

5. 用回归方程预测

当我们获得显著的回归方程，就可以运用该回归方程进行分析预测了. 给出自变量的一组观测值 $(x_{i1}, x_{i2}, \cdots, x_{im})$，代入回归方程

$$\hat{y} = \hat{b}_0 + \hat{b}_1 x_1 + \hat{b}_2 x_2 + \cdots + \hat{b}_m x_m$$

即可得到的回归预测值 $\hat{y}_i$. 给定置信度 α，我们还可以得 y 的 $1-\alpha$ 的预测区间（置信区间）$(\hat{y}_1, \hat{y}_2)$.

多元线性回归分析使用的命令同实验 7.1，见表 7.2. 下面举例说明多元线性回归分析的应用.

例 3　某公司调查某种商品的两种广告费 1 和广告费 2 对该产品销售量的影响，得到如表 7.8 所列数据，试建立线性回归模型并进行检验，诊断是否有异常点.

表 7.8　数据表

销量 Y	96	90	95	92	95	95	94	94
广告费 1(x1)	1.5	2.0	1.5	2.5	3.3	2.3	4.2	2.5
广告费 2(x2)	5.0	2.0	4.0	2.5	3.0	3.5	2.5	3.0

解　(1) 输入数据：

X=[1.5 2.0 1.5 2.5 3.3 2.3 4.2 2.5;5.0 2.0 4.0 2.5 3.0 3.5 2.5 3.0]';
Y=[96 90 95 92 95 95 94 94]';

(2) 求回归方程

plot(X(:,1),Y,'r*',X(:,2),Y,'k*')

它们的散点图如图 7.8 所示，Y 与 x1，x2 "大致" 呈线性关系，我们可首先建立线性回归模型.

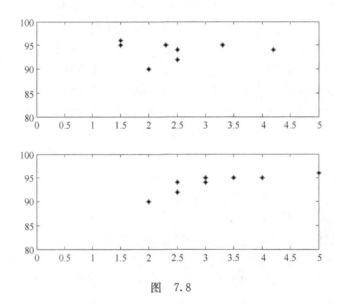

图　7.8

dlmf=LinearModel.fit(X,Y)

dlmf=

Linear regression model:
　y~ 1+x1+x2

Estimated Coefficients:

	Estimate	SE	tStat	pValue
(Intercept)	83.212	1.7139	48.55	7.0048e-08
x1	1.2985	0.34924	3.7179	0.013742
x2	2.3372	0.33113	7.0582	0.00088245

Number of observations:8,Error degrees of freedom:5

Root Mean Squared Error:0.7

R-squared:0.909,Adjusted R-Squared 0.872

F-statistic vs. constant model:24.9,p-value＝0.00251

因此，回归方程为

$$y＝83.212＋1.2985x_1＋2.3372x_2.$$

（3）回归方程的检验

拟合优度检验：统计量 $R^2＝0.909$ 的数值较大，拟合优度尚可，剩余标准差 $s＝0.7$ 相对因变量的值较小. 所以回归方程与原数据拟合得较好.

模型显著性的整体检验：$F＝24.94$，对应于 F 的概率 $P＝0.00251<0.01$，总体上说明模型整体线性相关性高度显著.

回归系数的检验：常数项和 x2 检验的显著性概率均小于 0.01，x1 检验的显著性概率小于 0.05，说明回归变量都对因变量影响显著.

（4）诊断分析

在命令窗口输入：

```
plotResiduals(dlmf,'probability')
plotResiduals(dlmf,'fitted')
```

得到图 7.9，可见虽有一个数据偏离正态直线比较严重，但从残差图看并不严重. 模型关于残差的假定成立.

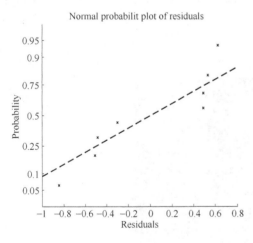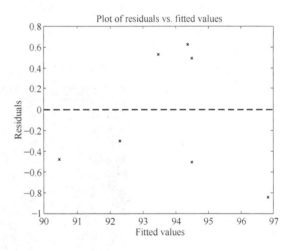

图　7.9

进一步观察是否有异常数据. 在命令窗口输入：

```
plotDiagnostics(dlmf,'cookd')
```

结果如图 7.10 所示，可以发现第一个数据的残差大于平均值. 剔除该异常数据，重新回归：

```
[~,larg]=max(dlmf.Diagnostics.CooksDistance);
dlmf2=LinearModel.fit(X,Y,'Exclude',larg)
```

`dlmf2=`（略）

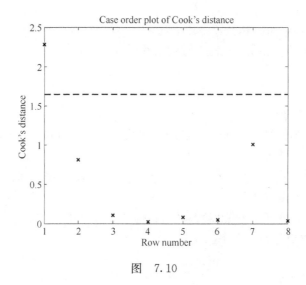

图 7.10

可见各项统计指标 R^2 和 F 检验概率都显著增大，剩余标准差变得更小，模型拟合效果得到进一步改善.

如果使用 Regress 命令，还可以利用 rcoplot(r,rint) 得到残差及置信区间的图 7.11. 从残差图可以看出，除第一个数据外，其余数据的残差离零点均较近，且残差的置信区间均包含零点，这说明回归模型能较好地符合原始数据，而第一个数据可视为异常点，可将其去掉后，重新回归分析. 注意，不要无原则的去掉多个残差较大的数据，也有可能是模型不合适导致残差较大.

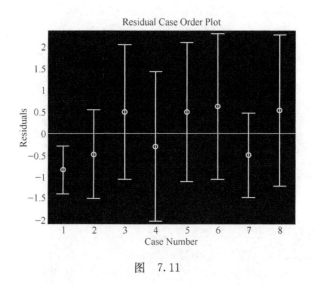

图 7.11

两种广告费用之间会不会有影响呢？大家可以深入考虑模型应该如何改进. 也可以利用函数

```
LinearModel.fit(X,Y,'interactions')
```

试一试. 这里 'interactions' 选项表示上述模型的基础上引入 x1 * x2 交叉项.

例 4 某产品的收率 Y(%) 与处理压强 X1(1.0e+5 Pa) 及温度 X2（摄氏度）有关，测的实验数据如表 7.9 所示.

检验产品收率 Y 与处理压强 X1 及温度 X2 之间是否存在显著的线性相关关系；如果存在，求 Y 关于 X1 及 X2 的线性回归方程.

表 7.9

X1	X2	Y	X1	X2	Y
6.8	665	40	9.1	700	65
7.2	685	49	9.3	680	58
7.6	690	55	9.5	685	59
8	700	63	9.7	700	67
8.2	695	65	10	650	56
8.4	670	57	10.3	690	72
8.6	675	58	10.5	670	68
8.8	690	62			

解 （1）输入数据观察散点图

在命令窗口输入：

X1=[6.8 7.2 7.6 8.0 8.2 8.4 8.6 8.8 9.1 9.3 9.5 9.7 10.0 10.3 10.5]';
X2=[665 685 690 700 695 670 675 690 700 680 685 700 650 690 670]';
Y=[40 49 55 63 65 57 58 62 65 58 59 67 56 72 68]';
plot(X1,Y,'*'),plot(X2,Y,'*')↙

观察绘出的散点图 7.12，先可建立 Y 与 X1，X2 的线性回归模型.

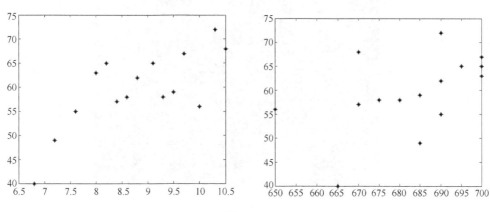

图 7.12

（2）计算回归参数

X=[ones(15,1) X1 X2];
[b,bint,r,rint,stats]=regress(Y,X)↙
b=

-200.4554

5.6834

0.3075

bint＝

-290.7876　-110.1231

3.9998　　7.3670

0.1790　　0.4360

⋮

stats＝

0.8621　37.5002　　0.0000　10.3172

（3）回归方程的检验

回归系数的置信区间都不包含 0，统计量 $R^2 = 0.8621$ 数值较大，$F = 37.5002$，$P = 0.0000 < 0.05$，说明模型线性相关性显著，故可得线性回归方程为

$$y = -200.4554 + 5.6834x_1 + 0.3075x_2.$$

（4）残差分析

在命令窗口输入：

rcoplot(r,rint)↙

从残差图 7.13 可以看出，残差分布在 0 直线附近，且残差的置信区间均包含零点，分布正常，但是有的数据的残差较大，而且误差方差的估计值 $s^2 = 10.3172$ 较大，残差分布呈现一定的趋势性，模型有待进一步改进. 请大家思考.

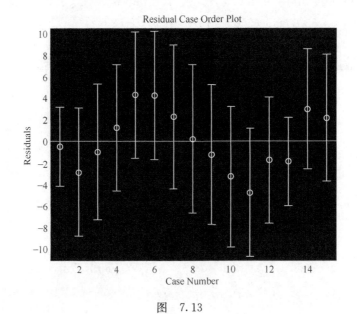

图　7.13

多元回归分析建模是一个复杂的过程，多元回归分析有着丰富的数学理论，有兴趣的同学可以进一步深入学习相关知识.

此外，一元多项式回归和多元二项式回归也是比较常用的回归模型. 一元多项式回归相

关 MATLAB 函数有确定多项式系数的命令 polyfit、交互式回归命令 polytool、求预测值的 polyval、求预测误差估计的 polyconf 以及曲线拟合工具箱 cftool 等. 多元二项式回归命令有 rstool，具体用法可参考软件的帮助或其他资料.

二、逐步回归分析

逐步回归举例

建立的回归方程即使通过了回归方程的显著性检验，回归方程是不是"最优"的方程呢？实际问题中由于对因变量 y 的影响的因素较多，有的回归变量对因变量的影响并不显著，且多个回归变量之间可能存在相互依赖性，相互影响，这就给回归系数的估计带来不可靠的解释. 为了得到"最优"的回归模型，我们要保留对因变量影响大的变量，剔除对因变量影响小的变量. 最有效的方法是逐步回归法：

（1）从一个自变量开始，根据对因变量 y 的影响程度，从大到小地依次逐个引入回归方程. 但当引入的自变量由于后面的自变量的引入而变得不明显时，要将其除掉.

（2）每引入或剔除一个自变量，都要对 y 进行一次检验，以确保每次引入新变量前回归方程中只包含对 y 作用显著的变量.

（3）这个过程反复进行，直至再没有显著影响变量需引入，也没有不显著影响变量需剔除为止.

引入或剔除变量要有一定数学依据，这里就不一一列举了. 我们可以通过观察调整后的决定系数 R^2、F 统计量和剩余标准差（RMSE）、回归系数的区间的变化来判断该判定变量对模型的影响的显著性. 可用剩余标准差（RMSE）最小作为衡量变量选择的一个数量标准.

我们可以借助 MATLAB 命令完成变量的选择过程. stepwise 命令使用说明：

$$\text{stepwise(x,y,inmodel,alpha)}$$

（1）x 是 n×m 自变量数据矩阵，y 是因变量 $n×1$ 数据矩阵；alpha 是显著性水平（默认值为 0.05）.

（2）inmode 是自变量初始集合的指标（数据矩阵 x 的哪些列进入初始集合），给出初始模型中括的变量的子集，如取第 2、3 个变量时 inmodel 为 [2,3]（默认为全部自变量），alpha 的默认值为 0.05.

运行 stepwise 命令时产生一个具有三块区域的图形窗口，如图 7.14 所示，利用这个交互式工具可以手工引入或剔除某个变量. 逐步回归分析的交互式图形窗口从上到下主要有三个部分：

上面部分左侧 coefficients with Error Bars 表示的是回归系数，其中的圆点表示回归系数值的大小，水平线表示回归系数值的置信区间；右侧是回归系数的值及其对应的 t 分布的统计量和假设检验值.

中间区域显示逐步回归分析特征量 R^2、F、P 等的值. Intercept 表示常数项的估计值，RMSE 表示当前模型的剩余标准差，F 表示回归分析的总体 F 分布统计量，P 表示对应的显著性水平.

最下的图是 Model History，显示变量的移除或添加的历史及剩余标准差的变化. 所有这些区域当鼠标移动到上面时，点击后都会产生交互的作用.

另外圆点、线段为蓝色时表示该项在回归模型中，为红色时则表示该项不在当前回归模型中. 点击一条线段会改变其颜色，当点击蓝色的线会变为红色，表示从当前模型中剔除该变量；当点击红色的线时，它会变会蓝色，表示加入该变量.

Export 按钮会导出相关的值到 MATLAB 工作区内存里，在工作区输入该变量即可显示其数据.

此外，MATLAB 2013 还提供了如下逐步回归命令：

$$\text{LinearModel.stepwise}(x, y, \text{modelspec})$$

这里 x 和 y 的意义同 stepwise，modelspec 用来提供模型的类别，详见软件帮助.

值得注意的是，软件建立的"最优"模型只是统计意义上的，不一定是因果事实. 模型的检验和改进还要结合所研究问题的专业知识来决定.

下面通过一个例子说明这两个函数的用法.

例5 表 7.10 中数据是某建筑公司去年 20 个地区是销售量（Y 千元），推销开支、实际账目数、同类商品竞争数和地区潜力分别是影响建筑材料销售量的因素，试分析哪些是主要的影响因素，并建立该因素的线性回归模型.

表 7.10

地区 i	推销开支（X1）	实际账目数（X2）	同类商品竞争数（X3）	地区销售潜力（X4）	销售量 Y
1	5.5	31	10	8	79.3
2	2.5	55	8	6	200.1
3	8.0	67	12	9	163.2
4	3.0	50	7	16	200.1
5	3.0	38	8	15	146.0
6	2.9	71	12	17	177.7
7	8.0	30	12	8	30.9
8	9.0	56	5	10	291.9
9	4.0	42	8	4	160.0
10	6.5	73	5	16	339.4
11	5.5	60	11	7	159.6
12	5.0	44	12	12	86.3
13	6.0	50	6	6	237.5
14	5.0	39	10	4	107.2
15	3.5	55	10	4	155.0
16	8.0	70	6	14	201.4
17	6.0	40	11	6	100.2
18	4.0	50	11	8	135.8
19	7.5	62	9	13	223.3
20	7.0	59	9	11	195.0

解 （1）输入数据：

Y= [79.3 200.1 163.2 200.1 146.0 177.7 30.9 291.9 160.0 339.4 159.6
86.3 237.5 107.2 155.0 201.4 100.2 135.8 223.3 195.0]';

$$X = \begin{bmatrix} 5.5 & 31.0 & 10.0 & 8.0 \\ 2.5 & 55.0 & 8.0 & 6.0 \\ & & \vdots & \\ 4.0 & 50.0 & 11.0 & 8.0 \\ 7.5 & 62.0 & 9.0 & 13.0 \\ 7.0 & 59.0 & 9.0 & 11.0 \end{bmatrix};$$

（2）逐步回归

为简单起见，先在模型中考虑全部变量，然后利用软件逐个引入对 Y 影响显著的变量，期间会剔除对 Y 影响不显著的变量. 根据不同的情况，这个过程要进行几次，直到程序自动结束.

在命令窗口输入：

stepwise(X,Y)↙

生成图 7.14.

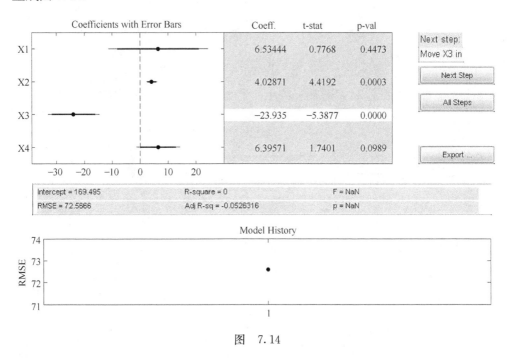

图　7.14

在程序运行过程中图 7.14 的所有线段全为红色，即所有变量都不在模型中. 可以根据对因变量 y 的影响程度，从大到小地依次逐个引入变量. 可以看出 X1，X4 的系数靠近 0 值，且其置信区间包含 0 点，对 y 影响不显著. 也可以看对应统计量的 p 值均大于 0.05. 单击右侧的按钮 Next Step，如图 7.15 所示，在程序运行过程中 X3 的置信区间线段变为蓝色，表示变量 X3 已经进入模型中. 此时可得到决定系数 R^2，F 统计量的值，对应的概率 P 值，剩余标准差 RMSE，对应的概率 $P < 0.05$，说明 X3 对因变量的影响显著，所以 X3 可以进入模型.

再单击右侧的按钮 Next Step，在程序运行过程中 X2 的置信区间线段变为蓝色. 如图 7.16 所示，表示 X2 已经进入模型变量中. 此时决定系数 R^2 更大，变量增加时，决定系数增大是必然的，此时应该看调整后的决定系数 Adj R-sq 的变化. F 的值增加，对应的概率

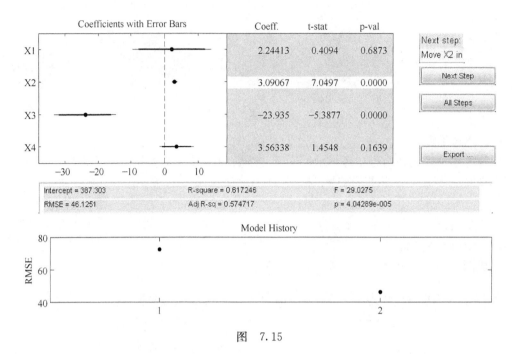

图 7.15

P 值明显减小，剩余标准差 RMSE 明显减小，说明 X2 对因变量的影响显著，所以 X2 可以进入模型.

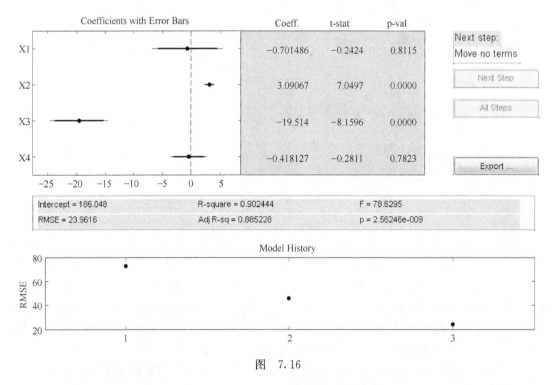

图 7.16

至此模型变量的自动选择已经完成. 也可以直接单击右侧的 All Steps 按钮一次完成变量的自动选择.

也可以直接单击 X2、X3 这两个变量对应的红线,将其加入到模型. 如果再加入变量 X1,X4 时,决定系数几乎没变化,但 F 的值明显减小了,RMSE 的值增大了. 这两个变量不宜留在模型中,因此可以忽略 X1 和 X4 对 Y 的影响! 因此 X2、X3 是 Y 的主要影响因素.

如果使用 LinearModel. stepwise(x,y) 命令,并不出现交互的窗口,而是在命令窗口直接动态地给出结果.

在命令窗口输入:

mdl＝LinearModel.stepwise(X,Y) ↙

1. Adding x3,FStat＝29.0275,pValue＝4.04289e－05
2. Adding x2,FStat＝49.6984,pValue＝1.95221e－06

mdl＝

Linear regression model:
    y~ 1＋x2＋x3

Estimated Coefficients:

	Estimate	SE	tStat	pValue
(Intercept)	186.05	35.843	5.1906	7.3688e－05
x2	3.0907	0.43841	7.0497	1.9522e－06
x3	－19.514	2.3915	－8.1596	2.7862e－07

Number of observations:20,Error degrees of freedom:17
Root Mean Squared Error:24
R-squared:0.902,Adjusted R-Squared 0.891
F-statistic vs. constant model:78.6,p-value＝2.56e－09

(3) 变量 Y 和 X2、X3 的回归方程

回归模型的常数项 Intercept 为 186.0484,X2 的系数为 3.0907,X3 的系数为 －19.5140,故模型为

$$y＝186.0484＋3.0907x_2－19.514x_3.$$

以上计算的结果并没有把变量 X1 引入模型,和我们的直观感觉不一致。X1 表示推销的开支,推销应该是有利于销售的. 下面我们对模型做进一步的诊断.

(4) 模型的分析与诊断

用 x2 和 x3 建立的上述回归模型中,剩余标准差 s＝24 相对 y 的值来说较大. 下面分析残差:
在命令窗口输入:

plotResiduals(mdl,'probability')

可见最右边的数据偏离正态直线越来越严重,但是最下面的一个残差小于－80(图省略)且严重偏离拟合直线. 用下面的方法判断是异常值. 在命令窗口输入:

plotDiagnostics(mdl,'cookd')

从生成图中可以看到第 16 个值严重大于 cook 距离的参考值.

找到对应的数据位置，在命令窗口输入：

find(mdl.Residuals.Raw<-80)↙

ans=

    16

这说明该数据既偏离正态分布，又是异常值，所以排除第 16 个数据重新拟合：

在命令窗口输入：

LinearModel.stepwise(X,Y,'Exclude',16) ↙

1. Adding x3,FStat=29.4601,pValue=4.5237e-05
2. Adding x2,FStat=587.0139,pValue=4.882293e-14
3. Adding x1,FStat=5.9635,pValue=0.027468
4. Adding x1:x3,FStat=8.3808,pValue=0.011759

mdl=

Linear regression model: （模型为:$y=a+bx_1+cx_2+dx_3+ex_1x_3$）

    y~ 1+x2+x1*x3

Estimated Coefficients:

	Estimate	SE	tStat	pValue
(Intercept)	135.93	17.015	7.9889	1.3918e-06
x1	9.5617	2.6976	3.5446	0.0032357
x2	3.4406	0.11065	31.093	2.5454e-14
x3	-16.552	1.8891	-8.7618	4.6777e-07
x1:x3	-0.85222	0.29438	-2.895	0.011759

Number of observations:19,Error degrees of freedom:14

Root Mean Squared Error:5.54

R-squared:0.996,Adjusted R-Squared 0.994

F-statistic vs. constant model:802,p-value=2.33e-16

所以回归方程为

$$y=135.93+9.5617x_1+3.4406x_2-16.552x_3-0.85222x_1x_3$$

结果分析：变量 x1 可以进入模型 （$P=0.03208<0.05$），这与我们的常识相符合：推销总是有利于销售的；x1*x3 的交互项也进入模型，说明推销开支和同类商品的竞争的交互作用和销售量 y 有线性相关性，这也符合我们的常识——该公司的推销必然会影响同类商品的销售，最终会反映到该公司的销售量上；销售潜力 x4 未进入模型，说明潜力和销量没有显著的线性关系.

注意：在（4）这一步如果用 stepwise 函数 x1 会进入模型，但是得不到 x1 与 x3 的交互项. 如果想要得到含交叉项的模型，就需要重新设计数据矩阵 X，在其中加入该交叉项的数据列后再回归. 进一步的分析，留给读者自己去完成. 通过这个例子也再次说明了残差分析的重要性. 也再一次提醒大家，统计得出的模型只是统计规律，不是因果必然，模型的实用性还要回到实践中去检验. 建立统计模型时，一定不能离开专业知识的指导.

三、多元非线性回归分析

当数据可以用线性的参数来描述时，线性回归是分析该数据的强有力的工具. 但是，实际中相应变量和预测变量之间的关系的数学表达式很多是非线性的，这就需要用非线性回归分析.

多元非线性回归模型可以表示为

$$y = f(\boldsymbol{X}, \boldsymbol{\beta}) + \boldsymbol{\varepsilon}$$

其中，y 是因变量（是向量），$\boldsymbol{X}$ 是回归变量（是向量或矩阵），$\boldsymbol{\beta}$ 是待定系数（是向量），$\boldsymbol{\varepsilon}$ 是随机变量（是向量）.

多元非线性回归分析的理论较为复杂，这里我们不做讲解. 多元非线性回归分析的实验步骤和线性回归分析相同. 下面我们通过一个例子主要来说明利用 MATLAB 软件进行非线性回归分析的参数估计方法以及利用回归方程进行预测的方法. 多元非线性回归分析使用的函数命令同一元非线性回归分析，详见表 7.2.

例 6 在研究化学动力学反应过程中，建立了一个反应速度和反应物含量之间关系的数学模型

$$y = \frac{\beta_4 * x_2 - x_3 / \beta_5}{1 + \beta_1 * x_1 + \beta_2 * x_2 + \beta_3 * x_3}$$

其中 β_1，β_2，β_3，β_4，β_5 是未知的参数，x_1，x_2，x_3 是三种反应物（氢，n 戊烷，异构戊烷）的含量，y 是反应速度. 今测得一组数据如表 7.11 所示，试由此确定参数 β_1，β_2，β_3，β_4，β_5，并给出其置信区间. β_1，β_2，β_3，β_4，β_5 的参考值为 $(0.1, 0.05, 0.02, 1, 2)$.

表 7.11

序 号	反应速度 y	氢 x_1	n 戊烷 x_2	异构戊烷 x_3
1	8.55	470	300	10
2	3.79	285	80	10
3	4.82	470	300	120
4	0.02	470	80	120
5	2.75	470	80	10
6	14.39	100	190	10
7	2.54	100	80	65
8	4.35	470	190	65
9	13.00	100	300	54
10	8.50	100	300	120
11	0.05	100	80	120

（续）

序　号	反应速度 y	氢 x_1	n 戊烷 x_2	异构戊烷 x_3
12	11.32	285	300	10
13	3.13	285	190	120

解 （1）首先以回归系数和自变量为输入变量，将要拟合的模型写成函数 huaxue.m 文件，如下：

```
function yhat＝huaxue(beta,x);
yhat＝(beta(4)＊x(:,2)－x(:,3)/beta(5))./(1＋beta(1)＊x(:,1)＋...
beta(2)＊x(:,2)＋beta(3)＊x(:,3));
```

（2）输入数据：

在命令窗口输入：

```
clc,clear
x0＝[ 1 8.55 470 300 10;2 3.79 285 80 10;3 4.82 470 300 120;4 0.02 470 80 120;
    5 2.75 470 80 10;6 14.39 100 190 10;7 2.54 100 80 65;8 4.35 470 190 65;9
    13.00 100 300 54;10 8.50 100 300 120;11 0.05 100 80 120;12 11.32 285 300
    10;13 3.13 285 190 120];
x＝x0(:,3:5);
y＝x0(:,2);
beta0＝[0.1,0.05,0.02,1,2];    ％回归系数的初值
```

（3）用 nlinfit 计算回归系数，用 nlparci 计算回归系数的置信区间，用 nlpredci 计算预测值及其置信区间，程序如下：

```
[betahat,r,j]＝nlinfit(x,y,'huaxue',beta0);    ％r,j 是下面命令用的信息.
betaci＝nlparci(betahat,r,j);
betaa＝[betahat,betaci];    ％回归系数及其置信区间
[yhat,delta]＝nlpredci('huaxue',x,betahat,r,j);％y 的预测值及其置信区间的半
                                            径,置信区间为 yhat±delta.
```

非线性模型结果分析见表 7.12.

表　7.12

回 归 系 数	参数估计值	置 信 区 间	
$\beta1$	0.0628	−0.0377	0.1632
$\beta2$	0.0400	−0.0312	0.1113
$\beta3$	0.1124	−0.0609	0.2857
$\beta4$	1.2526	−0.7467	3.2519
$\beta5$	1.1914	−0.7381	3.1208

这里不能应用线性回归的理论来判断回归变量影响的显著性.

（4）画原始数据拟合图（＋～原始数据，o～拟合结果）

```
plot(x0(:,1),y,'r＋',x0(:,1),yhat,'bo')
```

从图 7.17 可以看出，原始数据与回归预测值拟合得较好.

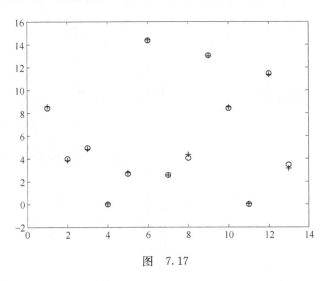

图　7.17

在命令窗口输入：

`plot(x0(:,1),r,'b*')`

得到残差的散点图 7.18. 残差分布在 0 附近，且数值较小，说明模型拟合得较好.

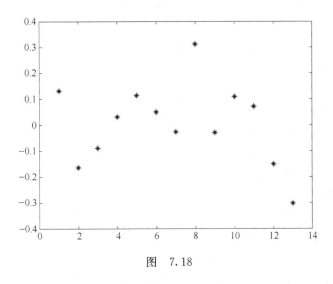

图　7.18

进一步还可用交互式命令进一步观察拟合情况与响应情况，同时上述参数也可用该命令获得. 使用命令：

`nlintool(x,y,'huaxue',beta0)`

（5）用 nlintool 得到一个交互式画面图 7.19，调节变量的值可得到相应的结果，如 y 的预测值. 左下方的 Export 可向工作区内存传送数据，如回归系数、残差、剩余标准差和对应的 y 的预测值及区间等. 也可用鼠标拖动蓝色的十字线调节变量的取值.

得到剩余标准差 RMSE＝0.1933，由此可见拟合结果是很好的.

下面用 NonLinearModel.fit 来处理上述非线性回归问题：

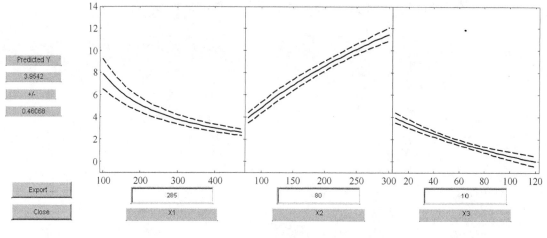

图 7.19

(1) 模型函数同上，数据 x，y，beta0 同上.

(2) 回归系数计算与分析

nlfit＝NonLinearModel.fit(x,y,@huaxue,beta0)

nlfit＝

Nonlinear regression model:
    y~ huaxue(b,X)

Estimated Coefficients:

	Estimate	SE	tStat	pValue
b1	0.062776	0.04356	1.4412	0.18751
b2	0.040048	0.030884	1.2967	0.23087
b3	0.11242	0.075155	1.4958	0.17308
b4	1.2526	0.86699	1.4448	0.18652
b5	1.1914	0.83671	1.4239	0.1923

Number of observations:13,Error degrees of freedom:8
Root Mean Squared Error:0.193
R- Squared:0.999,Adjusted R- Squared 0.998
F- statistic vs. zero model:3.91e＋03,p- value＝2.54e－13

从以上结果可得非线性回归的系数，与剩余标准差 RMSE＝0.193.
下面分析拟合的效果.
在命令窗口输入：

plotResiduals(nlfit,'fitted')

生成图 7.20. 可见残差分布在 0 均值附近，且数值较小说明方程拟合效果较好.

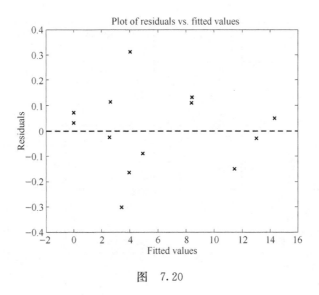

图 7.20

（3）用回归方程预测：

```
[yhat,yci]=predict(nlfit,x);
plot(x0(:,1),y,'r+',x0(:,1),yhat,'bo')
```

效果如图 7.17 所示.

（4）用 plotSlice 得到一个交互式画面图 7.19，调节变量的值可得到相应的 y 的预测值及预测区间.

使用如下命令：

```
plotSlice(nlfit)
```

四、应用举例

表 7.13 列出了各个汽车旅馆的总评价得分 y 与四个可能影响因素（x1～x4）评分的数据. 该数据存放于 shuju. xlsx 文件. 试分析 y 与各个因素的关系，并建立关系模型，并检验模型.

表 7.13

汽车旅馆名称	场地大小 (x1)	外卖 (x2)	可获得场地 (x3)	评估分 (x4)	总评价得分 (y)
Tennessee	5350	30	3813	346	13
Baltimore	5014	49	3967	333	12
New York Giants	6376	31	4546	328	12
Oakland	5776	37	5249	479	12
Minnesota	5961	18	5701	397	11
Philadelphia	5006	31	4820	351	11
Denver	6567	44	5544	485	11
Miami	4461	41	4636	323	11

（续）

汽车旅馆名称	场地大小 （x1）	外卖 （x2）	可获得场地 （x3）	评估分 （x4）	总评价得分 （y）
Indianapolis	6141	22	5357	429	10
Tampa Bay	4649	41	4800	388	10
St. Louis	7075	25	5494	540	10
New Orleans	5397	35	4743	354	10
New York Jets	5395	35	4820	321	9
Pittsburgh	4766	35	4713	321	9
Green Bay	5321	28	5069	353	9
Detroit	4422	42	5033	307	9
Washington	5396	33	4474	281	8
Buffalo	5498	29	4426	315	8
Carolina	4654	38	5656	310	7
Jacksonville	5690	30	4845	367	7
Kansas City	5614	29	5293	355	7
Seattle	4680	29	6391	320	6
San Francisco	6040	21	5709	388	6
Dallas	4475	25	5329	294	5
Chicago	4541	20	5234	216	5
New England	4571	23	5353	276	5
Atlanta	3994	25	5607	252	4
Cincinnati	4260	21	5487	185	4
Cleveland	3530	25	5643	161	3
Arizona	4528	20	5737	210	3
San Diego	4300	22	4959	269	1

解 这是一个社会问题的数据，数据的精确性较差. 首先建立模型并检验其显著性.

输入数据. 如果数据量较大且存放于其他文件中，可以通过相关函数直接读入，也可以通过 MATLAB 窗口导入数据. 本例的数据来从一个 shuju. xlsx 文件的 B2：G32 单元格，可以用 xlsread 函数读取.

（1）变量之间的线性关系的判定.

由于事先不知道 y 与各个因素的关系，画散点图效果也不直观. 这里直接计算相关系数.

命令窗口输入：

```
X＝xlsread('shuju. xlsx','b2:g32');↙
```

或在命令窗口直接拷贝数据输入：

```
X=[    5350        30        3813        346        13
       5014        49        3967        333        12
```

6376	31	4546	328	12
⋮	⋮	⋮	⋮	⋮
4300	22	4959	269	1

　　]；

命令窗口输入：

　　[r,p]＝corrcoef(X)

得到 x1、x2、x3、x3、y 两两之间的相关系数矩阵 r 和相关性检验所得概率组成的矩阵 p. r 中对角线是它们各自的方差，其他位置是这两个变量的相关系数，这是对称矩阵.

　　r＝

1.0000	0.0545	−0.0924	0.8305	0.6015
0.0545	1.0000	−0.4659	0.2982	0.5826
−0.0924	−0.4659	1.0000	−0.0360	−0.5133
0.8305	0.2982	−0.0360	1.0000	0.6814
0.6015	0.5826	−0.5133	0.6814	1.0000

　　p＝

1.0000	0.7708	0.6212	0.0000	0.0003
0.7708	1.0000	0.0082	0.1032	0.0006
0.6212	0.0082	1.0000	0.8475	0.0031
0.0000	0.1032	0.8475	1.0000	0.0000
0.0003	0.0006	0.0031	0.0000	1.0000

找出变量之间线性相关性显著的（$p < 0.05$）的变量. 输入：

　　[i,j]＝find(p<0.05);[i,j]

得到：

　　ans＝

4	1	（这说明 x1 与 x4 的线性关系显著.）
5	1	（这说明 x1 与 y 的线性关系显著.）
3	2	（这说明 x2 与 x3 的线性关系显著.）
5	2	（这说明 x2 与 y 的线性关系显著.）
2	3	
5	3	
1	4	
5	4	
1	5	
2	5	
3	5	
4	5	

总之，x1，x2，x3，x4 与 y 的线性关系都较强. 同时，x1 与 x4，x2 与 x3 的线性关系也显著，这就存在多重共线性问题. 此时建立线性模型时，这两组变量之间就互相解释，使其中

一个失去意义.

（2）建立回归方程

这里先建立一个线性模型看看. 命令窗口输入：

```
LinearModel.fit(X,Y)
```

得到结果：

Linear regression model:

y~ 1+x1+x2+x3+x4

Estimated Coefficients:

	Estimate	SE	tStat	pValue
(Intercept)	4.8971	5.4308	0.90172	0.37548
x1	0.00089048	0.00077989	1.1418	0.26395
x2	0.11587	0.052168	2.221	0.03527
x3	−0.0019234	0.00067158	−2.8639	0.0081678
x4	0.014701	0.0079688	1.8448	0.076495

Number of observations:31,Error degrees of freedom:26

Root Mean Squared Error:1.69

R-squared:0.751,Adjusted R-Squared 0.713

F-statistic vs.constant model:19.6,p-value=1.53e−07

由计算结果可知：回归方程高度显著，拟合优度 0.75 良好，但是 x1、x4 两个回归系数没有通过 0.05 的显著性检验. 这也暗示着模型可能存在多重共线性或者其他不确定问题. 下面采用逐步回归处理.

在命令窗口输入：

```
zlfm=LinearModel.stepwise(X(:,1:4),X(:,5))
```

得到结果：

1. Adding x4,FStat=25.1288,pValue=2.44754e−05

2. Adding x3,FStat=22.5931,pValue=5.44505e−05

zlfm=

Linear regression model:

y~ 1+x3+x4

Estimated Coefficients:

	Estimate	SE	tStat	pValue
(Intercept)	13.856	3.2946	4.2055	0.00024164
x3	−0.0027637	0.00058144	−4.7532	5.445e−05
x4	0.025003	0.003879	6.4457	5.5633e−07

Number of observations:31,Error degrees of freedom:28

Root Mean Squared Error:1.78

R-squared:0.703,Adjusted R-Squared 0.682

F-statistic vs. constant model:33.2,p-value=4.06e-08

由计算结果可得模型一：

$$y=13.856-0.00276x_3+0.025x_4.$$

模型中只剩下两个变量，且回归系数和回归方程都通过了 0.01 的显著性检验. 拟合优度到 0.703，回归方程也高度显著. 线性相关的两组变量只留下了一个，模型的统计结果很好，结构简单，变量的解释意义清楚.

（3）模型诊断

在命令窗口输入：plotResiduals(zlfm, 'probability')↙

由图 7.21 可见除了一个数据外，残差分布在正态直线附近. 模型假设成立. 至此，从统计的角度来说已经建立一个较为理想的统计模型.

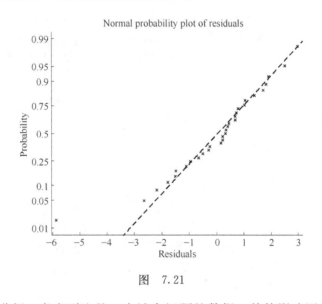

图　7.21

回到问题本身分析，考虑到这是一个社会问题的数据，其他影响因素对 y 可能有非线性的影响，各因素之间可能也有其他非线性关系. 所以把各个因素的平方和乘积全考虑进去重新建模如下：

zlfm=LinearModel.stepwise(X(:,1:4),X(:,5),'quadratic')↙

1. Removing x1^2,FStat=0.001093,pValue=0.97404

2. Removing x2:x4,FStat=0.017429,pValue=0.89652

3. Removing x2:x3,FStat=0.28642,pValue=0.59908

4. Removing x2^2,FStat=0.28956,pValue=0.59675

5. Removing x1:x3,FStat=0.072385,pValue=0.79065

6. Removing x4^2,FStat=0.64782,pValue=0.42991

7. Removing x1:x4,FStat＝0.17817,pValue＝0.67705

8. Removing x3^2,FStat＝0.9408,pValue＝0.34216

9. Removing x3:x4,FStat＝2.8341,pValue＝0.10525

10. Removing x4,FStat＝1.5722,pValue＝0.22148

zlfm＝

Linear regression model:
    y~ 1＋x3＋x1 * x2

Estimated Coefficients:

	Estimate	SE	tStat	pValue
(Intercept)	−16.082	8.7666	−1.8345	0.078055
x1	0.0050048	0.0014394	3.4771	0.0017979
x2	0.69181	0.25764	2.6852	0.012453
x3	−0.0013283	0.00062207	−2.1353	0.042323
x1:x2	−0.00010118	4.9175e−05	−2.0575	0.049794

Number of observations:31,Error degrees of freedom:26

Root Mean Squared Error:1.67

R-squared:0.758,Adjusted R-Squared 0.72

F-statistic vs. constant model:20.3,p-value＝1.08e−07

最后的建立的模型二是：
$$y＝-16.082+0.005x_1+0.692x_2-0.00133x_3-0.0001x_1x_2$$
该方程拟合优度到 75.8%，较前一个提高有限，拟合数据程度较高. F 统计量的 p-value＝
1.08e−07，模型二也高度显著. 最后的模型中没有评估得分 x4，说明该因素与前三个因素
有某种关系而被取代. 模型二揭示了更复杂的变量关系.

实验任务

1. 水泥凝固时放出的热量 y 与水泥中 4 种化学成分 x_1、x_2、x_3、x_4 有关，今测得一
组数据如表 7.14 所示，试用逐步回归法确定一个线性模型.

表 7.14

序号	1	2	3	4	5	6	7	8	9	10	11	12	13
x_1	7	1	11	11	7	11	3	1	2	21	1	11	10
x_2	26	29	56	31	52	55	71	31	54	47	40	66	68
x_3	6	15	8	8	6	9	17	22	18	4	23	9	8
x_4	60	52	20	47	33	22	6	44	22	26	34	12	12
y	78.5	74.3	104.3	87.6	95.9	109.2	102.7	72.5	93.1	115.9	83.8	113.3	109.4

2. 设某商品的需求量与消费者的平均收入、商品价格的统计数据如表 7.15 所示，要求：

（1）建立回归模型并做显著性检验.

（2）对所求的方程做拟合优度检验.

（3）做残差分析并改进模型.

（4）预测平均收入为 1000、价格为 6 时的商品需求量.

表　7.15

需求量	100	75	80	70	50	65	90	100	110	60
收入	1000	600	1200	500	300	400	1300	1100	1300	300
价格	5	7	6	6	8	7	5	4	3	9

3. 表 7.16 列出了某城市 18 位 35～44 岁年龄段经理的年平均收入 X1 千元，分险偏好度 X2 和人寿保险额 Y 千元的数据，其中风险偏好度是根据发给每个经理的问卷调查表综合评估得到的，风险偏好度越大，就表示该经理越偏爱高分险.

表　7.16

序号	Y	X1	X2	序号	Y	X1	X2
1	196	66.290	7	10	49	37.408	5
2	63	40.964	5	11	105	54.376	2
3	252	72.996	10	12	98	46.186	7
4	84	45.010	6	13	77	46.130	4
5	126	57.204	4	14	14	30.366	3
6	14	26.852	5	15	56	39.060	5
7	49	38.122	4	16	245	79.380	1
8	49	35.840	6	17	133	52.766	8
9	266	75.796	9	18	133	55.916	6

求：

（1）分析该年龄段的经理所投保的人寿保险额与平均收入及风险偏好度之间的关系.

（2）判断年平均收入与人寿保险之间是否存在着二次关系.

（3）判断风险偏好度与人寿保险额是否有二次效应以及两个自变量是否对人寿保险额有交互效应.

（4）请你通过表中的数据建立一个合适的数学模型，并完成拟合优度检验、方程的显著性检验、回归系数的检验和误差诊断、模型优化改进.

第 8 章　模糊综合评判

决策是在人们生活和工作中普遍存在的一种活动，是为解决当前或未来可能发生的问题，选择最佳方案的过程. 模糊综合评判是决策问题中非常重要的一种方法，本章简单介绍模糊综合评判的基本概念、基本理论，主要介绍 MATLAB 在模糊综合评判中的应用.

实验 8.1　单层次的模糊综合评判

实验目的

通过本实验了解模糊综合评判方法，会利用 MATLAB 软件对给定对象进行模糊综合评判.

一、单层次模糊综合评判

按确定的标准，对某个或某类对象中的某个因素或某个部分进行评价，称为单一评判. 从众多的单一评判中获得对某个或某类对象的整体评价，称为综合评判. 综合评判的目的，通常是希望能对若干对象按一定意义进行排序，或者按某种方法从中选出最优对象. 这个过程也称为决策过程. 综合评判也称为综合决策，或者多因素决策、多元决策、多目标决策等. 这种问题往往带有模糊性和经验性，因此采用模糊集方法处理就比较自然，模糊综合评判也就成了对受到多个因素影响的事物做出全面评价的一种常用的有效手段.

模糊综合评判问题具有广泛的实用价值，广泛应用在工程科学、生命科学与经济管理等各方面.

为此，首先介绍预备知识：模糊矩阵的概念、模糊矩阵的合成运算及其 MATLAB 实现.

1. 模糊矩阵的概念

定义 1　如果对于任意 $i=1, 2, \cdots, m$，$j=1, 2, \cdots, n$，都有 $r_{ij} \in [0,1]$，则称矩阵 $\underset{\sim}{\boldsymbol{R}} = (r_{ij})_{m \times n}$ 为模糊矩阵. 例如

$$\boldsymbol{R} = \begin{pmatrix} 1 & 0.5 \\ 0.1 & 0.7 \\ 0 & 0.3 \end{pmatrix}$$

就是一个 3×2 阶模糊矩阵.

特殊的，形如 $\underset{\sim}{\boldsymbol{R}} = (r_{ij})_{1 \times n}$ 的单行模糊矩阵也就是模糊向量.

2. 模糊矩阵的合成运算

模糊矩阵的合成运算相当于矩阵的乘法运算.

定义 2　设 $\underset{\sim}{\boldsymbol{A}}=(a_{ij})_{m\times s}$，$\underset{\sim}{\boldsymbol{B}}=(b_{ij})_{s\times n}$，称模糊矩阵

$$\underset{\sim}{\boldsymbol{A}}\circ\underset{\sim}{\boldsymbol{B}}=(c_{ij})_{m\times n}$$

为 $\underset{\sim}{\boldsymbol{A}}$ 与 $\underset{\sim}{\boldsymbol{B}}$ 的合成，其中 $c_{ij}=\max\limits_{k=1,\cdots,s}\{\min(a_{ik},b_{kj})\}=\bigvee\limits_{k=1}^{s}(a_{ik}\wedge b_{kj})$，即

$$\underset{\sim}{\boldsymbol{C}}=\underset{\sim}{\boldsymbol{A}}\circ\underset{\sim}{\boldsymbol{B}}\Leftrightarrow c_{ij}=\bigvee\limits_{k=1}^{s}(a_{ik}\wedge b_{kj})$$

也称 $\underset{\sim}{\boldsymbol{C}}$ 为 $\underset{\sim}{\boldsymbol{A}}$ 对 $\underset{\sim}{\boldsymbol{B}}$ 的模糊乘积.

3. 模糊矩阵合成运算的 MATLAB 实现

下面用例子说明模糊矩阵合成运算的 MATLAB 实现. 为方便起见，在本章的 MATLAB 程序中，模糊集 $\underset{\sim}{A_i}$，$\underset{\sim}{R_i}$，$\underset{\sim}{B_i}$ 全部用大写的英文字母 A_i，R_i，B_i 等取代.

例1　设 $\underset{\sim}{\boldsymbol{A}}=\begin{pmatrix}0.7 & 1 & 0.2\\ 0.3 & 0.5 & 0.6\end{pmatrix}$，$\underset{\sim}{\boldsymbol{B}}=\begin{pmatrix}0.2 & 0.5\\ 0.8 & 1\\ 0.6 & 0.2\end{pmatrix}$，用 MATLAB 计算 $\underset{\sim}{\boldsymbol{A}}\circ\underset{\sim}{\boldsymbol{B}}$

解　编写 MATLAB 程序

```
≫m=2;n=3;                          %设定 m,n 的值
A=[0.7 1 0.2;0.3 0.5 0.6];         %给定矩阵 A
nA=length(A(:,1));
B=[0.2 0.8 0.6; 0.5 1 0.2]';       %给定矩阵 B
    for k=1:nA
        for i=1:m
        C(k,i)=min(A(k,1),B(1,i));
        for j=2:n
            C(k,i)=max(C(k,i),min(A(k,j),B(j,i)));
        end
        end
    end
C↙                                 %计算 C=A∘B
C=
  0.8000    1.0000
  0.6000    0.5000
```

得结果 $\boldsymbol{C}=\begin{pmatrix}0.8 & 1\\ 0.6 & 0.5\end{pmatrix}$

可以练习用 MATLAB 算得 $\underset{\sim}{\boldsymbol{B}}\circ\underset{\sim}{\boldsymbol{A}}=\begin{pmatrix}0.3 & 0.5 & 0.5\\ 0.7 & 0.8 & 0.6\\ 0.6 & 0.6 & 0.2\end{pmatrix}$

接下来，我们介绍模糊综合评判的步骤、评判的 MATLAB 实现以及评判模型的改进.

4. 模糊综合评判的步骤

一个事物往往需要用多个指标刻画其本质与特征，并且人们对一个事物的评价又往往不

是简单的好与不好，而是采用模糊语言分为不同程度的评语. 对此，我们采用综合评判模型加以表达.

假设采用 n 个因素（或指标）刻画某类事物. 设因素集为 $U = \{u_1, u_2, \cdots, u_n\}$. 又设所有可能出现的评语有 m 个，评语集为 $V = \{v_1, v_2, \cdots, v_m\}$. 通过诱导出单因素综合评判矩阵（单因素评判矩阵）$\underset{\sim}{R} = (r_{ij})_{n \times m}$，对于因素集 U 上的权重模糊向量 $\underset{\sim}{A} = (a_1, a_2, \cdots, a_n)$，利用 $\underset{\sim}{A}$ 和 $\underset{\sim}{R}$ 的合成运算变换为评语集上的模糊集 $\underset{\sim}{B} = \underset{\sim}{A} \circ \underset{\sim}{R} = (b_1, b_2, \cdots, b_m)$，从而得到被评价对象的评价结果. 这里，$a_i$ 指的是第 i 个因素的权重的隶属度. U，V，$\underset{\sim}{R}$ 是此类模型的三个要素. 此类方法体系的特点是要确定一个综合评判矩阵 $\underset{\sim}{R}$，并通过 $\underset{\sim}{R}$ 得到最终的评判结果. 该方法的目的是确定被评价对象所属等级或者对多个被评价对象排序.

具体步骤如下：

第一步　确定因素集 $U = \{u_1, u_2, \cdots, u_n\}$.

第二步　确定评判集（评价集或决断集）$V = \{v_1, v_2, \cdots, v_m\}$.

第三步　单因素评判：建立单因素模糊评判矩阵

$$\underset{\sim}{R} = \begin{bmatrix} r_{11} & r_{12} & \cdots & r_{1m} \\ r_{21} & r_{22} & \cdots & r_{2m} \\ \vdots & \vdots & & \vdots \\ r_{n1} & r_{n2} & \cdots & r_{nm} \end{bmatrix}, \text{ 其中 } 0 \leqslant r_{ij} \leqslant 1.$$

第四步：综合评判

对于权重 $\underset{\sim}{A} = (a_1, a_2, \cdots, a_n)$（一般满足 $\sum\limits_{i=1}^{n} a_i = 1, 0 \leqslant a_i \leqslant 1$），取 max- min 合成运算，可得综合评判

$$\underset{\sim}{B} = \underset{\sim}{A} \circ \underset{\sim}{R} = (b_1, b_2, \cdots, b_m),$$

其中　$b_j = (a_1 \wedge r_{1j}) \vee (a_2 \wedge r_{2j}) \vee \cdots \vee (a_n \wedge r_{nj})$，$j = 1, 2, \cdots, m$.

第五步：评判指标的处理

为了给出确定的评判结果，对上述得到的评判指标 b_1，b_2，$\cdots$，b_m，通常采用以下两种方法处理：

（1）按最大隶属原则得到被评对象所属等级，即：若 $b_j = \max\limits_{1 \leqslant i \leqslant m} \{b_i\}$，则对象属于第 v_j 级. 如下面要讲到的服装评判问题.

（2）直接把 b_i 按从大到小顺序排序，从而对多个评判对象排序. 如"应用举例"中讲到的制药厂经济效益的排序问题.

上述评判模型，可画成图 8.1 所示的框图：

图　8.1

5. 模糊综合评判的 MATLAB 程序框架

按最大隶属原则进行的评判程序框架为

```
v=[i]₁×ₘ;                        %设定评判集 V

R=[rᵢⱼ]ₙ×ₘ;                      %设定评判矩阵 R
A=[aᵢⱼ]₁×ₙ;                      %设定权重 A
m=length(R(1,:));                %设定 m 的值
n=length(R(:,1));                %设定 n 的值
for i=1:m
    B(i)=min(A(1),R(1,i));
    for j=2:n
        B(i)=max(B(i),min(A(j),R(j,i)));
    end
end                              %计算 B=[b1,b2,...,bm]    （*）
b=B(1);k=1;
for i=2:m
    if b<B(i)
        b=B(i);k=i;
     end
end
    result=v(k)                  %得出评判结果
```

若是直接把 b_i 按从大到小顺序排序，从上述程序中的（*）句之后进行改写如下：

```
[sorted,index]=sort(-B);  %得出评判结果
sorted=-sorted
index
```

6. 模糊综合评判模型的改进

前面所讲的模糊综合评判模型记作 $M(\wedge,\vee)$，计算 $\underset{\sim}{B}$ 用的是 max-min 合成运算，即

$\underset{\sim}{B}=\underset{\sim}{A}\circ\underset{\sim}{R}$，其中 $b_j=\overset{n}{\underset{i=1}{\vee}}(a_i\wedge r_{ij})(j=1,2,\cdots,m)$.

这种模型的优点是运算简便，缺点是只考虑了主要因素（权重最大的因素），舍掉了众多的非重要信息，所以称为主因素决定型. 它的着眼点是考虑主要因素，其他因素对结果影响不大，比较适用于主因素最优即为综合最优的情形（见例 2 服装例子中舒适度最优则综合评判结果为最优）. 这种运算有时会出现决策结果不易分辨的情况，即评判失效的情况.

为此，可以对运算加以改进，得到以下几个常用模型：

（1）$M(\cdot,\vee)$ ——主因素突出型：$\underset{\sim}{B}$ 中元素 b_j 的计算为

$$b_j=\overset{n}{\underset{i=1}{\vee}}(a_i\cdot r_{ij})\qquad(j=1,2,\cdots,m).$$

它是用普通实数乘法代替"$\wedge$".

（2）$M(\cdot,+)$ ——加权平均型：$\underset{\sim}{B}$ 中元素 b_j 的计算为

$$b_j=\overset{n}{\underset{i=1}{\sum}}(a_i\cdot r_{ij})\qquad(j=1,2,\cdots,m)$$

它是用普通实数乘法代替 ∧，普通加法代替 ∨.

（3）$M(\wedge,+)$——主因素突出型：$\underset{\sim}{\boldsymbol{B}}$ 中元素 b_j 的计算为

$$b_j = \sum_{i=1}^{n} (a_i \wedge r_{ij}) \qquad (j=1,2,\cdots,m)$$

它是用普通加法代替"∨".

$M(\cdot,+)$ 这种模型对所有因素依权重的大小均衡兼顾，故称之为加权平均型评判模型. 它比较适用于要求整体指标（即考虑各因素起作用）的情形.

同一组事物，采用不同评判模型，优劣次序可能不同. 这和人们从不同的角度观察同一事物可能得出不同结论一样. 在评判时究竟采用哪种模型不能一概而论. 一般地，如果要强调或突出主要因素的决定作用，可用模型 $M(\wedge,\vee)$ 或 $M(\cdot,\vee)$ 或者 $M(\wedge,+)$，如果要考虑诸因素的综合影响，应当选用模型 $M(\cdot,+)$.

二、应用举例

1. 服装评判实例

例 2 服装评判：

（1）对于服装质量常考虑花色、式样、耐穿度、价格和舒适度等因素，于是可得因素集 $U=\{$花色 u_1，式样 u_2，耐穿度 u_3，价格 u_4，舒适度 $u_5\}$.

（2）若规定评价等级为：很欢迎、较欢迎、基本欢迎和不欢迎，则得评价集 $V=\{$很欢迎 v_1，较欢迎 v_2，基本欢迎 v_3，不欢迎 $v_4\}$.

（3）单因素评判

在市场预测中，需要考虑对某种服装进行评判，可以通过专家评定，也可以通过对用户进行"民意测验"的方法来评定. 现在我们两者兼用，请若干专家与顾客，对于某种服装，单就花色表态（规定每人只能在集合 V 中选定一个等级），如果有 20% 的人很欢迎，50% 的人较欢迎，20% 的人基本欢迎，10% 的人不欢迎，则可得到单因素评判为

$$u_1 \mapsto (0.2, 0.5, 0.2, 0.1)$$

类似地，对式样、耐穿度、价格和舒适度等因素也分别进行单因素评判

$$u_2 \mapsto (0.1, 0.3, 0.5, 0.1)$$
$$u_3 \mapsto (0, 0.4, 0.5, 0.1)$$
$$u_4 \mapsto (0, 0.1, 0.6, 0.3)$$
$$u_1 \mapsto (0.5, 0.3, 0.2, 0)$$

从而诱导出评判矩阵

$$\underset{\sim}{\boldsymbol{R}} = \begin{bmatrix} 0.2 & 0.5 & 0.2 & 0.1 \\ 0.1 & 0.3 & 0.5 & 0.1 \\ 0 & 0.4 & 0.5 & 0.1 \\ 0 & 0.1 & 0.6 & 0.3 \\ 0.5 & 0.3 & 0.2 & 0 \end{bmatrix}$$

又称 $\underset{\sim}{\boldsymbol{R}}$ 为对服装的单因素评判矩阵.

（4）综合评判

关于服装的一个单因素评判矩阵 $\underset{\sim}{R}$，能较好地反映对服装各因素的评价情况，但还不能对该服装做出总体评价. 必须考虑由于经历和爱好不同，人们对服装各因素的侧重点不同，这种侧重程度我们称为"权"，因而不同因素有不同的权.

例如，中老年男同志对服装各因素的相应权重分配如表 8.1 所示：

表　8.1

因素	花色	式样	耐穿度	价格	舒适度
权重	0.1	0.1	0.3	0.15	0.35

得到权重模糊向量 $\underset{\sim}{A}$＝(0.1　0.1　0.3　0.15　0.35).

MATLAB 程序为：

```
≫v=[1,2,3,4];                            %设定评判集 V
R=[0.2 0.5 0.2 0.1;0.1 0.3 0.5 0.1;0 0.4 0.5 0.1;0 0.1 0.6 0.3;0.5 0.3 0.2 0];
                                         %设定评判矩阵 R
A=[0.1 0.1 0.3 0.15 0.35];               %设定权重 A
m=length(R(1,:));                        %设定 m 的值
n=length(R(:,1));                        %设定 n 的值
for i=1:m
    B(i)=min(A(1),R(1,i));
    for j=2:n
        B(i)=max(B(i),min(A(j),R(j,i)));
    end
end                                      %计算 B=[b1,b2,...,bm]
b=B(1);k=1;
for i=2:m
    if b<B(i)
        b=B(i);k=i;
    end
end
B
result=v(k)                              %得出评判结果
B=
    0.3500    0.1500
    0.3000    1.0000
    0.3000    0.2000
result=
    1
```

结果是 V(1)，说明这种服装属于第一类，即：对于中老年男同志来说是很受欢迎的.

2. 制药厂经济效益的评判实例

> 例3　利用模糊综合评判对20家制药厂经济效益的好坏进行排序.

解　(1) 设因素集$U=\{u_1,u_2,u_3,u_4\}$为反映企业经济效益的主要指标. 其中，u_1：总产值/消耗；u_2：净产值；u_3：盈利/资金占有；u_4：销售收入/成本.

(2) 评价集$V=\{v_1,v_2,\cdots,v_{20}\}$为20家制药厂.

20家制药厂的4项经济指标如表8.2所示：

表　8.2

编号	企业名称	u_1	u_2	u_3	u_4
1	东北制药厂	1.611(u_{11})	10.59(u_{21})	0.69(u_{31})	1.67(u_{41})
2	北京第二制药厂	1.429(u_{12})	9.44(u_{22})	0.61(u_{32})	1.50(u_{42})
3	哈尔滨制药厂	1.447(u_{13})	5.97(u_{23})	0.24(u_{33})	1.25(u_{43})
4	江西东风制药厂	1.572(u_{14})	10.78(u_{24})	0.75(u_{34})	1.71(u_{44})
5	武汉制药厂	1.483(u_{15})	10.99(u_{25})	0.75(u_{35})	1.44(u_{45})
6	湖南制药厂	1.371(u_{16})	6.46(u_{26})	0.41(u_{36})	1.31(u_{46})
7	开封制药厂	1.665(u_{17})	10.51(u_{27})	0.53(u_{37})	1.52(u_{47})
8	西南制药厂	1.403(u_{18})	6.11(u_{28})	0.17(u_{38})	1.32(u_{48})
9	华北制药厂	2.620(u_{19})	21.51(u_{29})	1.40(u_{39})	2.59(u_{49})
10	上海第三制药厂	2.033($u_{1,10}$)	24.15($u_{2,10}$)	1.80($u_{3,10}$)	1.89($u_{4,10}$)
11	上海第四制药厂	2.015($u_{1,11}$)	26.86($u_{2,11}$)	1.93($u_{3,11}$)	2.02($u_{4,11}$)
12	山东新华制药厂	1.501($u_{1,12}$)	9.74($u_{2,12}$)	0.87($u_{3,12}$)	1.48($u_{4,12}$)
13	北京第一制药厂	1.578($u_{1,13}$)	14.52($u_{2,13}$)	1.12($u_{3,13}$)	1.47($u_{4,13}$)
14	天津制药厂	1.735($u_{1,14}$)	14.64($u_{2,14}$)	1.21($u_{3,14}$)	1.91($u_{4,14}$)
15	上海第五制药厂	1.453($u_{1,15}$)	12.88($u_{2,15}$)	0.87($u_{3,15}$)	1.52($u_{4,15}$)
16	上海第二制药厂	1.765($u_{1,16}$)	17.94($u_{2,16}$)	0.89($u_{3,16}$)	1.40($u_{4,16}$)
17	上海第六制药厂	1.532($u_{1,17}$)	29.42($u_{2,17}$)	2.52($u_{3,17}$)	1.80($u_{4,17}$)
18	杭州第一制药厂	1.488($u_{1,18}$)	9.23($u_{2,18}$)	0.81($u_{3,18}$)	1.45($u_{4,18}$)
19	福州抗生素厂	2.586($u_{1,19}$)	16.07($u_{2,19}$)	0.82($u_{3,19}$)	1.83($u_{4,19}$)
20	四川制药厂	1.992($u_{1,20}$)	21.63($u_{2,20}$)	1.01($u_{3,20}$)	1.89($u_{4,20}$)

(3) 建立单因素评判矩阵

令$r_{ij}=\dfrac{u_{ij}}{\sum\limits_{j=1}^{20}u_{ij}}$　$(i=1,2,3,4;j=1,2,\cdots,20)$，可得表8.3.

表　8.3

因素	序号									
	1	2	3	4	5	6	7	8	9	10
r_{1j}	0.0470	0.0417	0.0422	0.0459	0.0433	0.0400	0.0486	0.0409	0.0764	0.0593
r_{2j}	0.0366	0.0326	0.0206	0.0372	0.0380	0.0223	0.0363	0.0211	0.0743	0.0834
r_{3j}	0.0356	0.0314	0.0124	0.0387	0.0387	0.0211	0.0273	0.0088	0.0722	0.0928
r_{4j}	0.0507	0.0455	0.0379	0.0519	0.0437	0.0398	0.0461	0.0401	0.0786	0.0574

（续）

因素	序　　号									
	11	12	13	14	15	16	17	18	19	20
r_{1j}	0.0588	0.0438	0.0460	0.0506	0.0424	0.0515	0.0447	0.0434	0.0754	0.0581
r_{2j}	0.0928	0.0337	0.0502	0.0506	0.0445	0.0620	0.1016	0.0319	0.0555	0.0747
r_{3j}	0.0995	0.0448	0.0577	0.0624	0.0448	0.0459	0.1299	0.0416	0.0423	0.0521
r_{4j}	0.0613	0.0450	0.0446	0.0580	0.0461	0.0425	0.0546	0.0440	0.0555	0.0574

其中 r_{ij} 表示第 j 个制药厂的第 i 个因素的值在 20 家制药厂的同一因素值的总和中所占的比例，则单因素评判矩阵 $\underset{\sim}{\boldsymbol{R}} = (r_{ij})_{4 \times 20}$

（4）综合评判

设备因素的权重分配为

$$\boldsymbol{A} = (0.15,\quad 0.15,\quad 0.20,\quad 0.50).$$

这里所有的 $a_i > r_{ij}$，在做取小"$\wedge$"运算时，因素的权重 a_i 根本不起作用，这样做出的排序就不一定合理了，所以不能选用模型 $M(\wedge, \vee)$ 和模型 $M(\wedge, +)$，为此选用模型 $M(\cdot, \vee)$.

MATLAB 程序为

```
≫R=[0.0470 0.0417 0.0422 0.0459 0.0433 0.0400 0.0486 0.0409 0.0764
0.0593 0.0588 0.0438 0.0460 0.0506 0.0424 0.0515 0.0447 0.0434 0.0754 0.0581;
0.0366 0.0326 0.0206 0.0372 0.0380 0.0223 0.0363 0.0211 0.0743 0.0834
0.0928 0.0337 0.0502 0.0506 0.0445 0.0620 0.1016 0.0319 0.0555 0.0747;
0.0356 0.0314 0.0124 0.0387 0.0387 0.0211 0.0273 0.0088 0.0722 0.0928
0.0995 0.0448 0.0577 0.0624 0.0448 0.0459 0.1299 0.0416 0.0423 0.0521;
0.0507 0.0455 0.0379 0.0519 0.0437 0.0398 0.0461 0.0401 0.0786 0.0574
0.0613 0.0450 0.0446 0.0580 0.0461 0.0425 0.0546 0.0440 0.0555 0.0574];
                                   %设定评判矩阵 R
A=[0.15 0.15 0.20 0.50];           %设定权重 A
m=length(R(1,:));                  %设定 m 的值
n=length(R(:,1));                  %设定 n 的值
for i=1:m
B(i)=A(1)*R(1,i);
for j=2:n
B(i)=max(B(i),A(j)*R(j,i));
end
end                                %计算 B=[b1,b2,...,bm]
[sorted,index]=sort(-B);           %得出评判结果
sorted=-sorted;
B
index↙
```

B＝
Columns 1 through 14

    0.0254   0.0227   0.0190   0.0260   0.0219   0.0199   0.0231
  0.0200   0.0393   0.0287   0.0307   0.0225   0.0223   0.0290

Columns 15 through 20

    0.0231   0.0213   0.0273   0.0220   0.0278   0.0287

index＝

       9   11   14   10   20   19   17   4   1   7   15   2
12   13   18   5   16   8   6   3

这就是按经济效益从好到差对药厂（用编号）排序的结果.

通过例3我们看到，在应用模糊综合决策时一定要从实际出发，慎重选取合适的模型以达到尽量合理的结果.

实验任务

1. 对某产品质量做综合评判，考虑从四种因素来评价产品，即因素集

$$U=\{u_1,u_2,u_3,u_4\},$$

将产品质量分为四等，即评价集

$$V=\{Ⅰ,Ⅱ,Ⅲ,Ⅳ\},$$

设单因素评判为

$$u_1 \mapsto (0.7,0.3,0,0)$$

$$u_2 \mapsto (0,0.3,0.5,0.2)$$

$$u_3 \mapsto (0.3,0.1,0.5,0.1)$$

$$u_4 \mapsto (0.1,0.3,0.2,0.4)$$

设有因素权重分配

$$\underset{\sim}{A}=(0.5\quad 0.2\quad 0.2\quad 0.1),$$

试用 MATLAB 对此产品的等级进行模糊综合评判，采用模型 $M(\wedge,\vee)$.

2. 现有甲、乙、丙三种农业生产方案需要进行排序. 评判指标有5项：产量、费用、用工、收入、肥力，它们的权重分配为

$$\underset{\sim}{A}=(0.25,\quad 0.25,\quad 0.10,\quad 0.20,\quad 0.20)$$

分别对三种方案进行单因素评判，得到单因素评判矩阵为

$$\underset{\sim}{R}=\begin{bmatrix} 0.775 & 0.335 & 0.965 \\ 0.540 & 0.725 & 0.120 \\ 0.620 & 0.950 & 0.190 \\ 0.810 & 0.690 & 0.375 \\ 0.495 & 0.495 & 0.165 \end{bmatrix}$$

试用加权平均模型 $M(\cdot,\vee)$ 对三种方案进行排序，并用 MATLAB 程序实现.

3. 试用模型 $M(\cdot,+)$ 对例3中的20个药厂的经济效益重新进行评价排序，并借助 MATLAB 程序实现. 比较排序结果和例3中有无差异，如何解释这种现象.

实验 8.2 多层次（或多级）的模糊综合评判

实验目的

通过本实验掌握如何利用 MATLAB 对较为复杂的给定对象进行模糊综合评判.

一、多层次模糊综合评判

1. 多层次模糊综合评判的步骤

在复杂系统中，需要考虑的因素往往很多，因素间还分有不同的层次. 这时，应用前面所述各种模型，权重难以细致分配. 即使一一定出了权重，由于满足 $\sum\limits_{i=1}^{n} a_i = 1$，每一因素所分得的权重 a_i 必然很小. 而模糊矩阵的合成运算会"泯灭"所有单因素的评价，得不出任何有意义的结果. 为此，提出多层次综合评判的模型.

定义 3 给定集合 U，若 M 是把 U 分成 n 个子集的一种分法，且满足：$\bigcup\limits_{i=1}^{n} U_i = U$，$U_i \bigcap U_j = \varnothing (i \neq j)$，则称 M 是对 U 的一个**划分**. U 在 M 划分之下得到的集合记为 $U/M = \{U_1, U_2, \cdots, U_n\}$.

多层次评判模型可按下面步骤进行：

第一步 将给定的因素集 U 做划分 M（即将 U 按属性分类），于是得到第二级因素集 $U/M = \{U_1, U_2, \cdots, U_n\}$. 而 U_i 又含有 k_i 个因素，即 $U_i = \{u_{i1}, u_{i2}, \cdots, u_{ik_i}\}$. 故 U 共有 $\sum\limits_{i=1}^{n} k_i$ 个因素.

第二步 对每个 U_i 的 k_i 个因素做综合评判，有

$$\underset{\sim}{A_i} \circ \underset{\sim}{R_i} = \underset{\sim}{B_i} = (b_{i1}, b_{i2}, \cdots, b_{im}) (i = 1, 2, \cdots, n),$$

其中 $\underset{\sim}{R_i}$ 为 U_i 的单因素评判矩阵，$\underset{\sim}{A_i}$ 为 U_i 的各因素权重分配的权向量.

第三步 以第二步所得到的对每类因素所做的综合评判结果 $\underset{\sim}{B_i}$ 为行向量，做矩阵 $\underset{\sim}{R}$，即 $\underset{\sim}{R} = (\underset{\sim}{B_1}, \underset{\sim}{B_2}, \cdots, \underset{\sim}{B_n})^{\mathrm{T}}$，则 $\underset{\sim}{R}$ 为总的评判矩阵，设 U/M 的权重分配为 $\underset{\sim}{A}$，则可得到 U/M 的综合评判结果为

$$\underset{\sim}{B} = \underset{\sim}{A} \circ \underset{\sim}{R} = \underset{\sim}{A} \circ (\underset{\sim}{A_1} \circ \underset{\sim}{R_1} \quad \underset{\sim}{A_2} \circ \underset{\sim}{R_2} \quad \cdots \quad \underset{\sim}{A_n} \circ \underset{\sim}{R_n})^{\mathrm{T}}$$

其框图如图 8.2 所示.（图中分别将 $\underset{\sim}{A_i}$，$\underset{\sim}{R_i}$，$\underset{\sim}{B_i}$ 简记为 A_i，R_i，B_i）

上面给出的是二级模型. 若 U/M 仍含有很多元素，可对它再做进一步划分，得到三级以致更多级评判模型.

模型中同一层次出现的合成运算"$\circ$"可以相同，也可以不同. 若采用的运算不同，再做高一层次的评判时，一般是采用权数最大的模型所对应的运算继续进行评判.

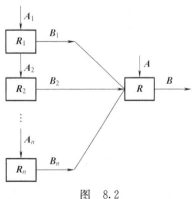

图 8.2

2. 多级模糊综合评判数学模型的 MATLAB 程序框架

多级模糊综合评判数学模型的 MATLAB 程序框架：（假设 $\boldsymbol{R}_i$ 都是 m 阶方阵，$i=1,2,\cdots,n$）

```
v=[i]₁ₓₘ;                        %设定评判集 V
m=a; n=b;                         %设定 m，n 的值
R1=[r_ij]ₘₓₘ;                     %设定评判矩阵 R1
A1=[l_ij]₁ₓₘ;                     %设定权重 A1
R1(:,:,2)=[s_ij]ₘₓₘ;              %设定评判矩阵 R2
A1(:,:,2)=[m_ij]₁ₓₘ;              %设定权重 A2
R1(:,:,3)=[t_ij]ₘₓₘ;              %设定评判矩阵 R3
A1(:,:,3)=[n_ij]₁ₓₘ;              %设定权重 A3
A=[a_ij]₁ₓₙ;                      %设定权重 A
R=ones(n,m);
for k=1:n
    for i=1:m
        R(k,i)=min(A1(1,1,k),R1(1,i,k));
        for j=2:length(A1(:,:,k))
            R(k,i)=max(R(k,j),min(A1(1,j,k),R1(j,i,k)));
        end
    end
end                              %计算 R=[p_ij]ₙₓₘ
for i=1:m
    B(i)=min(A(1),R(1,i));
    for j=2:n
        B(i)=max(B(i),min(A(j),R(j,i)));
    end
end                              %计算 B=[b1,b2,...,bm]
b=B(1);k=1;
for i=2:m
    if b<B(i)
        b=B(i);k=i;
    end
end
result=V(k)
```

二、应用举例

1. 企业核心竞争力的评判实例

例 4 企业核心竞争力的多级模糊综合评判

企业的发展战略要靠企业的核心竞争力支撑，企业核心竞争力是由多个因素确定的．因

为因素较多，宜用二级评判模型. 影响企业核心竞争力的因素分级如下：

首先，做低一级的评判，即分别对品牌优势、人力资源、系统管理、成本优势进行综合评判.

（1）品牌优势的模糊综合评判

因素集为品牌优势 $U_1=\{$品牌吸引力 u_{11}，市场竞争力 u_{12}，市场执行能力 $u_{13}\}$. 评价集（或等级集）为 $V=\{$强 v_1，较强 v_2，一般 v_3，较弱 v_4，弱 $v_5\}$. 请公司最高管理层人员 7 人和 专家 3 人 对各因素进行评判，得单因素评判矩阵

$$\underset{\sim}{R}_1=\begin{pmatrix} 0.8 & 0.2 & 0 & 0 & 0 \\ 0.7 & 0.2 & 0.1 & 0 & 0 \\ 0.6 & 0.2 & 0.1 & 0.1 & 0 \end{pmatrix}$$

由这 10 人评估小组给出权重分配

$$\underset{\sim}{A}_1=(0.40 \quad 0.35 \quad 0.25)$$

为充分考虑所有因素的影响，采用模型 $M(\cdot,+)$，评判结果为

$$\underset{\sim}{B}_1=(0.72 \quad 0.20 \quad 0.06 \quad 0.03 \quad 0.00) \tag{1}$$

（2）人力资源、系统管理、成本优势的模糊综合评判

其他 3 个因素集分别为：人力资源 $U_2=\{$人力资源开发 u_{21}，培训发展 u_{22}，团队合作 $u_{23}\}$；系统管理 $U_3=\{$公司质量系统 u_{31}，第三方物流 u_{32}，知识管理系统 u_{33}，信息系统 $u_{34}\}$；成本优势 $U_4=\{$生产效率 u_{41}，设备维护效率 u_{42}，物料使用效率 u_{43}，原辅料/成品管理 u_{44}，成本管理 $u_{45}\}$.

类似于（1）中方法，依次得到因素集 U_2，U_3，U_4 的单因素评判矩阵分别为

$$\underset{\sim}{R}_2=\begin{pmatrix} 0.6 & 0.2 & 0.2 & 0 & 0 \\ 0.6 & 0.2 & 0.2 & 0 & 0 \\ 0.5 & 0.2 & 0.1 & 0.1 & 0.1 \end{pmatrix}, \quad \underset{\sim}{R}_3=\begin{pmatrix} 0.8 & 0.2 & 0 & 0 & 0 \\ 0.4 & 0.2 & 0.2 & 0.2 & 0 \\ 0.6 & 0.2 & 0.1 & 0.1 & 0 \\ 0.6 & 0.2 & 0.1 & 0.1 & 0 \end{pmatrix},$$

$$\underset{\sim}{R}_4 = \begin{pmatrix} 0.8 & 0.2 & 0 & 0 & 0 \\ 0.6 & 0.2 & 0.2 & 0 & 0 \\ 0.7 & 0.2 & 0.1 & 0 & 0 \\ 0.7 & 0.2 & 0.1 & 0 & 0 \\ 0.6 & 0.2 & 0.2 & 0 & 0 \end{pmatrix}.$$

权重分别为

$$\underset{\sim}{A}_2 = (0.35 \quad 0.35 \quad 0.30), \quad \underset{\sim}{A}_3 = (0.2 \quad 0.3 \quad 0.2 \quad 0.3),$$

$$\underset{\sim}{A}_4 = (0.25 \quad 0.15 \quad 0.15 \quad 0.2 \quad 0.25)$$

仍然采用模型 $M(\cdot, +)$，得到因素集 U_2，U_3，U_4 的评判结果分别为

$$\underset{\sim}{B}_2 = (0.57 \quad 0.20 \quad 0.17 \quad 0.03 \quad 0.03), \tag{2}$$

$$\underset{\sim}{B}_3 = (0.58 \quad 0.20 \quad 0.11 \quad 0.11 \quad 0.00), \tag{3}$$

$$\underset{\sim}{B}_4 = (0.69 \quad 0.20 \quad 0.12 \quad 0.00 \quad 0.00) \tag{4}$$

然后，做二级评判

这一级的因素集为 $U = \{$品牌优势 U_1，人力资源 U_2，系统管理 U_3，成本优势 $U_4\}$. 评价集依然为 $V = \{$强 v_1，较强 v_2，一般 v_3，较弱 v_4，弱 $v_5\}$. 以上面评判结果（1）、（2）、（3）、（4）为行向量，得这一级的评判矩阵

$$\underset{\sim}{R} = \begin{pmatrix} 0.72 & 0.20 & 0.06 & 0.03 & 0 \\ 0.57 & 0.20 & 0.17 & 0.03 & 0.03 \\ 0.58 & 0.20 & 0.11 & 0.11 & 0 \\ 0.69 & 0.20 & 0.12 & 0 & 0 \end{pmatrix}$$

还是由评估小组给出 $U = \{U_1, U_2, U_3, U_4\}$ 的权重分配为

$$\underset{\sim}{A} = (0.30 \quad 0.26 \quad 0.24 \quad 0.20)$$

同样采用模型 $M(\cdot, +)$ 进行综合评判，结果为

$$\underset{\sim}{B} = \underset{\sim}{A} \circ \underset{\sim}{R} = (0.64 \quad 0.20 \quad 0.11 \quad 0.04 \quad 0.01)$$

根据最大隶属原则，该企业拥有强的核心竞争力.

需要说明的是，在模糊综合评判中，权重是至关重要的，它反映了各个因素在综合评判过程中所占有的地位或所起的作用，它直接影响到综合评判的结果，现在通常是凭经验给出，也可以由多位专家对各因素分别估测，然后通过算术平均统计、加权统计或者频数统计等方法确定. 确定权重的更多方法可参阅模糊数学的有关书籍.

2. 企业核心竞争力评判实例的 MATLAB 实现

```
≫v=[1,2,3,4,5];
m=5;n=4;
R1=[0.8 0.2 0 0 0;0.7 0.2 0.1 0 0;0.6 0.2 0.1 0.1 0];
A1=[0.40 0.35 0.25];
R2=[0.6 0.2 0.2 0 0;0.6 0.2 0.2 0 0;0.5 0.2 0.1 0.1 0.1];
A2=[0.35 0.35 0.30];
R3=[0.8 0.2 0 0 0;0.4 0.2 0.2 0.2 0;0.6 0.2 0.1 0.1 0;0.6 0.2 0.1 0.1 0];
A3=[0.2 0.3 0.2 0.3];
```

```
R4=[0.8 0.2 0 0 0;0.6 0.2 0.2 0 0;0.7 0.2 0.1 0 0; 0.7 0.2 0.1 0 0; 0.6 0.2 0.2
0 0];
    A4=[0.25 0.15 0.15 0.20 0.25];
    A=[0.30 0.26 0.24 0.20];
    R=ones(n,m);
    R(1,:)=A1*R1;
    R(2,:)=A2*R2;
    R(3,:)=A3*R3;
    R(4,:)=A4*R4;
    B=A*R;
    b=B(1);k=1;
    for i=2:m
        if b<B(i)
            b=B(i);k=i;
        end
    end
    B
    result=V(k)
    B=
       0.6389    0.2000    0.1116    0.0417    0.0078
    result=
       1
```

结果是 V(1)，说明该企业拥有强的核心竞争力.

实验任务

某乡镇企业生产某种产品，它的质量由 9 个指标 u_1，u_2，$\cdots$，u_9 确定，产品的级别分为一级、二级、等外、废品. 由于因素较多，权重分配较均衡，因此，宜采用二级模型.

将因素集 $U=\{u_1,u_2,\cdots,u_9\}$ 分为三组：
$$U_1=\{u_1,u_2,u_3\}, U_2=\{u_4,u_5,u_6\}, U_3=\{u_7,u_8,u_9\}.$$
对于 $U_1=\{u_1,u_2,u_3\}$，权重为 $\underset{\sim}{\boldsymbol{A}}_1=(0.3\quad 0.42\quad 0.28)$，单因素评判矩阵为
$$\underset{\sim}{\boldsymbol{R}}_1=\begin{pmatrix} 0.36 & 0.24 & 0.13 & 0.27 \\ 0.20 & 0.32 & 0.25 & 0.23 \\ 0.40 & 0.22 & 0.26 & 0.12 \end{pmatrix},$$
对于 $U_2=\{u_4,u_5,u_6\}$，权重为 $\underset{\sim}{\boldsymbol{A}}_2=(0.2\quad 0.5\quad 0.3)$，单因素评判矩阵为
$$\underset{\sim}{\boldsymbol{R}}_2=\begin{pmatrix} 0.30 & 0.28 & 0.24 & 0.18 \\ 0.26 & 0.36 & 0.12 & 0.20 \\ 0.22 & 0.42 & 0.16 & 0.10 \end{pmatrix},$$
对于 $U_3=\{u_7,u_8,u_9\}$，权重为 $\underset{\sim}{\boldsymbol{A}}_3=(0.3\quad 0.3\quad 0.4)$，单因素评判矩阵为

$$\mathop{R}\limits_{\sim}{}_3 = \begin{pmatrix} 0.38 & 0.24 & 0.08 & 0.20 \\ 0.34 & 0.25 & 0.30 & 0.11 \\ 0.40 & 0.28 & 0.30 & 0.18 \end{pmatrix}.$$

试用 MATLAB 对此产品进行多级模糊综合评判.

第 9 章 综合实验

数学实验与数学建模的目的都是培养学生"用数学"的能力，但它们的目标不同. 前者是在计算机的帮助下学习数学知识，着重介绍数学方法和软件的用法，借助数学软件来验证和应用数学规律；后者是用数学知识来解决实际问题，重在运用数学手段来解决实际问题. 数学实验重在模型的求解，许多数学模型是抽象的、复杂的，只有通过数学实验运用现代计算机技术和软件包才能进行数值求解和定量分析，所以数学实验课应该是数学建模教学过程中必不可少的一个实践性环节.

本章主要介绍数学建模的基本思想、基本步骤，同时列举数学建模的综合实例，说明如何借助数学知识和计算机技术去建立和求解数学模型.

实验 9.1 数学建模简介

实验目的

通过本实验了解数学建模的基本步骤.

一、数学建模的基本思想

1. 数学模型和数学建模的概念

在现实世界中，我们会遇到大量的实际问题，这些问题往往不会直接地以现成的数学形式呈现，这就需要我们把实际问题抽象出来，再将其尽可能地简化，通过假设变量和参数，运用一些数学方法建立变量和参数的数学关系. 这样抽象出来的数学问题就是我们所说的数学模型. 也就是说，数学模型是指对于现实世界的某一特定对象，为了某个特定的目的，做出一些必要的简化和假设，并运用适当的数学工具得到的一个数学结构. 它可以是等式、不等式，也可以是图表、图像，框图、命题或逻辑运算、有效算法等. 简言之，数学模型是用数学术语对部分现实世界的表述. 它主要有解释、判断、预测和控制四大功能.

数学建模就是建立数学模型来解决各种实际问题的过程. 首先利用数学知识和实际问题的背景知识建立数学模型，然后通过数学方法和计算机工具对模型分析求解，进而再解释和验证所得的解，最终为解决现实问题提供数据支持和理论指导. 数学建模用于解决实际问题往往是多次循环、不断深化的过程，是综合运用数学知识和计算机工具解决实际问题的过程，是各种应用问题严密化、精确化、科学化的途径，是发现问题、解决问题和探索真理的有力工具，是培养高素质创新人才的一个重要渠道．

2. 数学建模的意义

数学是在实际应用的需求中产生的，要解决实际问题就必须建立数学模型，从此意义上讲数学建模和数学一样有古老历史．例如，欧几里得几何就是一个古老的数学模型，牛顿万有引力定律也是数学建模的一个光辉典范．今天，数学以空前的广度和深度向其他科学技术领域渗透，过去很少应用数学的领域现在迅速走向定量化、数量化，需要建立大量的数学模型．它在分析与设计、预报与决策、控制与优化、规划与管理等各个方面都发挥着不可替代的作用．特别是新技术、新工艺蓬勃兴起，计算机的普及和广泛应用，数学在许多高新技术上起着十分关键的作用．如飞机的设计如何在计算机里进行模拟、发射卫星为什么用三级火箭等等都离不开数学模型；再如，荣获诺贝尔医学奖的 CT 技术，其核心就是由 X 光成像反推三维结构的数学模型——Rador 变换．可以说高技术实际上是一种数学技术，因此数学建模被时代赋予更为重要的意义．

二、数学建模的要求和步骤

数学建模是一个较难驾驭的课题，它的处理手法相当灵活．现实世界中的实际问题多种多样，而且大都比较复杂，所以数学建模的方法也多种多样，不能期望找到一种一成不变的方法来建立各种实际问题的数学模型．但是，数学建模方法和过程也有一些共性的东西，掌握这些共同的规律，将有助于数学建模任务的完成．

1. 对数学模型的一般要求

对一个数学模型的基本要求，简单地说就是简练、精确、正确．

1）数学模型要尽可能的简单，便于处理．模型必须做简化，即非实际问题本质的关系要省略，否则，模型十分复杂难以求解甚至难以建立模型．

2）数学模型要有足够的精确度，能较准确地反映实际问题本质的性质和关系．即要把实际问题本质的东西和关系反映进去，把非本质的东西去掉，同时注意要不影响反映现实的真实程度．

3）构造数学模型的理论要正确，依据要充分，推理要严密，要充分利用科学规律来建立模型，否则将造成模型失败，前功尽弃．

2. 数学建模的一般步骤

（1）模型准备

通过查阅文献、调查研究、开展讨论等手段，搜集各种必需信息，掌握相关数据资料，了解问题的背景，明确建模目的，弄清对象特征，做好建模的准备．

（2）模型假设

根据对象的特征和建模目的，对问题进行必要的、合理的简化，抓住主要矛盾，忽略次要矛盾，用精确的语言做出假设，是建模至关重要的一步．假设做得不合理或者太简单粗糙，会导致错误的或者无用的模型，就失去了研究意义；假设做得过分详尽细致，试图把复杂对象的众多因素都考虑进去，会使工作很难或者无法继续下去，因此需要在合理与简化之间做出恰当的折中．这一步十分困难，往往不可能一次完成，需要多次反复才能成功．一般说来，为了使处理方法简单，应尽量使问题线性化、均匀化．

（3）模型构成

根据所做的假设，用数学的语言、符号描述研究对象的内在规律，构造各个量间的等式关系或其他数学结构，即构成所研究问题的数学模型. 这时，我们会用到广泛的数学知识，包括高等数学、概率论与数理统计、图论、排队论、线性规划、对策论等等. 不过，建立数学模型是为了让更多的人明了并能加以应用，因此工具越简单越有价值. 而且，在初步构成数学模型之后，有时候还要进行必要的分析和简化，使它达到便于求解的形式.

（4）模型求解

可以采用解方程、画图形、证明定理、逻辑运算、数值运算等各种传统的和近代的数学方法，特别是计算机技术求解数学模型. 多数情况下，很难获得数学模型的解析解，而只能得到它的数值解，这就需要应用各种数值方法、软件和计算机. 因此数学实验在这一步的作用便举足轻重. 数学建模中常用的初等模型、常微分方程模型、概率统计模型、最优化模型等数学模型的求解问题在前面数学实验章节中都已经进行了介绍.

（5）模型分析

有时候需要对模型的求解结果进行数学上的分析，如结果的误差分析、模型对数据的稳定性或灵敏度分析等. 能否对模型结果做出细致精当的分析，决定了模型能否达到更高的档次.

（6）模型检验

把求解和分析结果翻译回到实际问题，与实际的现象、数据比较，检验模型的合理性和适用性. 如果模型计算出来的理论数值与实际数值比较吻合，则模型是成功的；如果理论数值与实际数值差别太大，则模型是失败的；如果理论数值与实际数值部分吻合，则可查找原因，发现问题，修改模型（当然并非所有模型都要检验）.

（7）模型推广及应用

将数学模型及其解应用于实际问题，可推广到解决更多的类似问题，也可对模型进行进一步深化研究.

上述数学建模过程和步骤可用图 9.1 所示流程图表示.

应该强调指出的是：并不是所有的数学建模过程都要按上述步骤进行. 上述步骤只是数学建模过程的一个大致的描述，实际建模时可以灵活应用.

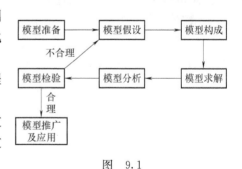

图　9.1

三、应用举例

1. 航行问题

例 1　甲乙两地相距 750km，船从甲到乙顺水航行需 30h，从乙到甲逆水航行需 50h，问船的速度是多少？

解：step1 模型假设（做出简化假设，并用符号表示有关量：假设船速、水速均为匀速）：

设 x 表示船速，y 表示水速.

step2 模型构成（用物理定律列出数学式子. 定律：匀速运动的距离＝速度×时间）：

则有 $\begin{cases} (x+y) \times 30 = 750 \\ (x-y) \times 50 = 750 \end{cases}$

step3 模型求解（求解得到数学解答）：

解得 $x = 20$，$y = 5$.

step4 模型应用（回答原问题）：

所以船速是每小时 20km.

2. 椅子问题

例2　四条腿一样长的椅子一定能在不平的地面上放平稳吗？

分析：step1 模型假设（将文字转化为数学语言，并做出合理假设，同时用符号表示有关量）.

（1）椅子四条腿一样长，椅子脚与地面的接触处视为一个点，四脚连线呈正方形；

（2）地面高度是连续变化的，沿任何方向都不会出现间断（没有台阶那样的情况），即视地面为数学上的连续曲面；

（3）地面起伏不是很大，椅子在任何位置至少有三只脚同时着地.

如图 9.2 所示，设椅脚的连线为正方形 $ABCD$，对角线 AC 与 x 轴重合，坐标原点 O 在椅子中心，当椅子绕 O 点旋转后，对角线 AC 变为 $A'C'$，$A'C'$ 与 x 轴的夹角为 θ.

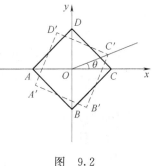

图　9.2

step2 模型构成（运用数学语言把条件和结论表现出来）：

由于正方形的中心对称性，只要设两个距离函数就行了，记 A、C 两脚与地面距离之和为 $f(\theta)$，B、D 两脚与地面距离之和为 $g(\theta)$. 显然 $f(\theta) \geqslant 0$、$g(\theta) \geqslant 0$. 因此椅子和地面的距离之和可令 $h(\theta) = f(\theta) + g(\theta)$. 由假设（2）知 $f(\theta)$、$g(\theta)$ 为连续函数，因此 $h(\theta)$ 也是连续函数；由假设（3）得：对任意 θ，都有 $f(\theta)g(\theta) = 0$. 则该问题归结为：

已知连续函数 $f(\theta) \geqslant 0$、$g(\theta) \geqslant 0$ 且 $f(\theta)g(\theta) = 0$，求证至少存在一个 θ_0，使得：

$$f(\theta_0) = g(\theta_0) = 0$$

step3 模型求解（即要找出 θ_0）：

证　不妨设 $f(0) > 0$，$g(0) = 0$. 令 $\theta = \dfrac{\pi}{2}$（即旋转 90°，对角线 AC 和 BD 互换）. 则有

$$f\left(\frac{\pi}{2}\right) = 0，\quad g\left(\frac{\pi}{2}\right) > 0$$

令 $H(\theta) = f(\theta) - g(\theta)$，所以 $H(0)H\left(\dfrac{\pi}{2}\right) = -\left[f(0)g\left(\dfrac{\pi}{2}\right)\right] < 0$

根据闭区间上连续函数的零点定理得：至少存在一点 $\theta_0 \in \left(0, \dfrac{\pi}{2}\right)$，使得

$$H(\theta_0) = f(\theta_0) - g(\theta_0) = 0;$$

又

$$f(\theta_0)g(\theta_0) = 0$$

所以

$$f(\theta_0) = g(\theta_0) = 0$$

即：当 $\theta = \theta_0$ 时，四点均在同一平面上.

step4 模型应用（回答原问题）：

所以四条腿一样长的椅子一定能在不平的地面上放平稳.

实验任务

1. 数学建模的步骤是怎样的？

2. 试用鸡兔同笼问题体会数学建模过程：一个笼子里装有鸡和兔若干只，已知它们共有 8 个头和 22 只脚，问该笼子中有多少只鸡和多少只兔？

3. 女孩子都爱美，你知道穿多高的高跟鞋，看起来才最美吗？

（提示：考虑黄金分割比例）

实验 9.2 手 机 模 型

实验目的

通过本实验了解如何利用 MATLAB 通过层次分析法对较为复杂的给定对象进行综合评判.

一、问题描述

目前手机成为大学生的日常必需品，基本达到"人手一部"，甚至"一人多部". 大学生在选购手机时会受到诸多因素约束难以对手机品牌做出抉择，为此建立适当的数学模型，对手机品牌做出综合评判，向准备购买手机的大学生提供一些指导性意见.

二、模型准备

1. 确定需要的数学工具. 对于这类问题，普遍可以利用层次分析法（AHP）对所有方案进行优先排序. 这里，对层次分析法做简单介绍.

层次分析法（AHP）是美国著名运筹学专家萨迪（T. L. Saaty）教授于 20 世纪 70 年代中期提出的一种将定性分析与定量研究相结合的决策方法，该方法于 20 世纪 80 年代初传入我国并迅速得到推广和应用. AHP 是分析多目标、多准则的复杂大系统的有力工具.

层次分析法的基本步骤如下：

（1）建立层次结构

将问题所包含的因素分层，一般分为三个层次：

最高层（也叫目标层，可设为 T）——表示解决问题的目的，通常只有 1 个因素（仍设为 T）；

中间层（也叫准则层、约束层或指标层，可设为 I）——表示为实现目标而采取的各种措施、准则或约束条件（可设为 $I_1, I_2, \cdots, I_m$），可以是 1 个或多个层次；

最底层（也叫方案层或对象层，可设为 P）——表示的是备选方案（可设为 $P_1, P_2, \cdots, P_n$）.

上层对下层有支配作用，同层因素互相独立，每层因素一般不要超过 9 个，否则，将难以抉择. 一般用框图形式说明层次的递阶结构与因素的从属关系.

（2）构造成对比较阵

从层次结构的第 2 层开始，考虑同一层的各个因素对上层每个因素的影响. 比如，针对目标因素 T，考虑准则层所有因素 I_1，I_2，$\cdots$，I_m 对 T 的相对重要性. 我们用两两比较的方法把各因素的重要性数量化.

萨迪给出了 1～9 级相对重要性比较尺度表（表 9.1）：

表 9.1 1～9 级相对重要性比较尺度表

I_i / I_j	相同重要	稍微重要	明显重要	强烈重要	绝对重要	介于两级之间
a_{ij}	1	3	5	7	9	2，4，6，8

依据表 9.1，每次取两个因素 I_i、I_j 成对比较，用正数 a_{ij} 表示 I_i 与 I_j 的重要性之比，显然

$$a_{ij}=\frac{1}{a_{ji}}, a_{ij}>0, i,j=1,2,\cdots,m.$$

全部比较结果构成矩阵 $\boldsymbol{A}=(a_{ij})_{n\times n}$，称为成对比较矩阵（也称正互反矩阵）.

同样方法可以考虑方案层 P_1，P_2，$\cdots$，P_n 对准则层各因素 I_i 的相对重要性，得到一系列的成对比较阵.

构造成对比较矩阵是整个工作的数量依据，是非常重要的一步，可以采用群体判断或者专家给出的方式.

（3）计算权向量并做一致性检验（也称：层次单排序及其一致性检验）

定义　如果一个正互反矩阵 $\boldsymbol{A}=(a_{ij})_{n\times n}$ 满足 $a_{ij}\cdot a_{jk}=a_{ik}(i,j,k=1,2,\cdots,n)$，则称 $\boldsymbol{A}$ 为一致矩阵，简称一致阵.

如果决策人对 n 个因素重要性的比较具有逻辑的绝对一致性，那么我们得到的成对比较阵就是一致阵. 然而，由于客观事物的复杂性以及主观思维的片面性，构造出的成对比较阵通常不是一致阵，我们需要对它进行一致性检验.

根据矩阵理论，一致性检验分以下三步进行：

第一步　计算一致性指标 CI（consistency index）

$$CI=\frac{\lambda_{\max}-n}{n-1}$$

其中，$\lambda_{\max}$ 是指矩阵 $\boldsymbol{A}=(a_{ij})_{n\times n}$ 的最大特征值.

第二步　查找相应的平均随机一致性指标 RI（random index）

表 9.2 是萨迪这样得到的：取定 $1\sim9$ 中的任一整数 n，随机构造 $100\sim500$ 个成对比较矩阵 $\boldsymbol{A}'=(a'_{ij})_{n\times n}$，计算这些矩阵的最大特征值的平均值 $\lambda'_{\max}$，并定义

$$RI=\frac{\lambda'_{\max}-n}{n-1}$$

表 9.2　平均随机一致性指标

n	1	2	3	4	5	6	7	8	9	10	11
RI	0	0	0.58	0.9	1.12	1.24	1.32	1.41	1.45	1.49	1.51

第三步　计算一致性比例 CR（consistency ratio）

$$CR=\frac{CI}{RI}$$

结论：当 $CR<0.1$ 时，认为 $\boldsymbol{A}$ 的不一致程度是可以接受的，可以用其特征向量作为权向量（权向量各元素就是 I_1，I_2，$\cdots$，I_m 对 T 的相对重要性的排序权值）；当 $CR\geqslant0.1$ 时，需要重新进行成对比较，调整 $\boldsymbol{A}$ 的取值直到一致性可以接受为止.

求出权向量的这一过程也称为层次单排序. 为使用方便，往往需要把权向量归一化处理.

这一步骤中计算量比较大，一般需要借助 MATLAB 软件实现.

（4）计算组合权向量并作一致性检验（也称：层次总排序及其一致性检验，也即求方案的综合得分）

以下提到的权向量都是指归一化之后的标准形式.

由上一步可得：准则层各因素 I_1，I_2，$\cdots$，I_m 对目标层因素 T 的权重 $\boldsymbol{\alpha}$，以及方案层

各因素 P_1，P_2，$\cdots$，P_n 对准则层因素 $I_i(i=1,2,\cdots,m)$ 的权重 β_i，分别设为

$$\boldsymbol{\alpha}=(\alpha_1,\alpha_2,\cdots,\alpha_m)^T,\boldsymbol{\beta}_i=(\beta_{1i},\beta_{2i},\cdots,\beta_{ni})^T(i=1,2,\cdots,m).$$

记 $\boldsymbol{\Omega}=(\boldsymbol{\beta}_1,\boldsymbol{\beta}_2,\cdots,\boldsymbol{\beta}_m)_{n\times m}$，则 $\boldsymbol{C}=(c_1,c_2,\cdots,c_n)^T=\boldsymbol{\Omega}\cdot\boldsymbol{\alpha}$ 称为组合权向量，也即层次总排序权值. 其实就是各方案的综合得分，可以据此对方案进行排序.

组合权向量也需要进行一致性检验. 假设方案层 P_1，P_2，$\cdots$，P_n 对准则层 I_j 的一致性指标为 CI_j，相应的平均随机一致性指标为 RI_j，则组合权向量的一致性比例为

$$CR'=\frac{\sum\limits_{j=1}^{m}a_jCI_j}{\sum\limits_{j=1}^{m}a_jRI_j}.$$

类似地，当 $CR'<0.1$ 时，认为组合权向量通过一致性检验，否则需要重新调整各成对比较矩阵的取值.

模型准备中除了需要确定数学工具，另外还需要以下工作：

2. 利用网络调查等手段确定目前大学生关注的手机热销品牌以及影响手机购买的因素.

3. 按 $1\sim9$ 级相对重要性比较尺度表通过网络给各因素打分.

三、模型假设

根据前面调查结果给出以下假设：

1. 假设大学生所考察的因素中除了价钱、外观、品牌、性能，不考虑其他因素.

2. 假设 4 个因素中，性能因素囊括了电池、系统、摄像头、硬件等其他综合因素.

3. 假设大学生在构建成对比矩阵时的观点一致.

4. 假设只考虑市场上份额较大的四个牌子：华为、vivo、苹果、三星.

5. 假设所有手机的价位都是依据同种品牌的热门机种，不考虑相同牌子的不同机种.

四、模型构成与模型求解

STEP 1：建立层次分析结构模型

层次结构模型如图 9.3 所示.

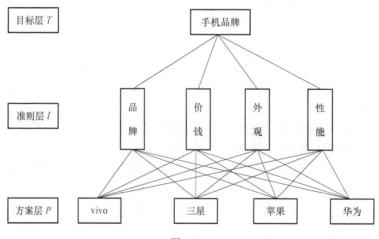

图 9.3

STEP 2：构造成对比较阵

在网络上通过对以上四种产品的四种评价指标的实际情况的调查，得到下面几个表格．其中，表 9.3 是针对目标层对四种指标之间的相对重要性进行比较，表 9.4～表 9.7 则是针对于每种具体的指标对四个品牌之间的相对重要性进行比较．

表 9.3 四种指标间的相对重要性比较

	价钱	外观	品牌	性能
价钱	1	3	2	1/3
外观	1/3	1	3	1/5
品牌	1/2	1/3	1	1/5
性能	3	5	5	1

表 9.4 四种手机在价格上的优劣比较

	vivo	三星	华为	苹果
vivo	1	2	7	3
三星	1/2	1	7	1
华为	1/7	1/7	1	1/7
苹果	1/3	1	7	1

表 9.5 四种手机在外观上的优劣比较

	vivo	三星	华为	苹果
vivo	1	1/3	1/7	1/3
三星	3	1	1/5	1/3
华为	7	5	1	5
苹果	3	3	1/5	1

表 9.6 四种手机在品牌上的优劣比较

	vivo	三星	华为	苹果
vivo	1	2	1/5	1/5
三星	1/2	1	1/7	1/4
华为	5	7	1	5
苹果	5	4	1/5	1

表 9.7 四种手机在性能上的优劣比较

	vivo	三星	华为	苹果
vivo	1	1/5	1/8	1/5
三星	5	1	1/5	1
华为	8	5	1	5
苹果	5	1	1/5	1

根据表9.3～表9.7，最终得出以下的成对比较阵：

$$A = \begin{pmatrix} 1 & 3 & 2 & 1/3 \\ 1/3 & 1 & 3 & 1/5 \\ 1/2 & 1/3 & 1 & 1/5 \\ 3 & 5 & 5 & 1 \end{pmatrix}, \quad B = \begin{pmatrix} 1 & 2 & 7 & 3 \\ 1/2 & 1 & 7 & 1 \\ 1/7 & 1/7 & 1 & 1/7 \\ 1/3 & 1 & 7 & 1 \end{pmatrix}, \quad C = \begin{pmatrix} 1 & 1/3 & 1/7 & 1/3 \\ 3 & 1 & 1/5 & 1/3 \\ 7 & 5 & 1 & 5 \\ 3 & 3 & 1/5 & 1 \end{pmatrix},$$

$$D = \begin{pmatrix} 1 & 2 & 1/5 & 1/5 \\ 1/2 & 1 & 1/7 & 1/4 \\ 5 & 7 & 1 & 5 \\ 5 & 4 & 1/5 & 1 \end{pmatrix}, \quad E = \begin{pmatrix} 1 & 1/5 & 1/8 & 1/5 \\ 5 & 1 & 1/5 & 1 \\ 8 & 5 & 1 & 5 \\ 5 & 1 & 1/5 & 1 \end{pmatrix}.$$

STEP 3：计算权向量并做一致性检验

借助数学软件 MATLAB 对每一个成对比较阵计算最大特征根和特征向量，并做一致性检验. 若通过，则可认为成对比较阵的不一致程度在容许范围之内，可用其特征向量作为权向量，否则则应该重新构造成对比较阵.

MATLAB 实现

先编写检验函数文件 JianYan. m：

```
function JianYan(A)
[v,d]=eigs(A);              %求特征值和特征向量
tbmax=max(d(:));            %最大特征值
[m,n]=size(v);             %得到行数和列数
sum=0;
for i=1:m
    sum=sum+v(i,1);
end
tbvector=v(:,1);
for i=1:m
    tbvector(i,1)=v(i,1)/sum;
end                        %将特征向量标准化
disp('最大的特征值为：');
tbmax
disp('最大的特征值对应的特征向量为(标准化后的)：');
tbvector
disp('一致性指标CI为：')
CI=(tbmax-4)/3
disp('一致性比率CR为：')
CR=CI/0.9
if CR<0.1
    disp('CR小于0.1,通过一致性检验,特征向量为权向量')
else
    disp('CR大于0.1,没能通过一致性检验,特征向量不为权向量');
```

```
end
```

然后对五个矩阵分别进行一致性检验，结果如下：

≫A=[1,3,2,1/3;1/3,1,3,1/5;1/2,1/3,1,1/5;3,5,5,1];

JianYan(A)↙

最大的特征值为：

tbmax=

　　4.2489

最大的特征值对应的特征向量为（标准化后的）：

tbvector=

　　0.2321

　　0.1347

　　0.0834

　　0.5499

一致性指标 CI 为：

CI=

　　0.0830

一致性比率 CR 为：

CR=

　　0.0922

CR 小于 0.1，通过一致性检验，特征向量为权向量

≫B=[1,2,7,3;1/2,1,7,1;1/7,1/7,1,1/7;1/3,1,7,1];

JianYan(B)↙

最大的特征值为：

tbmax=

　　4.1179

最大的特征值对应的特征向量为（标准化后的）：

tbvector=

　　0.4784

　　0.2486

　　0.0438

　　0.2292

一致性指标 CI 为：

CI=

　　0.0393

一致性比率 CR 为：

CR=

　　0.0437

CR 小于 0.1，通过一致性检验，特征向量为权向量

≫C=[1,1/3,1/7,1/3;3,1,1/5,1/3;7,5,1,5;3,3,1/5,1];

```
JianYan(C)↙
```
最大的特征值为：
```
tbmax＝
    4.2281
```
最大的特征值对应的特征向量为（标准化后的）：
```
tbvector＝
    0.0603
    0.1155
    0.6223
    0.2019
```
一致性指标 CI 为：
```
CI＝
    0.0760
```
一致性比率 CR 为：
```
CR＝
    0.0845
```
CR 小于 0.1，通过一致性检验，特征向量为权向量
```
≫D＝[1,2,1/5,1/3;1/2,1,1/7,1/4;5,7,1,5;3,4,1/5,1];
JianYan(D)↙
```
最大的特征值为：
```
tbmax＝
    4.1660
```
最大的特征值对应的特征向量为（标准化后的）：
```
tbvector＝
    0.1003
    0.0609
    0.6272
    0.2116
```
一致性指标 CI 为：
```
CI＝
    0.0553
```
一致性比率 CR 为：
```
CR＝
    0.0615
```
CR 小于 0.1，通过一致性检验，特征向量为权向量
```
≫E＝[1,1/5,1/8,1/5;5,1,1/5,1;8,5,1,5;5,1,1/5,1];
JianYan(E)↙
```
最大的特征值为：
```
tbmax＝
```

4.1665

最大的特征值对应的特征向量为（标准化后的）：

tbvector＝

0.0454

0.1628

0.6289

0.1628

一致性指标 CI 为：

CI＝

0.0555

一致性比率 CR 为：

CR＝

0.0617

CR 小于 0.1，通过一致性检验，特征向量为权向量

STEP 4：计算组合权向量并作一致性检验

把 STEP 3 中计算结果融合并用 Excel 进行处理，计算最终的组合权向量，如表 9.8 所示.

表 9.8　组合权向量

	价钱	外观	品牌	性能	组合权向量
准则层相对目标层权重	0.2321	0.1347	0.0834	0.5499	
vivo 权重	0.4784	0.0603	0.1003	0.0454	0.1525
三星权重	0.2486	0.1155	0.0609	0.1628	0.1679
华为权重	0.0438	0.6223	0.6272	0.6289	0.4921
苹果权重	0.2292	0.2019	0.2116	0.1628	0.1876
$B \sim E$ 的最大特征值 λ	4.1179	4.2281	4.166	4.1665	
$B \sim E$ 的一致性指标 CI	0.0393	0.0760	0.0553	0.0555	
$B \sim E$ 的一致性比率 CR	0.0437	0.0845	0.0615	0.0617	

综上所述，vivo 在目标中的组合权重应为 vivo 在各准则中的权重与相应准则对于目标的权重的两两乘积之和，即这样得到

$$\begin{pmatrix} 0.1525 \\ 0.1679 \\ 0.4921 \\ 0.1876 \end{pmatrix} = \begin{pmatrix} 0.4784 & 0.0603 & 0.1003 & 0.0454 \\ 0.2486 & 0.1155 & 0.0609 & 0.1628 \\ 0.0438 & 0.6223 & 0.6272 & 0.6289 \\ 0.2292 & 0.2019 & 0.2116 & 0.1628 \end{pmatrix} \cdot \begin{pmatrix} 0.2321 \\ 0.1347 \\ 0.0834 \\ 0.5499 \end{pmatrix}$$

组合权向量的一致性比例

$$CR' = \frac{0.2321 \times 0.0393 + 0.1347 \times 0.0760 + 0.0834 \times 0.0553 + 0.5499 \times 0.0555}{0.2321 \times 0.9 + 0.1347 \times 0.9 + 0.0834 \times 0.9 + 0.5499 \times 0.9}$$

$$= 0.06 < 0.1$$

组合权向量通过一致性检验，说明权向量 $(0.1525 \quad 0.1679 \quad 0.4921 \quad 0.1876)^T$ 可以

作为最终的决策依据. 即：华为＞苹果＞三星＞vivo

故最后我们的选择是华为.

五、模型的推广

层次分析法是把研究对象作为一个系统，按照分解、比较判断、综合的思维方式进行决策，把定量和定性的方法结合起来，能处理许多传统的最优化技术无法处理的实际问题，应用范围很广. 它的基本原理和基本步骤易于掌握，计算也非常简便. 但也有它的局限性：第一，它只能从原有的方案中选优，不能生成新方案；第二，它的比较判断直到结果都比较粗糙；第三，人主观因素的作用很大，采取专家群体判断的方法是克服这个缺点的一种途径.

实验任务

某大学生即将毕业，有三个单位 c_1、c_2、c_3 可供选择. 假设该生选择职业时主要考虑以下因素：①进一步深造的条件 b_1；②单位今后发展前途 b_2；③本人的兴趣和爱好 b_3；④单位所处地域 b_4；⑤单位的声誉 b_5；⑥单位的经济效益、工资与福利待遇 b_6. 试根据下面给出的成对比较阵，帮他选择一个最满意的单位.

$b_1 \sim b_6$ 相对于目标层（选择工作单位）的成对比较阵为

$$A = \begin{bmatrix} 1 & 1 & 1 & 4 & 1 & 1/2 \\ 1 & 1 & 2 & 4 & 1 & 1/2 \\ 1 & 1/2 & 1 & 5 & 3 & 1/2 \\ 1/4 & 1/4 & 1/5 & 1 & 1/3 & 1/3 \\ 1 & 1 & 1/3 & 3 & 1 & 1 \\ 2 & 2 & 2 & 3 & 1 & 1 \end{bmatrix}$$

c_1，c_2，c_3 相对于 $b_1 \sim b_6$ 的成对比较阵分别为

$$B_1 = \begin{bmatrix} 1 & 1/4 & 1/2 \\ 4 & 1 & 3 \\ 2 & 1/3 & 1 \end{bmatrix}, \quad B_2 = \begin{bmatrix} 1 & 1/4 & 1/5 \\ 4 & 1 & 1/2 \\ 5 & 2 & 1 \end{bmatrix}, \quad B_3 = \begin{bmatrix} 1 & 3 & 1/3 \\ 1/3 & 1 & 3 \\ 3 & 1/3 & 1 \end{bmatrix},$$

$$B_4 = \begin{bmatrix} 1 & 1/3 & 5 \\ 3 & 1 & 3 \\ 1/5 & 1/3 & 1 \end{bmatrix}, \quad B_5 = \begin{bmatrix} 1 & 1 & 7 \\ 1 & 1 & 7 \\ 1/7 & 1/7 & 1 \end{bmatrix}, \quad B_6 = \begin{bmatrix} 1 & 4 & 9 \\ 1/4 & 1 & 3 \\ 1/9 & 1/3 & 1 \end{bmatrix}.$$

实验 9.3　传染病模型

实验目的

通过本实验了解如何对较复杂的问题进行数学建模，如何对模型进行改进，以及如何利用利用 MATLAB 软件求解常微分方程模型.

一、问题描述

有一种传染病（如 SARS、甲型 H1N1）正在流行，现在希望建立适当的数学模型，利用已经掌握的一些数据资料对该传染病进行有效的研究，以期对其传播蔓延进行必要的控制，减少人民生命财产的损失. 建立适当的数学模型，并进行一定的比较分析和评价展望.

二、模型准备

1）这是一个涉及传染病传播情况的实际问题，其中涉及传染病感染人数随时间的变化情况及一些初始资料，我们不是从医学角度分析各种传染病的传播方式，而是按照传播过程的一般规律，通过分析受感染人数的变化规律建立数学模型.

2）通过模型预报传染病高潮时刻的到来.

3）通过模型分析预防传染病蔓延的手段.

三、模型假设

1）在疾病传播期内所考察地区的总人数 N 不变，即不考虑生死，也不考虑迁移.

2）时间以天为计量单位.

3）假设时刻 t 已感染者（infective，以下简称病人）人数比例为 $i(t)$，并假设 $i(t)$ 是连续、可微函数.

4）每个病人每天有效接触（足以使人致病）平均人数为常数 λ，称为日接触率.

四、模型构成与求解

模型一

考察 t 到 $t+\Delta t$ 病人人数的增加，就有

$$N \cdot i(t+\Delta t) - N \cdot i(t) = \lambda N \cdot i(t) \Delta t,$$

方程两边同时除以 Δt，并设 $t=0$ 时，病人比例是 $i_0(i_0>0)$，即得微分方程

$$\begin{cases} \dfrac{\mathrm{d}i}{\mathrm{d}t} = \lambda i \\ i(0) = i_0 \end{cases}.$$

分离变量直接可得微分方程的解析解

$$i(t) = i_0 \mathrm{e}^{\lambda t}.$$

五、模型检验与改进

从模型中不难看出 $t \to \infty$ 时，有 $i(t) \to \infty$. 这个结果表明，随着 t 的增加，病人人数 $i(t)$ 无限增长，这显然不符合实际情况，需要修改模型.

模型二（SI 模型）

建模失败的原因在于：在病人有效接触的人群中，有健康人也有病人，而其中只有健康人才可以被传染为病人，所以在改进的模型中必须区别这两种人.

增加假设：假设时刻 t 易感染者（susceptible，以下简称健康者）人数比例为 $s(t)$，每个病人每天可使 $\lambda s(t)$ 个健康者变成病人，因为病人数是 $N i(t)$，所以每天共有 $\lambda s(t) N i(t)$ 个健康者被感染，于是有

$$N i(t + \Delta t) - N i(t) = \lambda s(t) N i(t) \Delta t \qquad (9.1)$$

方程两边同时处以 Δt 得

$$N \frac{\mathrm{d}i}{\mathrm{d}t} = \lambda N s i$$

又因为 $s(t) + i(t) = 1$，再记 $t = 0$ 时病人比例是 $i_0 (i_0 > 0)$，即得微分方程

$$\begin{cases} \dfrac{\mathrm{d}i}{\mathrm{d}t} = \lambda i(1 - i) \\ i(0) = i_0 \end{cases}. \qquad (9.2)$$

分离变量可得微分方程的解析解

$$i(t) = \frac{1}{1 + \left(\dfrac{1}{i_0} - 1\right) \mathrm{e}^{-\lambda t}}$$

式（9.2）称为 Logistic 模型，也叫阻滞增长模型.

设 $\lambda = 1$，$i_0 = 0.02$，用 MATLAB 做出 $i(t) \sim t$ 的图形：

```
≫t=0:0.1:10;
i=1./(1+(1/0.02-1).*exp(-t));
plot(t,i)
axis on
grid on
xlabel('t')
ylabel('i')
```

输出见图 9.4

设 $\lambda = 1$，$i_0 = 0.02$，用 MATLAB 做出 $\dfrac{\mathrm{d}i}{\mathrm{d}t} \sim i$ 的图形：

```
≫i=0:0.01:1;
di=i.*(1-i);
plot(i,di)
axis on
grid on
```

```
xlabel('i')
ylabel('di/dt')
```

输出见图 9.5

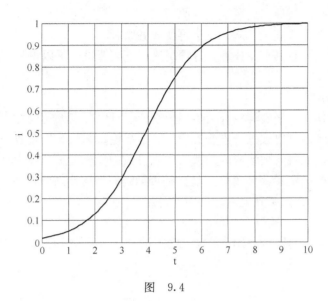

图 9.4

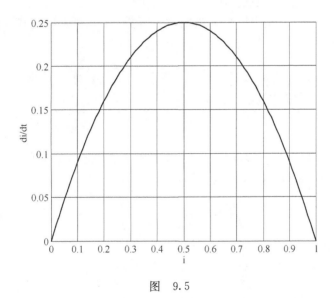

图 9.5

由图 9.4 可知，当 $i=\dfrac{1}{2}$ 时，曲线达到拐点，于是 $\dfrac{\mathrm{d}i}{\mathrm{d}t}$ 达到最大值 $\left(\dfrac{\mathrm{d}i}{\mathrm{d}t}\right)_{\mathrm{m}}$，这个时刻为

$$t_{\mathrm{m}}=\lambda^{-1}\ln\left(\frac{1}{i_0}-1\right). \tag{9.3}$$

此时病人增加得最快，即传染病的高潮期，是医疗卫生部门关注的时刻.

由式（9.3）可以发现 t_{m} 与 λ 成反比，这表明降低日接触率可以推迟传染病高潮的到来. 可以通过改善保健设施、隔离病人等措施降低日接触率，为传染病的防治争取时间.

呈 S 曲线形的阻滞增长模型二比呈指数增长的模型一更贴近现实规律，但是，模型二中当 $t \to \infty$ 时，有 $i(t) \to 1$. 这个结果和模型一类似，表明随着 t 的增加，所有人都将被传染，全变为病人，这显然还是不符合实际的，仍然需要修改模型.

事实上，模型一和模型二出现缺陷的原因在于：都没有考虑到病人可以被治愈，都认为人群中的健康者只能变成病人，病人不会再变成健康者.

根据病人治愈后是否具有免疫力两种情况进行不同改进，可以得到下面两种不同的数学模型.

模型三（SIS 模型）

有些传染病如伤风、痢疾等愈合后免疫力很低，可以假定无免疫性，于是病人被治愈后变成健康者，健康者还可以被感染再变成病人，这个模型称为 SIS 模型.

增加假设：设病人每天被治愈的人数占病人总数的比例为 μ，称为日治愈率. 病人治愈后成为仍可被感染的健康者，显然 $1/\mu$ 是这种传染病的平均传染期.

显然，在式 (9.1) 的基础上做改进即可得到

$$N\,i(t+\Delta t) - N\,i(t) = \lambda\,s(t)\,N\,i(t)\Delta t - \mu\,N\,i(t)\Delta t. \tag{9.4}$$

方程两边同时除以 Δt，仍记 $t=0$ 时，病人比例是 $i_0(i_0>0)$，即得微分方程

$$\begin{cases} \dfrac{\mathrm{d}i}{\mathrm{d}t} = \lambda\,i(1-i) - \mu\,i \\[2mm] i(0) = i_0 \end{cases} \tag{9.5}$$

当 $\lambda = \mu$ 时，式 (9.5) 是可分离变量的微分方程，当 $\lambda \neq \mu$ 时，式 (9.5) 是伯努利方程，可得解析解为

$$i(t) = \begin{cases} \left[\dfrac{\lambda}{\lambda-\mu} + \left(\dfrac{1}{i_0} - \dfrac{\lambda}{\lambda-\mu}\right)\mathrm{e}^{-(\lambda-\mu)t}\right]^{-1}, & \lambda \neq \mu \\[4mm] \left(\lambda t + \dfrac{1}{i_0}\right)^{-1}, & \lambda = \mu \end{cases} \tag{9.6}$$

定义 $\sigma = \lambda/\mu$，注意 λ 和 $\dfrac{1}{\mu}$ 的含义，可知 σ 是一个传染期内每个病人有效接触的平均人数，称为接触数. 于是式 (9.5) 可以变形为

$$\begin{cases} \dfrac{\mathrm{d}i}{\mathrm{d}t} = -\lambda i\left[i - \left(1 - \dfrac{1}{\sigma}\right)\right]. \\[2mm] i(0) = i_0 \end{cases} \tag{9.7}$$

注意到 σ 的定义，由式 (9.6) 容易得到，当 $t \to \infty$ 时，

$$i(\infty) = \begin{cases} 1 - \dfrac{1}{\sigma}, & \sigma > 1 \\[3mm] 0, & \sigma \leqslant 1 \end{cases} \tag{9.8}$$

根据式 (9.6)、式 (9.7) 利用 MATLAB 可以做出 $\dfrac{\mathrm{d}i}{\mathrm{d}t} \sim i$ 和 $i(t) \sim t$ 的图形分别如图 9.6～图 9.8 所示（留作实验任务）. 图 9.7 是 $\sigma > 1$ 时 $i(t) \sim t$ 的图形，实线、虚线分别表示 $i_0 < 1 - \dfrac{1}{\sigma}$ 和 $i_0 > 1 - \dfrac{1}{\sigma}$ 时的情形. 图 9.8 是 $\sigma \leqslant 1$ 时 $i(t) \sim t$ 的图形，实线、虚线分别表示 $\sigma < 1$ 和 $\sigma = 1$ 的情形.

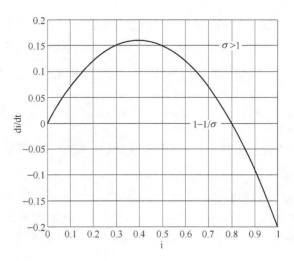

图 9.6

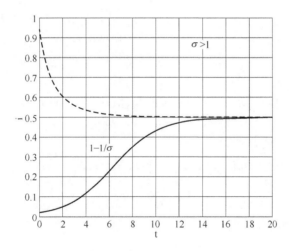

图 9.7

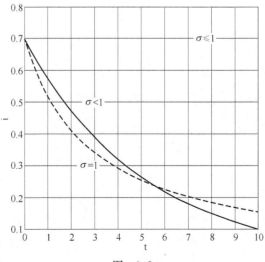

图 9.8

结合式（9.6）～式（9.8）分析以上三个图形可知：$\sigma=1$ 是一个阈值. $\sigma\leqslant1$ 时，病人比例 $i(t)$ 是单调减少的，最终趋向于 0，这是由于传染期内日接触率不超过日治愈率的缘故；当 $\sigma>1$ 时，$\dfrac{\mathrm{d}i}{\mathrm{d}t}$ 先增后减，说明传染速度开始是增加的，达到高峰期之后传染速度开始下降.

进一步分析，当 $i_0<1-\dfrac{1}{\sigma}$ 时，总有 $\dfrac{\mathrm{d}i}{\mathrm{d}t}>0$，说明病人比例 $i(t)$ 是单调增加的，当 $i_0>1-\dfrac{1}{\sigma}$ 时，总有 $\dfrac{\mathrm{d}i}{\mathrm{d}t}<0$，说明病人比例 $i(t)$ 是单调减少的，其极限值都是 $i(\infty)=1-\dfrac{1}{\sigma}$，这个极限值随着 σ 的增加而增加，这一点很容易理解.

我们可以看到 σ 和 i_0 会影响图形变化，i_0 的不同是由于研究传染病的阶段不同造成的，传染病初期、中期、末期 i_0 的值一般会不同，所以图形呈现的规律也不相同.

模型二可以看作是模型三的特例，模型二中没有考虑日治愈率，也就相当于 $\mu=0$ 的情况.

模型四（SIR 模型）

大多数传染病如天花、流感、肝炎、麻疹等治愈后均有很强的免疫力，所以病愈的人既非健康者（易感染者），也非病人（已感染者），因此他们将被移出传染系统，我们称之为移出者（removed）.

1. 模型构成

增加假设：假设时刻 t 移出者（removed）人数比例为 $r(t)$，显然有

$$s(t)+i(t)+r(t)=1 \tag{9.9}$$

根据条件式（9.4）依然成立.

$$N\,i(t+\Delta t)-N\,i(t)=\lambda\,s(t)N\,i(t)\Delta t-\mu\,N\,i(t)\Delta t$$

考虑移出者满足的方程

$$N\,r(t+\Delta t)-N\,r(t)=\mu\,N\,i(t)\Delta t$$

以上两个方程两边都同时除以以 Δt 得

$$\frac{\mathrm{d}i}{\mathrm{d}t}=\lambda si-\mu i \tag{9.10}$$

$$\frac{\mathrm{d}r}{\mathrm{d}t}=\mu i \tag{9.11}$$

由式（9.9）～式（9.11）可推得

$$\frac{\mathrm{d}s}{\mathrm{d}t}=-\lambda is \tag{9.12}$$

不妨设初始时刻 $t=0$ 时病人、健康者、移出者的的比例分别是 i_0、s_0、r_0，显然 $i_0>0$，$s_0>0$，$r_0=0$，则 SIR 基础模型用微分方程组表示如下：

$$\begin{cases} \dfrac{\mathrm{d}i}{\mathrm{d}t}=\lambda si-\mu i \\[2mm] \dfrac{\mathrm{d}s}{\mathrm{d}t}=-\lambda si \\[2mm] \dfrac{\mathrm{d}r}{\mathrm{d}t}=\mu i \\[2mm] i(0)=i_0,s(0)=s_0,r(0)=0 \end{cases} \tag{9.13}$$

方程 (9.13) 无法求出 $s(t)$ 和 $i(t)$ 的解析解，我们通过两种手段来分析解的情况.

首先做数值计算来预估计 $s(t)$ 和 $i(t)$ 的一般变化规律.

2. 模型求解

(1) 数值计算法

在方程 (9.13) 中设 $\lambda=1$，$\mu=0.3$，$i_0=0.02$，$s_0=0.98$，用 MATLAB 软件编程：

① 编写函数文件 ill. m

```
function y=ill(t,x)
a=1;b=0.3;
y=[a*x(1)*x(2)-b*x(1);-a*x(1)*x(2)];
```

② 计算 $i(t)$，$s(t)$ 的数值

```
≫ts=0:50;
x0=[0.02,0.98];
[t,x]=ode45('ill',ts,x0)
```

输出结果选取部分数据汇总后得到表 9.9.

表 9.9 $i(t)$ 和 $s(t)$ 的数值计算结果

t	0	1	2	3	4	5	6	7	8
$i(t)$	0.0200	0.0390	0.0732	0.1285	0.2033	0.2795	0.3312	0.3444	0.3247
$s(t)$	0.9800	0.9525	0.9019	0.8169	0.6927	0.5438	0.3995	0.2839	0.2027
t	9	10	15	20	25	30	35	40	45
$i(t)$	0.2863	0.2418	0.0787	0.0223	0.0061	0.0017	0.0005	0.0001	0
$s(t)$	0.1493	0.1145	0.0543	0.0434	0.0408	0.0401	0.0399	0.0399	0.0398

③ 绘制 $i(t) \sim t$ 和 $s(t) \sim t$ 的图形

```
≫plot(t,x(:,1),t,x(:,2),'——')
grid on
```

输出图 9.9，其中实线、虚线分别为 $i(t) \sim t$ 和 $s(t) \sim t$ 的曲线.

④ 绘制 $i \sim s$ 曲线

```
≫plot(x(:,2),x(:,1))
grid on
```

输出图 9.10.

$i \sim s$ 图形称为相轨线. 初值 $i(0)=0.02$，$s(0)=0.98$ 相当于图 9.10 中的 P_0 点，随着 t 的增加，(s,i) 沿轨线自右向左运动.

由图 9.9 可以看出，随着 $t \to \infty$，健康者一直单调递减，病人数比例由初值增长至约 $t=7$ 时达到最大值，然后减少，这基本上符合我们对传染病的认知. 结合表 9.9 可以看到，$t \to \infty$ 时，$i \to 0$，$s \to 0.0398$，这表明最终病人没有了，96.02% 的人变成了移出者.

图 9.10 呈现了和图 9.9 类似的规律，即：随着时间推延，健康者比例递减，病人比例先增后减，最后，二者之和越来越少，大部分变为移出者.

接下来我们转到相平面 $s \sim i$ 上利用相轨线讨论 $i(t)$ 和 $s(t)$ 的解析解的性质.

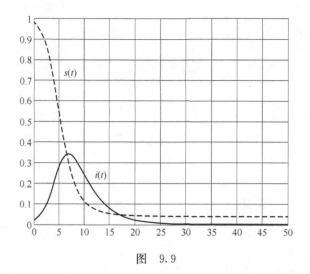

图 9.9

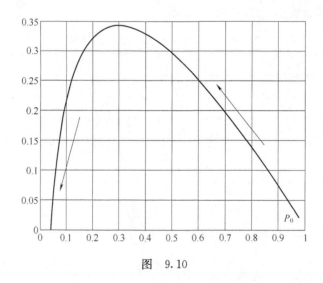

图 9.10

（2）相轨线分析法

相轨线的定义域是 $(s,i)\in D$，其中

$$D=\{(s,i)\mid s\geqslant 0,i\geqslant 0,s+i\leqslant 1\}. \tag{9.14}$$

在方程（9.13）中消去 $\mathrm{d}t$，并注意到 σ 的定义，可得

$$\begin{cases} \dfrac{\mathrm{d}i}{\mathrm{d}s}=\dfrac{1}{s\sigma}-1 \\ i\mid_{s=s_0}=i_0 \end{cases}. \tag{9.15}$$

分离变量求解可得方程（9.15）的解析解

$$i=(s_0+i_0)-s+\frac{1}{\sigma}\ln\frac{s}{s_0} \tag{9.16}$$

在定义域 D 内，方程（9.16）表示的就是相轨线. 对于不同的初始位置 (s_0,i_0)，用 MATLAB 得到方程（9.16）的相轨线族.

编写函数文件 xiangguixian. m

```
function i=xiangguixian(s,s0,w)
i0=1-s0;
i=(s0+i0)-s+(1/w)*log(s/s0);
```

取 $\sigma=2$，分别取 s0=0.1，0.3，0.5，0.8，0.9 来绘制相轨线，命令如下：

```
≫w=2;
s0=0.1;
s=0:0.001:0.1;
i=xiangguixian(s,s0,w);
plot(s,i)
axis([0,1,0,1])
grid on
hold on
s0=0.3;
s=0:0.001:0.3;
i=xiangguixian(s,s0,w);
plot(s,i)
s0=0.5;
s=0:0.001:0.5;
i=xiangguixian(s,s0,w);
plot(s,i)
s0=0.8;
s=0:0.001:0.8;
i=xiangguixian(s,s0,w);
plot(s,i)
s0=0.9;
s=0:0.001:0.9;
i=xiangguixian(s,s0,w);
plot(s,i)
```

输出如图 9.11 曲线所示，添加箭头为表示随着时间 t 的增加 $i(t)$ 和 $s(t)$ 的变化趋向.

下面根据式 (9.13)、式 (9.15)、式 (9.16) 和图 9.11 分析 $s(t)$，$i(t)$ 和 $r(t)$ 的变化情况（$t \to \infty$ 时它们的极限值分别记作 s_∞，i_∞ 和 r_∞）.

（1）不论初始条件 s_0，i_0 如何，病人将消失，即：$t \to \infty$ 时，$i \to 0$.

（2）在式 (9.16) 中令 $i=0$ 可得到最终未被感染的健康者的比例 s_∞，也即 s_∞ 满足方程

$$s_0+i_0-s_\infty+\frac{1}{\sigma}\ln\frac{s_\infty}{s_0}=0 \tag{9.17}$$

在图形上就是相轨线与 s 轴在 $(0,1/\sigma)$ 内交点的横坐标.

（3）若 $s_0>1/\sigma$，则 $i(t)$ 先升后降至 0，$s(t)$ 则单调减小至 s_∞，如图 9.11 中由 P_1、

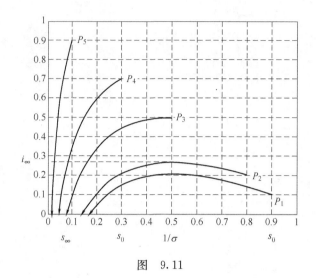

图   9.11

P_2 出发的相轨线.

令 $\dfrac{\mathrm{d}i}{\mathrm{d}s}=\dfrac{1}{s\sigma}-1=0$ 可得当 $s=1/\sigma$ 时，$i(t)$ 达到最大值 i_m：

$$i_m=s_0+i_0-\frac{1}{\sigma}(1+\ln\sigma s_0) \tag{9.18}$$

（4）若 $s_0\leqslant1/\sigma$，则 $i(t)$ 单调减小至 0，$s(t)$ 单调减小至 s_∞，如图 9.11 中由 P_4、P_5 出发的相轨线.（（3）、（4）的证明留待实验任务）

可以看出，如果仅当病人比例 $i(t)$ 有一段增长的时期才认为传染病在蔓延，那么 $1/\sigma$ 是一个阈值，当 $s_0>1/\sigma$（即 $\sigma>1/s_0$）时传染病就会蔓延. 而减小传染期接触数 σ，即提高阈值 $1/\sigma$，使得 $s_0\leqslant1/\sigma$（即 $\sigma\leqslant1/s_0$），传染病就不会蔓延（健康者比例的初始值 s_0 是一定的，通常可认为 s_0 接近 1）.

从另一方面看，$\sigma s=\lambda s\cdot1/\mu$ 是传染期内一个病人传染的健康者的平均数，称为交换数，其含义是一病人被 σs 个健康者交换. 所以当 $s_0\leqslant1/\sigma$，即 $\sigma s_0\leqslant1$ 时，必有 $\sigma s\leqslant1$，既然交换数不超过 1，病人比例 $i(t)$ 绝不会增加，传染病不会蔓延.

可以看到在 SIR 模型中接触数 σ 是一个重要参量，它可以由实际数据估计. 因为病人比例的初始值 i_0 通常很小，在方程（9.17）中略去 i_0 可得 $\sigma=\dfrac{\ln s_0-\ln s_\infty}{s_0-s_\infty}$，于是当传染病结束而获得 s_0 和 s_∞ 以后，便能由上式计算出 σ. 另外，也可以对血样做免疫检测估计出 s_0 和 s_∞，从而计算出 σ.

3. 模型应用——群体免疫和预防

由以上分析可知，当 $s_0\leqslant1/\sigma$ 时，传染病不会蔓延，于是可以从两个途径进行传染病的预防：

（1）减小传染期接触数 σ.

我们注意到在 $\sigma=\lambda/\mu$ 中，人们的卫生水平越高，日接触率 λ 越小；医疗水平越高，日治愈率 μ 越大，于是 σ 越小，所以提高卫生水平和医疗水平有助于控制传染病的蔓延.

（2）降低 s_0.

因为 $s_0 + i_0 + r_0 = 1$，所以也就是需要提高 r_0.

忽略病人比例的初始值 i_0，则有 $s_0 = 1 - r_0$，于是传染病不会蔓延的条件 $s_0 \leqslant 1/\sigma$ 可以表为 $r_0 \geqslant 1 - \dfrac{1}{\sigma}$，这就是说，只要使初始时刻的移出者比例（即免疫比例）上升到 $1 - \dfrac{1}{\sigma}$ 以上就可以制止传染病的蔓延. 这可以通过预防接种提高群体免疫等办法做到.

下面给定 λ、μ、s_0、i_0 几组值，通过式（9.17）、式（9.18）利用 MATLAB 算出 s_∞ 和 i_m（留作实验任务），具体体会变量之间的变化规律，验证预防手段的有效性.

表 9.10 s_∞ 和 i_m 的数值计算结果

λ	μ	$1/\sigma$	s_0	i_0	s_∞	i_m
1	0.3	0.3	0.98	0.02	0.0398	0.3449
0.6	0.3	0.5	0.98	0.02	0.1965	0.1635
0.5	0.5	1.0	0.98	0.02	0.8122	0.0200
0.4	0.5	1.25	0.98	0.02	0.9172	0.0200
1	0.3	0.3	0.70	0.02	0.0840	0.1685
0.6	0.3	0.5	0.70	0.02	0.3056	0.0518
0.5	0.5	1.0	0.70	0.02	0.6528	0.0200
0.4	0.5	1.25	0.70	0.02	0.6755	0.0200

由表 9.10 可见，随着降低日接触率 λ，提高日治愈率 μ，最终未感染比例 s_∞ 会上升，病人比例最大值 i_m 会下降；随着 s_0 的下降（也就是 r_0 的上升），s_∞ 和 i_m 也会呈现这个规律，说明预防手段是有效的.

实验任务

1. 写出表 9.10 的 MATLAB 程序.

2. 在图 9.6～图 9.8 中任选一个，写出 MATLAB 作图程序. 或者在 SIR 模型中另取一组 λ、μ、s_0、i_0 的值对方程（9.13）求数值解并作图，将所作图形和图 9.9、图 9.10 进行比较，分析是否呈现同样规律.

3. 对于 SIR 模型，请证明：

（1）若 $s_0 > 1/\sigma$，则 $i(t)$ 先增加，在 $s = 1/\sigma$ 处最大，然后减小并趋于 0；$s(t)$ 则单调减小至 s_∞.

（2）若 $s_0 \leqslant 1/\sigma$，则 $i(t)$ 单调减小至 0，$s(t)$ 单调减小至 s_∞.

（提示：利用导数判断函数单调性，并注意函数图形方向）

附录 MATLAB 命令与函数清单

注：MATLAB 版本不同可能部分命令会略有区别，可利用 MATLAB 自带的帮助系统查询.

A a

abs 绝对值、模、字符的 ASCII 码值

acos 反余弦

acosh 反双曲余弦

acot 反余切

acoth 反双曲余切

acsc 反余割

acsch 反双曲余割

align 启动图形对象几何位置排列工具

all 所有元素非零为真

angle 相角

ans 表达式计算结果的默认变量名

any 所有元素非全零为真

area 面域图

argnames 函数 M 文件宗量名

asec 反正割

asech 反双曲正割

asin 反正弦

asinh 反双曲正弦

assignin 向变量赋值

atan 反正切

atan2 四象限反正切

atanh 反双曲正切

autumn 红黄调秋色图阵

axes 创建轴对象的低层指令

axis 控制轴刻度和风格的高层指令

B b

bar 二维直方图

bar3 三维直方图

bar3h 三维水平直方图

barh 二维水平直方图

base2dec X 进制转换为十进制

bin2dec 二进制转换为十进制

blanks 创建空格串

bone 蓝色调黑白色图阵

box 框状坐标轴

break while 或 for 环中断指令

brighten 亮度控制

C　c

capture（3 版以前）捕获当前图形

cart2pol 直角坐标变为极或柱坐标

cart2sph 直角坐标变为球坐标

cat 串接成高维数组

caxis 色标尺刻度

cd 指定当前目录

cdedit 启动用户菜单、控件回调函数设计工具

cdf2rdf 复数特征值对角阵转为实数块对角阵

ceil 向正无穷取整

cell 创建元胞数组

cell2struct 元胞数组转换为构架数组

celldisp 显示元胞数组内容

cellplot 元胞数组内部结构图示

char 把数值、符号、内联类转换为字符对象

chi2cdf 分布累计概率函数

chi2inv 分布逆累计概率函数

chi2pdf 分布概率密度函数

chi2rnd 分布随机数发生器

chol Cholesky 分解

clabel 等位线标识

cla 清除当前轴

class 获知对象类别或创建对象

clc 清除指令窗

clear 清除内存变量和函数

clf 清除图对象

clock 时钟

colorcube 三浓淡多彩交叉色图矩阵

colordef 设置色彩默认值

colormap 色图

colspace 列空间的基

close 关闭指定窗口

colperm 列排序置换向量

comet 彗星状轨迹图

comet3 三维彗星轨迹图

compass 射线图

compose 求复合函数

cond（逆）条件数

condeig 计算特征值、特征向量同时给出条件数

condest 范-1 条件数估计

conj 复数共轭

contour 等位线

contourf 填色等位线

contour3 三维等位线

contourslice 四维切片等位线图

conv 多项式乘、卷积

cool 青紫调冷色图

copper 古铜调色图

cos 余弦

cosh 双曲余弦

cot 余切

coth 双曲余切

cplxpair 复数共轭成对排列

csc 余割

csch 双曲余割

cumsum 元素累计和

cumtrapz 累计梯形积分

cylinder 创建圆柱

D　d

dblquad 二重数值积分

deal 分配宗量

deblank 删去串尾部的空格符

dec2base 十进制转换为 X 进制

dec2bin 十进制转换为二进制

dec2hex 十进制转换为十六进制

deconv 多项式除、解卷

delaunay Delaunay 三角剖分

del2 离散 Laplacian 差分

demo MATLAB 演示

det 行列式

diag 矩阵对角元素提取、创建对角阵

diary MATLAB 指令窗文本内容记录

diff 数值差分、符号微分

digits 符号计算中设置符号数值的精度

dir 目录列表

disp 显示数组

display 显示对象内容的重载函数

dlinmod 离散系统的线性化模型

dmperm 矩阵 Dulmage-Mendelsohn 分解

dos 执行 DOS 指令并返回结果

double 把其他类型对象转换为双精度数值

drawnow 更新事件队列强迫 MATLAB 刷新屏幕

dsolve 符号计算解微分方程

E　e

echo M 文件被执行指令的显示

edit 启动 M 文件编辑器

eig 求特征值和特征向量

eigs 求指定的几个特征值

end 控制流 FOR 等结构体的结尾元素下标

eps 浮点相对精度

error 显示出错信息并中断执行

errortrap 错误发生后程序是否继续执行的控制

erf 误差函数

erfc 误差补函数

erfcx 刻度误差补函数

erfinv 逆误差函数

errorbar 带误差限的曲线图

etreeplot 画消去树

eval 串演算指令

evalin 跨空间串演算指令

exist 检查变量或函数是否已定义

exit 退出 MATLAB 环境

exp 指数函数

expand 符号计算中的展开操作

expint 指数积分函数

expm 常用矩阵指数函数

expm1 Pade 法求矩阵指数

expm2 Taylor 法求矩阵指数

expm3 特征值分解法求矩阵指数

eye 单位阵

ezcontour 画等位线的简捷指令

ezcontourf 画填色等位线的简捷指令

ezgraph3 画表面图的通用简捷指令

ezmesh 画网线图的简捷指令

ezmeshc 画带等位线的网线图的简捷指令

ezplot 画二维曲线的简捷指令

ezplot3 画三维曲线的简捷指令

ezpolar 画极坐标图的简捷指令

ezsurf 画表面图的简捷指令

ezsurfc 画带等位线的表面图的简捷指令

F　f

factor 符号计算的因式分解

feather 羽毛图

feedback 反馈连接

feval 执行由串指定的函数

fft 离散 Fourier 变换

fft2 二维离散 Fourier 变换

fftn 高维离散 Fourier 变换

fftshift 直流分量对中的谱

fieldnames 构架域名

figure 创建图形窗

fill3 三维多边形填色图

find 寻找非零元素下标

findobj 寻找具有指定属性的对象图柄

findstr 寻找短串的起始字符下标

findsym 机器确定内存中的符号变量

finverse 符号计算中求反函数

fix 向零取整

flag 红白蓝黑交错色图阵

fliplr 矩阵的左右翻转

flipud 矩阵的上下翻转

flipdim 矩阵沿指定维翻转

floor 向负无穷取整

flops 浮点运算次数

flow MATLAB 提供的演示数据

fmin 求单变量非线性函数极小值点（旧版）

fminbnd 求单变量非线性函数极小值点

fmins 单纯形法求多变量函数极小值点（旧版）

fminunc 拟牛顿法求多变量函数极小值点

fminsearch 单纯形法求多变量函数极小值点

fnder 对样条函数求导

fnint 利用样条函数求积分

fnval 计算样条函数区间内任意一点的值

fnplt 绘制样条函数图形

fopen 打开外部文件

for 构成 for 环用

format 设置输出格式

fourier Fourier 变换

fplot 返函绘图指令

fprintf 设置显示格式

fread 从文件读二进制数据

fsolve 求多元函数的零点

full 把稀疏矩阵转换为非稀疏阵

funm 计算一般矩阵函数

funtool 函数计算器图形用户界面

fzero 求单变量非线性函数的零点

J　j，K　k

jacobian 符号计算中求 Jacobian 矩阵

jet 蓝头红尾饱和色

jordan 符号计算中获得 Jordan 标准型

keyboard 键盘获得控制权

kron Kronecker 乘法规则产生的数组

L　l

laplace Laplace 变换

lasterr 显示最新出错信息

lastwarn 显示最新警告信息

leastsq 解非线性最小二乘问题（旧版）

legend 图形图例

lighting 照明模式

line 创建线对象

lines 采用 plot 画线色

linmod 获连续系统的线性化模型

linmod2 获连续系统的线性化精良模型

linspace 线性等分向量

ln 矩阵自然对数

load 从 MAT 文件读取变量

log 自然对数

log10 常用对数

log2 底为 2 的对数

loglog 双对数刻度图形

logm 矩阵对数

logspace 对数分度向量

lookfor 按关键字搜索 M 文件

lower 转换为小写字母

lsqnonlin 解非线性最小二乘问题

lu LU 分解

M m

mad 平均绝对值偏差

magic 魔方阵

maple &nb，sp；运作 Maple 格式指令

mat2str 把数值数组转换成输入形态串数组

material 材料反射模式

max 找向量中最大元素

mbuild 产生 EXE 文件编译环境的预设置指令

mcc 创建 MEX 或 EXE 文件的编译指令

mean 求向量元素的平均值

median 求中位数

menuedit 启动设计用户菜单的交互式编辑工具

mesh 网线图

meshz 垂帘网线图

meshgrid 产生"格点"矩阵

methods 获知对指定类定义的所有方法函数

mex 产生 MEX 文件编译环境的预设置指令

mfunlis 能被 mfun 计算的 MAPLE 经典函数列表

mhelp 引出 Maple 的在线帮助

min 找向量中最小元素

mkdir 创建目录

mkpp 逐段多项式数据的明晰化

mod 模运算

more 指令窗中内容的分页显示

movie 放映影片动画

moviein 影片帧画面的内存预置

mtaylor 符号计算多变量 Taylor 级数展开

N　n

　　ndims 求数组维数

　　NaN 非数（预定义）变量

　　nargchk 输入宗量数验证

　　nargin 函数输入宗量数

　　nargout 函数输出宗量数

　　ndgrid 产生高维格点矩阵

　　newplot 准备新的默认图、轴

　　nextpow2 取最接近的较大 2 次幂

　　nnz 矩阵的非零元素总数

　　nonzeros 矩阵的非零元素

　　norm 矩阵或向量范数

　　normcdf 正态分布累计概率密度函数

　　normest 估计矩阵 2 范数

　　norminv 正态分布逆累计概率密度函数

　　normpdf 正态分布概率密度函数

　　normrnd 正态随机数发生器

　　notebook 启动 Matlab 和 Word 的集成环境

　　null 零空间

　　num2str 把非整数数组转换为串

　　numden 获取最小公分母和相应的分子表达式

　　nzmax 指定存放非零元素所需内存

O　o

　　ode1 非 Stiff 微分方程变步长解算器

　　ode15s Stiff 微分方程变步长解算器

　　ode23t 适度 Stiff 微分方程解算器

　　ode23tb Stiff 微分方程解算器

　　ode45 非 Stiff 微分方程变步长解算器

　　odefile ODE 文件模板

　　odeget 获知 ODE 选项设置参数

　　odephas2 ODE 输出函数的二维相平面图

　　odephas3 ODE 输出函数的三维相空间图

　　odeplot ODE 输出函数的时间轨迹图

　　odeprint 在 Matlab 指令窗显示结果

　　odeset 创建或改写 ODE 选项构架参数值

　　ones 全 1 数组

　　optimset 创建或改写优化泛函指令的选项参数值

　　orient 设定图形的排放方式

　　orth 值空间正交化

P p

pack 收集 MATLAB 内存碎块扩大内存

pagedlg 调出图形排版对话框

patch 创建块对象

path 设置 MATLAB 搜索路径的指令

pathtool 搜索路径管理器

pause 暂停

pcode 创建预解译 P 码文件

pcolor 伪彩图

peaks MATLAB 提供的典型三维曲面

permute 广义转置

pi（预定义变量）圆周率

pie 二维饼图

pie3 三维饼图

pink 粉红色图矩阵

pinv 伪逆

plot 平面线图

plot3 三维线图

plotmatrix 矩阵的散点图

plotyy 双纵坐标图

poissinv 泊松分布逆累计概率分布函数

poissrnd 泊松分布随机数发生器

pol2cart 极或柱坐标变为直角坐标

polar 极坐标图

poly 矩阵的特征多项式、根集对应的多项式

poly2str 以习惯方式显示多项式

poly2sym 双精度多项式系数转变为向量符号多项式

polyder 多项式导数

polyfit 数据的多项式拟合

polyval 计算多项式的值

polyvalm 计算矩阵多项式

pow2 2 的幂

ppval 计算分段多项式

pretty 以习惯方式显示符号表达式

print 打印图形或 SIMULINK 模型

printsys 以习惯方式显示有理分式

prism 光谱色图矩阵

procread 向 MAPLE 输送计算程序

profile 函数文件性能评估器

propedit 图形对象属性编辑器

pwd 显示当前工作目录

Q q

quad 低阶法计算数值积分

quad8 高阶法计算数值积分（QUADL）

quit 退出 MATLAB 环境

quiver 二维方向箭头图

quiver3 三维方向箭头图

R r

rand 产生均匀分布随机数

randn 产生正态分布随机数

randperm 随机置换向量

range 样本极差

rank 矩阵的秩

rats 有理输出

rcond 矩阵逆的条件数估计

real 复数的实部

reallog 在实数域内计算自然对数

realpow 在实数域内计算乘方

realsqrt 在实数域内计算平方根

realmax 最大正浮点数

realmin 最小正浮点数

rectangle 画"长方框"

rem 求余数

repmat 铺放模块数组

reshape 改变数组维数、大小

residue 部分分式展开

return 返回

ribbon 把二维曲线画成三维彩带图

rmfield 删去构架的域

roots 求多项式的根

rose 数扇形图

rot90 矩阵旋转 90°

rotate 指定的原点和方向旋转

rotate3d 启动三维图形视角的交互设置功能

round 向最近整数圆整

rref 简化矩阵为梯形形式

rsf2csf 实数块对角阵转为复数特征值对角阵

rsums Riemann 和

S s

save 把内存变量保存为文件

scatter 散点图

scatter3 三维散点图

sec 正割

sech 双曲正割

semilogx X 轴对数刻度坐标图

semilogy Y 轴对数刻度坐标图

series 串联连接

set 设置图形对象属性

setfield 设置构架数组的域

setstr 将 ASCII 码转换为字符的旧版指令

sign 根据符号取值函数

signum 符号计算中的符号取值函数

sim 运行 SIMULINK 模型

simget 获取 SIMULINK 模型设置的仿真参数

simple 寻找最短形式的符号解

simplify 符号计算中进行简化操作

simset 对 SIMULINK 模型的仿真参数进行设置

simulink 启动 SIMULINK 模块库浏览器

sin 正弦

sinh 双曲正弦

size 矩阵的大小

slice 立体切片图

solve 求代数方程的符号解

spalloc 为非零元素配置内存

sparse 创建稀疏矩阵

spconvert 把外部数据转换为稀疏矩阵

spdiags 稀疏对角阵

spfun 求非零元素的函数值

sph2cart 球坐标变为直角坐标

sphere 产生球面

spinmap 色图彩色的周期变化

spline 样条插值

spones 用 1 置换非零元素

sprandsym 稀疏随机对称阵

sprank 结构秩

spring 紫黄调春色图

sprintf 把格式数据写成串

spy 画稀疏结构图

sqrt 平方根

sqrtm 方根矩阵

squeeze 删去大小为 1 的"孤维"

sscanf 按指定格式读串

stairs 阶梯图

std 标准差

stem 二维杆图

step 阶跃响应指令

str2double 串转换为双精度值

str2mat 创建多行串数组

str2num 串转换为数

strcat 接成长串

strcmp 串比较

strjust 串对齐

strmatch 搜索指定串

strncmp 串中前若干字符比较

strrep 串替换

strtok 寻找第一间隔符前的内容

struct 创建构架数组

struct2cell 把构架转换为元胞数组

strvcat 创建多行串数组

sub2ind 多下标转换为单下标

subexpr 通过子表达式重写符号对象

subplot 创建子图

subs 符号计算中的符号变量置换

subspace 两子空间夹角

sum 元素和

summer 绿黄调夏色图

superiorto 设定优先级

surf 三维着色表面图

surface 创建面对象

surfc 带等位线的表面图

surfl 带光照的三维表面图

surfnorm 空间表面的法线

svd 奇异值分解

svds 求指定的若干奇异值

switch- case- otherwise 多分支结构

sym2poly 符号多项式转变为双精度多项式系数向量

whatsnew 显示 MATLAB 中 Readme 文件的内容

which 确定函数、文件的位置

while 控制流中的 While 环结构

white 全白色图矩阵

whitebg 指定轴的背景色

who 列出内存中的变量名

whos 列出内存中变量的详细信息

winter 蓝绿调冬色图

workspace 启动内存浏览器

X x，Y y，Z z

xlabel X 轴名

xor 或非逻辑

yesinput 智能输入指令

ylabel Y 轴名

zeros 全零数组

zlabel Z 轴名

zoom 图形的变焦放大和缩小

ztrans 符号计算 Z 变换

参 考 文 献

［1］乐经良，向隆万，等. 数学实验［M］. 2版. 北京：高等教育出版社，2011.

［2］姜启源，谢金星，等. 数学模型［M］. 5版. 北京：高等教育出版社，2018.